# Schwierigkeitserzeugende Merkmale physikalischer Leistungstestaufgaben

Alexander Kauertz

Dissertation im Fachbereich Physik
der Universität Duisburg-Essen

Betreuer der Arbeit: Prof. Dr. Hans E. Fischer



Die Arbeit ist im Rahmen des Graduiertenkollegs „Naturwissenschaftlicher Unterricht" entstanden und durch die DFG (Deutsche Forschungsgemeinschaft) mit einem Stipendium gefördert worden.

Essen, April 2007

Bibliografische Information der Deutschen Nationalbibliothek

Die Deutsche Nationalbibliothek verzeichnet diese Publikation in der Deutschen Nationalbibliografie; detaillierte bibliografische Daten sind im Internet über http://dnb.d-nb.de abrufbar.



ISBN 978-3-8325-1925-4

Logos Verlag Berlin GmbH
Comeniushof, Gubener Str. 47,
10243 Berlin
Tel.: +49 030 42 85 10 90
Fax: +49 030 42 85 10 92
INTERNET: http://www.logos-verlag.de

# Verzeichnisse

## Inhaltsverzeichnis

# Abbildungsverzeichnis



# Tabellenverzeichnis



# Abkürzungsverzeichnis

Allgemeine Abkürzungen

| | |
|---|---|
| Abb. | Abbildung |
| ASCII | 7-Bit-Zeichencode für Textdateien (American Standard Code for Information Interchange) |
| bzw. | beziehungsweise |
| d. h. | das heißt |
| DFG | Deutsche Forschungsgemeinschaft |
| etc. | Et cetera (und weitere) |

| | |
|---|---|
| FCI | Force Concept Inventory (Hestenes, Wells, & Swackhamer, 1992) |
| Hrsg. | Herausgeber |
| IGLU | Internationale Grundschul-Lese-Untersuchung |
| IQB | Institut zur Qualitätssicherung im Bildungswesen mit Sitz in Berlin |
| KFT | Kognitiver Fähigkeitstest nach Heller und Perleth (2000) |
| KMK | Ständigen Konferenz der Kultusminister<br>der Länder in der Bundesrepublik Deutschland |
| OECD | Organisation for Economic Co-Operation and Development |
| PISA | Programm for International Student Assessment |
| S. | Seite(n) |
| s. o. | Siehe oben |
| SPSS | SPSS 15.0 for Windows – Statistikprogramm (copyright © SPSS Inc. 1987-2006) |
| Tab. | Tabelle |
| TIMSS | Third International Mathematics and Science Study |
| VERA | Projekt: Vergleichsarbeiten in der Grundschule; ein Gemeinschaftsprojekt von Berlin, Brandenburg, Bremen, Mecklenburg-Vorpommern, Nordrhein-Westfalen, Rheinland-Pfalz und Schleswig-Holstein |
| vgl. | vergleiche |
| z. B. | zum Beispiel |

Abkürzungen und Symbole aus der Statistik

| | |
|---|---|
| $\eta^2$ | Eta-Quadrat (Effektstärke-Maß) |
| $\chi^2$ | (*Chi-Quadrat; meist*) Wert der $\chi^2$-Verteilung, die sich aus der Summe quadrierter normalverteilter Zufallszahlen ergibt |
| ANOVA | analysis of variance (Varianzanalyse) |
| AV | Abhängige Variable |
| df | Degrees of Freedom (Anzahl der Freiheitsgrade) |
| Diff | Differenz |
| et al. | und andere |
| F | (*meist*) Wert aus der F-Verteilung (Fisher-Verteilung), die sich aus dem Quotienten zweier $\chi^2$-verteilter Zufallsvariablen ergibt |

| | |
|---|---|
| M | (*meist*) Mittelwert |
| Max | Maximum |
| Min | Minimum |
| MNSQ | Mean Square (Quadrierter Mittelwert) |
| N | (*meist*) Anzahl |
| p | (*meist*) Irrtumswahrscheinlichkeit |
| QS | Quadratsumme |
| r | (*meist*) Korrelation nach Pearson |
| $R^2$ | Bestimmtheitsmaß, mit dem die durch ein Modell aufgeklärte Varianz quantifiziert ist. (0 # $R^2$ # 1) |
| $r_{itc}$ | Trennschärfe (Item-Trait-Correlation) |
| $S^2$ | Varianz |
| SD | Standard Deviance (Standardabweichung) |
| UV | Unabhängige Variable |
| WLE | Warm Likelihood-Estimates (Wahrscheinlichkeits-Schätzer nach Warm) |
| # | Anzahl |
| $\Delta$ | (*Delta*) Differenz |
| $\Phi$ | (*Phi*) Personenparameter |
| $\alpha$ | (*Alpha; je nach Kontext*) Maß der internen Konsistenz nach Cronbach *oder* Signifikanzniveau |
| $\kappa$ | Cohens Kappa |
| $\rho$ | (*Rho*) Korrelation nach Spearman |
| $\sigma$ | (*Sigma*) Itemparameter |

**Danksagung**

Ich habe das große Glück, dass ich während der Arbeit an dieser Dissertation von der Hilfsbereitschaft und dem Wissen vieler Menschen profitieren durfte; so vielen, dass ich sie hier nicht alle namentlich nennen kann. Daher beschränke ich mich auf jene, die ich besonders lange, oft oder intensiv in Anspruch genommen habe. Ich danke daher ganz besonders:

Hans Fischer, meinem Betreuer, der mit seinem Wissen und ungeteilter Aufmerksamkeit zur Lösung zahlloser Fragen beitrug, meinen Lernprozess sehr geduldig und nachhaltig moderiert hat und eine wunderbare Balance aus Forderung, Förderung und Freiheit gefunden hat.

Elke Sumfleth, Sprecherin des Graduiertenkollegs, die menschlich, organisatorisch und fachlich jederzeit behilflich war und auf diese Weise ein sehr effizientes Arbeiten in einem wunderbaren Arbeitsklima ermöglicht hat.

Ina Glemnitz und Anna Lau, meinen langjährigen Bürokolleginnen, die geduldig und ausgiebig mit mir diskutiert, gestritten, gelacht und gefeiert haben.

Knut Neumann, der in endlosen Diskussionen geholfen hat, extrem abstrakte Gedankengebäude zu errichtet und sie in verständliche Form zu bringen.

Hendrik Notarp, der viel lästige Routinearbeit selbstständig und zuverlässig erledigt hat.

Erik Einhaus mit dem ich in langen Telefonaten und auf Tagungen zahlreiche Feinheiten der probabilistischen Testtheorie gewissenhaft unter die Lupe nahm.

Die Mitarbeiter in der Arbeitsgruppe von Hans Fischer, die durch rege fachliche Diskussionen geholfen haben die Arbeit „wasserdicht" zu machen und auf deren Hilfe man jederzeit zählen konnte.

Tina Thillmann, Joachim Wirth, Jens Fleischer und Josef Künsting, „unseren" Psychologen, die mit umfangreichen Methodenkenntnissen, psychologischem Fachwissen und passender Literatur ausgeholfen haben, wann immer ich sie fragte und brauchte.

Den Mitarbeiterinnen und Mitarbeitern der Forschergruppe und des Graduiertenkollegs NWU Essen, die alle mit mir über die ganze gemeinsame Zeit hinweg in einem freundschaftlichen Arbeitsklima alle Höhen und Tiefen des wissenschaftlichen Arbeitens geteilt haben, von denen man viel lernen konnte und mit denen man großartig feiern kann.

Der Deutschen Forschungsgemeinschaft (DFG), die es mir durch ein großzügiges Stipendium und hervorragende finanzielle Ausstattung des Graduiertenkollegs ermöglicht hat, mich ganz auf meine Doktorarbeit zu konzentrieren, im Ausland zu forschen und auf nationalen und internationalen Tagungen am wissenschaftlichen Austausch teilzuhaben.

Den Lehrerinnen und Lehrern, die an meiner Studie teilgenommen haben, insbesondere meinen guten Freunden Christina und Dennis Draxler sowie Christoph Raguse, die bereitwillig ihre Schulerfahrung mit mir geteilt haben und ihre Kollegen zur Teilnahme bewegt haben.

Meinen Eltern, die bereit gewesen sind mich bis heute bedingungslos finanziell und ideell zu unterstützen und zu fördern.

Irmela Kauertz, meiner Frau, die mich in den passenden Momenten ermutigt hat, die Arbeit anzufangen und durchzuhalten, die in kritischen Zeiten andere Arbeit von mir ferngehalten hat und die immer an mich geglaubt hat.

Ihnen und Euch herzlichen Dank!

# Einleitung und Fragestellung der Arbeit

Leistungstests kommt für die Steuerung des Schulsystems und der Evaluation von Modellen des Lehrens und Lernens eine große Bedeutung zu. Lernstandserhebungen und zentrale Abschlussprüfungen sind zwei Beispiele für die Steuerungsfunktion von Tests, die vom IQB (Institut zur Qualitätssicherung im Bildungswesen) vorgenommenen Tests sind Beispiele breit angelegter Validierungsstudien für die Bildungsstandards (KMK, 2005). Eine Doppelfunktion nehmen zum Beispiel die Large Scale Assessments PISA [*Programm for International Student Assessment*] und TIMSS [*Third International Mathematics and Science Study*] ein. Sie dienen zum einen dem Vergleich auf internationaler Ebene als auch der Untersuchung naturwissenschaftlicher Kompetenz im Sinne einer naturwissenschaftlichen Grundbildung (*scientific literacy*).

Das Ergebnis eines Tests hängt wesentlich von den Erwartungen ab, die mit ihm verbunden sind. So macht es einen Unterschied, ob es sich um ein Instrument zur individuellen Diagnose einzelner Defizite in einem scharf umgrenzten Inhaltsbereich handelt oder um eines, das einen Vergleich der Effizienz zweier Schulsysteme erlaubt. Die jeweils interessierenden Faktoren, die für die Erklärung des Ergebnisses herangezogen werden sind entsprechend unterschiedlich. Die Auswahl der Faktoren bestimmt daher, wie das Ergebnis interpretiert und welche Konsequenzen daraus gegebenenfalls gezogen werden. Für Leistungstests ist somit zunächst zu klären, welche normativen Grundlagen zur Auswahl der Faktoren führen, die später das Testergebnis erklären sollen.

## Normative Grundlagen von Kompetenztests

Bei einem Test, der zur Output-Erfassung des Schulsystems dienen soll – unabhängig davon ob er auf Länder- oder Individualebene testet – wird eine klare, transparente und messbare Vorstellung von dem „Ergebnis von Schule" benötigt, denn bei jedem Test muss klar sein, was er eigentlich messen soll. Es wird daher ein gesellschaftlicher Konsens darüber benötigt, was die Schule bis zum Ende der Sekundarstufe I leisten soll. In Deutschland gibt es eine lange Tradition der Debatte über diesen Punkt unter dem Begriff der „Bildung" oder „Allgemeinbildung". Durch die bekannten Large-Scale-Assessments TIMSS und PISA wurde der Begriff der Bildung zur Grundbildung (engl. *literacy*) umgedeutet (OECD, 1999).

Mit dem Begriff Grundbildung ist die Vorstellung einer Kompetenz von Schülerinnen und Schülern verbunden. In unserer vielschichtigen und komplexen Gesellschaft sind eine große Anzahl verschiedener Kompetenzen im Sinne von Befähigungen notwendig, da eine noch größere Anzahl von Entscheidungsmöglichkeiten tagtäglich wahrgenommen werden können oder müssen. Welche Kompetenzen notwendig oder sinnvoll sind, ist ebenfalls ungeklärt und nach wie vor Gegenstand kontroverser Diskussion (vgl. z.B. Schwanitz 2001). Weinert entwickelte eine weithin anerkannte Definition des Kompetenzbegriffs, die zur Grundlage der KMK-Bildungsstandards (KMK, 2004) wurde, und auch dieser Arbeit zugrunde liegt:

> Kompetenzen sind „die bei Individuen verfügbaren oder durch sie erlernbaren kognitiven Fähigkeiten und Fertigkeiten, um bestimmte Probleme zu lösen, sowie die damit verbundenen motivationalen, volitionalen und sozialen Bereitschaften und Fähigkeiten, um die Problemlösungen in variablen Situationen erfolgreich und verantwortungsvoll nutzen zu können" (Weinert, 2001).

Die Unterscheidung der Fähigkeiten und Fertigkeiten nach „bestimmten Problemen" eröffnet die Möglichkeit verschiedene Kompetenzen zu definieren, abhängig von der Domäne, die das Problem „bestimmt". So wird den Naturwissenschaften zugesprochen eine solche Domäne zu sein, die „bestimmte Probleme" auf spezifische Weise lösen kann. Dabei ist ungeklärt, ob die Naturwissenschaften als eine gemeinsame Domäne angesehen werden können oder sich in die Fachdisziplinen aufteilen lassen. Durch die Entwicklung sich ähnelnder Kompetenzmodelle in der Physik, Chemie und Biologie kann dies überprüft werden. Die Kultusministerkonferenz hat 2004 Bildungsstandards (KMK, 2004) verabschiedet, die für jede der drei Naturwissenschaften eigene Standards festschreibt, die sich aber von der Struktur her stark ähneln und als Ausgangspunkt einer solchen Untersuchung dienen können. Diese Bildungsstandards für das Fach Physik sind die normative Grundlage dieser Arbeit.

## Kompetenz und Inhalt

Die KMK-Bildungsstandards zeigen sehr klar eine Verbindung von Kompetenz und Inhalt, indem sie die Grundprinzipien des jeweiligen Faches aufgreifen und explizit die zugrunde liegenden Wissensbestände mit einbeziehen. Die inhaltliche Vernetzung wird als Voraussetzung für den kumulativen Kompetenzerwerb genannt. Die Basiskonzepte vereinen dabei die Grundprinzipien des Faches und den Gedanken der inhaltlichen Vernetzung, indem sie eine Anbindung der einzelnen Wissensbestände an die Basiskonzepte, die die Grundprinzipien des Faches repräsentieren, als vorrangige Art der Vernetzung benennen.

Physikinhalt wird damit unterteilt in Wissensbestände und in eine übergeordnete Struktur durch die Basiskonzepte. Konsequenter Weise lässt sich Inhalt stets – also auch innerhalb der Wissensbestände – als Ansammlung von Inhaltselementen mit einer bestimmten Struktur auffassen. Inhaltselemente sind dabei nicht nur Objekte, sondern auch Wirkungen, Zustände und Eigenschaften wie Kraft, Felder oder Energie. Der Inhalt eines Physikbuchs besteht aus einer bestimmten Anzahl Wörter, die erst durch ihre Verwendung in den Satzstrukturen, mit der Absicht daraus physikalisch sinnvolle Texte zu bilden, zu Physik-Inhalt werden. Für Physik bedeutet dies, dass Physik nicht nur aus Fachbegriffen wie Kraft, Energie, Fadenpendel usw. besteht, sondern dass durch die Kombination von Begriffen erst Physik entsteht, die Inhalts-Struktur also für Physik *entscheidend* ist. Strukturen wie Proportionalität sind dabei nicht nur als qualitative Zusammenhänge, sondern auch als quantitativ relevante Strukturen zu verstehen. Das Wesen der Physik beruht darauf, mit einer begrenzten, aber großen Anzahl von Strukturen viele verschiedene durch Fachbegriffe bezeichnete Inhaltselemente zu vernetzen. Physik-Inhalt wird damit als Vernetzung von Inhaltselementen zu physikalisch relevanten Strukturen verstanden.

Das Übertragen der Strukturen und die Systematisierung der Suche nach dieser Strukturiertheit der physikalisch relevanten Welt machen den Beitrag der Physik zur Grundbildung und Kompetenz aus. Physikalisch kompetente Menschen suchen in Situationen, die eine solche Betrachtung erlauben und nötig machen, erfolgreich nach Strukturen, die den Strukturen der Physik ähnlich sind und lösen damit die vorliegenden Probleme.

Den Bildungsstandards zur Folge hat der Physikunterricht das Ziel, Kompetenz im Bereich der Physik aufzubauen. Dieses Ziel, abgeleitet aus der naturwissenschaftlichen Grundbildung und als derzeitiger gesellschaftlicher Konsens anzusehen, soll am Ende der Sekundarstufe I erreicht sein. Damit ist die Frage beantwortet, *was* ein Test erfassen muss, der physikalische Kompetenz messen soll. Durch Veränderung des Ziels als Folge gesellschaftlicher Diskussion und Weiterentwicklung muss der Test fortlaufend angepasst werden.

## Inhalt und Schwierigkeit

Die messbare Beschreibung von Kompetenz als Ergebnis der Schule geschieht durch Kompetenzmodelle. Auf derselben normativen Grundlage können sehr verschiedene Modelle entwickelt werden, deren Gemeinsamkeit darin besteht, Inhalte und Bearbeitungsprozesse zu vereinen und mit Schülerleistung in Beziehung zu setzen. Schecker und Parchmann (2006) geben einen Überblick über verschiedene Grundtypen von Kompetenzmodellen. Als Kategorien dienen dabei zum einen die Unterscheidung nach Kompetenzstruktur-Modellen und Entwicklungs-Modellen und zum anderen die Unterscheidung nach normativen und deskriptiven Modellen. Die Kompetenzstruktur-Modelle lassen sich dann wieder danach gliedern, ob sie Kompetenz-Bereiche, -Stufen oder eine Kombination aus beidem als Kompetenzstruktur annehmen. Anhand verschiedener Beispiele für Kompetenzmodelle wird deutlich, dass alle Modelle jeweils eine Dimension berücksichtigen, in der der Fachinhalt zur Kompetenzbeschreibung genutzt wird.

Die Berücksichtigung des Inhalts in Kompetenzmodellen überrascht wenig, da die Fachdidaktiken grundsätzlich annehmen, dass es eine enge Beziehung zwischen dem Inhalt und dessen kognitiver Verarbeitung gibt, sei es beim Lernen von fachlich relevanten Inhalten oder bei deren Anwendung zum Beispiel im Test. Anhand der eingangs erwähnten Erfahrung mit den schulischen Tests wird deutlich, dass Inhalten auch intuitiv ein enger Bezug zur Schwierigkeit der Aufgaben zugesprochen wird. Zu unterscheiden ist dabei die subjektiv vom Aufgabenbearbeiter empfundene

Schwierigkeit und die objektiv beobachtbare und als Lösungshäufigkeit definierte *empirische Schwierigkeit* der Aufgaben. Die subjektiv empfundene Schwierigkeit hängt vermutlich eng mit dem Vorwissen, der aktuellen Befindlichkeit und der Motivation der Bearbeiterin oder des Bearbeiters in Bezug auf den Aufgabeninhalt zusammen. Für Large-Scale-Untersuchungen kann aber angenommen werden, dass sich eine große Varianz in diesen Variablen ergibt. Dies wirft die Frage auf, ob sich in großen Untersuchungen dennoch für den Inhalt ein Zusammenhang zur Schwierigkeit der Aufgaben ergibt, die dann aber nur noch eine objektivierte und auf Lösungshäufigkeiten beruhende empirische Schwierigkeit sein kann. Mit der Annahme einer Inhaltsdimension in Kompetenzmodellen wird genau dies unterstellt, da die empirische Schwierigkeit von Aufgaben durch die verwendeten psychometrischen Testmodelle mit der Fähigkeit der Personen, der zu messenden Kompetenz, verbundenen ist.

## Probleme bisheriger Large-Scale-Assessments

In der TIMS-Studie wurde, der Kategorisierung von Schecker und Parchmann (2006) folgend, ein deskriptives Kompetenzmodell entwickelt, indem die Aufgaben in bestimmten Abschnitten der eindimensionalen Kompetenzskala im Nachhinein beschrieben wurden. Als Orientierung diente dabei das theoretische Modell von Bybee (1997), das eine vierfache Stufung der Kompetenz vorsieht. In dieser eindimensionalen Betrachtung der Kompetenz ist der Inhalt Teil von unterschiedlich anspruchsvollen Anwendungen oder eines zunehmend elaborierten Verständnisses der Naturwissenschaften. Dieses Modell wurde aufgrund der Erfahrungen aus TIMSS zu einem fünfstufigen Modell erweitert, das wiederum für die nachfolgende PISA-Untersuchung erweitert wurde und die fünf Stufen dann mit vier verschiedenen Prozessen kreuzt.

Dieses Vorgehen hat zwei entscheidende Probleme. Zum einen ist die post hoc Analyse der Aufgaben mit dem Wissen um deren empirische Schwierigkeit problematisch. Wie bereits die Einschätzung der Schwierigkeit durch Experten im Rahmen der TIMS-Studie zeigte (Klieme, 2000), sind Expertenurteile bei der Schwierigkeitseinschätzung nicht valide und haben zudem ein Problem mit der Interrater-Reliabilität. Offenbar verschätzen sich auch fachdidaktisch versierte Experten bei der Beurteilung der empirischen Schwierigkeit von Aufgaben. Die von ihnen angenommenen schwierigkeitserzeugenden Merkmale der Aufgaben scheinen demnach nicht tatsächlich mit der empirischen Schwierigkeit zusammenzuhängen. Es scheint daher wenig wahrscheinlich, dass solche a posteriori von Experten gefundenen Merkmale die empirische Schwierigkeit von Aufgaben erklären können (Senkbeil, Rost, Carstensen und Walter, 2005).

Das zweite Problem bei dem Vorgehen von TIMSS und der Erweiterung für die PISA-Untersuchung besteht in der Systematisierung des Inhalts. Fachinhalte weisen sowohl in ihren Inhaltselementen, zum Beispiel den Fachwörtern, als auch in ihrer Struktur eine große Varianz auf. Diese Varianz an Inhaltselementen und Strukturierungen innerhalb eines Faches sind in den Kompetenzmodellen nicht berücksichtigt. Durch die oben beschriebene enge Verbindung von Inhalt und Schwierigkeit wird daher ein möglicherweise sehr erklärungsmächtiger Anteil an Aufgaben-Merkmals-Varianz, nämlich die „Inhalts-Varianz", für die Erklärung der Aufgaben-Schwierigkeit und damit der Kompetenz unberücksichtigt gelassen.

Senkbeil et al. (2005) versuchen einen Teil dieser Aufgaben-Merkmals-Varianz, die aus der fachinhaltlichen Vielfalt resultiert, in ihrem Facetten-Design aufzugreifen. Sie unterscheiden dazu sieben Prozesskategorien (Umgang mit Zahlen, divergentes Denken, Bewerten, Umgang mit Graphen, konvergentes Denken, Umgang mit mentalen Modellen, Sachverhalte verbalisieren) und vier Inhaltsbereiche (für die Physik sind dies: Energieumwandlung, Bewegungsgesetze, Wärmelehre und Elektrizität). Wesentlichstes Ergebnis ihrer Untersuchung ist der Befund, dass die sieben Prozesskategorien zur Beschreibung der Kompetenz ausreichen, dass aber eine Unterteilung nach Fächern und erst recht nach Inhaltsbereichen keine zusätzlichen statistisch relevanten Informationen liefert (vgl. Senkbeil et al, 2005).

Senkbeil et al. (2005) beurteilen die Trennung einzelner Prozesskategorien jedoch selbst als nicht gleich gut über alle Prozesskategorien. Dies scheint in Anbetracht der recht komplexen Prozesse sehr verständlich, zudem ist die Charakterisierung von Aufgaben im Large-Scale durch notwendige kognitive Prozesse generell problematisch. Die Aufgaben sind in den meisten Fällen nicht trivial und ermöglichen dadurch meist mehrere verschiedene Möglichkeiten, zur korrekten Lösung zu kommen. Eine eindeutige Zuordnung von kognitiven Prozessen zu inhaltlichen Merkmalen von komplexen Physik-Aufgaben oder auch zu den Merkmalen des Aufgabendesigns ist daher nicht selbstverständlich. Durch die Prozesskategorien nehmen Senkbeil et al. (2005) diese Möglichkeit der eindeutigen Zuordnung jedoch als gegeben an. Den *Prozess* der Aufgabenlösung anhand der erwarteten Lösung zu rekonstruieren ist mit relativ einfachen Aufgaben oder in sehr aufwändigen Einzeluntersuchungen durchaus möglich, es ist jedoch im Large-Scale-Assessment mit anspruchsvollen Aufgaben kaum valide zu realisieren. Eine Charakterisierung der Aufgabe durch reine Inhaltsmerkmale der Lösung käme in diesem Fall dem Anspruch näher, die durch den Inhalt hervorgerufene Aufgaben-Merkmals-Varianz zu erfassen.

Der Befund, dass die Inhaltsbereiche und Fächer keinen Anteil an der Aufgaben-Schwierigkeits-Varianz haben, wird ebenfalls von Senkbeil et al. (2005) relativiert und teilweise auf die Konstruktion des Facetten-Designs zurückgeführt. Ein weiterer Anteil dürfte auf die von PISA definierte naturwissenschaftliche Grundbildung selbst zurückzuführen sein. Entsprechend konstruierte Aufgaben wählen aus allen drei Naturwissenschaften gleichartige und damit wenig fachspezifische Denkprozesse, Modelle und Strukturen aus und versehen diese lediglich mit fachspezifischem Vokabular. Dabei wird bereits eine Gleichartigkeit in den Fächern erzeugt, die bis auf die Ebene der Inhaltsbereiche wirkt, die so gesehen nur noch „Vokabelbereiche" sind. Nimmt man dagegen an, dass die Struktur der Inhalte relevant ist, dann ist die

Gleichartigkeit der Fächer und Inhaltsbereiche kein empirischer Befund mehr, sondern ein Artefakt der Operationalisierung.

## Fragestellung und Ziele dieser Arbeit

Zum gegenwärtigen Zeitpunkt ist daher keine Operationalisierung von Inhalt im Rahmen von Large-Scale-Assessments bekannt, die einen Zusammenhang zur Schwierigkeit von Aufgaben aufweist und gleichzeitig eine Inhaltsstruktur der Physik angemessen berücksichtigt. Demgegenüber steht der Bedarf an einer solchen Operationalisierung, da erstens nur dadurch die Frage nach der Notwendigkeit unterschiedlicher Kompetenzmodelle für die naturwissenschaftlichen Fächer empirisch geklärt und zweitens nur so gezeigt werden kann, welche Inhaltsmerkmale mit empirischer Aufgaben-Schwierigkeit zusammenhängen und mit kognitiven Prozessen kombiniert werden müssen. Drittens können auf diese Weise die normativen Vorgaben der Bildungsstandards adäquat in ein Kompetenzmodell überführt und geprüft werden. Nur wenn Kompetenz in einem Modell mit Physik-Inhalt verbunden ist, können aus Kompetenztests Schlüsse auf den Physik-Unterricht gezogen und dieser auf den Kompetenzerwerb ausgerichtet verbessert werden.

Im Rahmen dieser Arbeit soll daher eine solche Operationalisierung von Physikinhalt untersucht werden. Genauer geht diese Arbeit der folgenden Frage nach:

> Eignet sich ein Inhaltsstruktur-Modell zur Beschreibung der Aufgaben-Schwierigkeit im Rahmen von Kompetenzdiagnose?

Dazu wird ein Rahmenmodell vorgestellt, das die einzelnen Schritte systematisiert, mit denen ein theoretisch begründetes, a priori definiertes Kompetenzmodell darauf untersucht werden kann, ob es eine empirisch auffindbare Kompetenz angemessen modelliert. Dieses Rahmenmodell selbst wird dabei nur theoretisch beschrieben und dient der Einordnung des ersten Ziels dieser Arbeit, nämlich die zentrale Rolle der Aufgaben-Schwierigkeit und der Aufgabenmerkmale für die Kompetenzmessung zu beschreiben. Die einzelnen Schritte im Rahmenmodell werden im ersten Kapitel anhand von notwendigen Untersuchungen für den Nachweis von Validität charakterisiert. Dabei wird davon ausgegangen, dass ein theoretisches Kompetenzmodell durch einen Test operationalisiert werden kann, mit dem dann die Daten erhoben werden, die unter anderem das Modell validieren. Dazu müssen die einzelnen Schritte im Rahmenmodell durchlaufen werden, wobei jeder Schritt spezifische Fehlerquellen besitzt, die den Schluss gefährden könnten. Es wird gezeigt, dass der Schluss von den Aufgaben-Merkmalen auf die Aufgaben-Schwierigkeit von zentraler Bedeutung für den gesamten Validierungsprozess ist, da dabei theoretische Erwartungen und empirische Beobachtungen aufeinander treffen.

Die zentrale Bedeutung des Zusammenhangs von Aufgaben-Schwierigkeit und Aufgaben-Merkmalen motiviert im zweiten Kapitel die Frage nach den relevanten Aufgaben-Merkmalen. Daher ist es das zweite Ziel der Arbeit, die Einflüsse verschiedener Merkmale auf die Aufgaben-Schwierigkeit zu modellieren. Aufgabenmerkmale lassen sich dazu zunächst in drei Gruppen unterteilen, die mit unterschiedlicher Objektivität in Aufgaben festgestellt werden können. Kompetenzmodelle berücksichtigen per Definition den Inhalt (Weinert, 2001). Für die Kompetenzmessung kommt daher jener Gruppe eine besondere Bedeutung zu, die aus normativen und methodischen Gründen Inhaltsmerkmale der Aufgabenlösung berücksichtigt. Als unveränderliche Aufgaben-Design-Merkmale jeder Aufgabe werden außerdem formale Aufgabenkriterien betrachtet, wie zum Beispiel Antwortformate. Eine dritte Gruppe, die lösungsprozessorientierten Aufgabenmerkmale sind zwar besonders informativ, aber bisher nicht mit ausreichender Objektivität in komplexen Aufgaben feststellbar.

Die Relevanz inhaltlicher Aufgabenmerkmale für die Kompetenzmessung erfordert eine Modellierung des Inhalts und besonders der Inhaltsstruktur. Es wird dazu die Bedeutung der Inhaltsstruktur erläutert, wobei die KMK-Bildungsstandards und empirische Ergebnisse der Physikdidaktik als Argumente für die Relevanz der Inhaltsstruktur herangezogen werden. Aus den Inhaltsstruktur-Merkmalen wird dann ein Modell für die Aufgaben-Schwierigkeit entwickelt und die Wirkung der einzelnen Merkmale auf die Schwierigkeit begründet.

Um die Aussagekraft dieses Aufgaben-Schwierigkeitsmodell zu überprüfen, werden die formalen Aufgaben-Merkmale zu einem Aufgabendesign-Modell zusammengefasst. Das Aufgabendesign-Modell soll jene Einflüsse auf die Aufgabenschwierigkeit systematisieren, die im Rahmen der Kompetenzmessung weniger relevant aber nicht zu vermeiden sind. Diese Einflüsse werden daher hier als „Grundrauschen" bezeichnet. Das Inhaltsstruktur-Modell für Aufgaben-Schwierigkeit sollte deutlich, über diese Einflüsse des Aufgabendesign-Modells hinaus, zur Erklärung der Aufgaben-Schwierigkeit beitragen. Im empirischen Teil der Arbeit wird dies durch entsprechende Hypothesen messbar gemacht und überprüft.

Wenn durch das Inhaltsstruktur-Modell schwierigkeitsrelevante Aufgabenmerkmale identifiziert werden, kann die Aufgabenschwierigkeit systematisch verändert werden. Das Ziel besteht darin, die Aufgabenschwierigkeit a priori bereits auf einen bestimmten Wert einzustellen, indem bestimmte Inhaltsmerkmale verändert werden. Daraus ergibt sich eine Steuerung der Aufgabenschwierigkeit durch diese Aufgabenmerkmale. Die Überprüfung einer solchen Steuerung ist das dritte Ziel der Arbeit. Die Probleme der bisherigen Large-Scale-Assessments können umgangen werden, wenn diese Steuerung sinnvoll funktioniert, denn es wird dann möglich, kognitive Prozesse gezielt mit Inhaltselementen zu verbinden und so den Einfluss des Inhalts zu kontrollieren. Die Steuerung der Aufgabenschwierigkeit durch diese Merkmale wird in einer Konstruktionsanleitung für Aufgaben realisiert, die die in den beiden Schwierigkeitsmodellen identifizierten Merkmale systematisch über Indikatoren in die Aufgaben einbringt.

Alle drei Ziele zusammen fließen in die empirische Untersuchung ein, die im zweiten Teil der Arbeit beschrieben wird. Die beiden Modelle, das Inhaltsstruktur-Modell und das Aufgabendesign-Modell, werden durch die Konstruktionsanleitung operationalisiert und führen zu einem Test, mit dem beide Modelle überprüft werden können. Dabei wird in dieser Arbeit nicht zwischen den Begriffen „Item“ und „Aufgabe“ unterschieden, beide Begriffe werden synonym benutzt und meinen eine Einheit aus einleitendem Aufgabentext, inhaltlicher Fragestellung, Handlungsaufforderung und Musterlösung. Teilaufgaben werden nicht verwendet.

Mit Hilfe weiterer Tests und Fragebögen werden Variablen erhoben, die zur Validierung des so entstanden Tests dienen. Damit wird der Nachweis geführt, dass der Test ein Konstrukt misst, das mit der aktuellen Auffassung von Kompetenz weitestgehend übereinstimmt. Daraus lässt sich schließen, dass die späteren Ergebnisse im Rahmen von Kompetenzdiagnose relevant sind, die Fragestellung also grundsätzlich beantworten können.

Der Test wird genutzt, um die beiden Modelle zu vergleichen und so das Inhaltsstruktur-Modell vom „Grundrauschen“ der formalen Aufgabendesign-Merkmale abzugrenzen. Gelingt dies, wird anschließend die Struktur des Inhaltsstruktur-Modells selbst untersucht. Seine Dimensionalität wird überprüft und mit der empirischen Struktur der erhobenen Daten verglichen. Es ergeben sich daraus Hinweise auf mögliche Teilkompetenzen der Physikkompetenz.

Abschließend werden die Ergebnisse kritisch diskutiert. Dazu werden die drei Ziele dieser Arbeit auf die Vorgehensweise bei der Kompetenzmessung, die Frage nach der Bedeutung der Inhalte für Kompetenzmessung und die Anpassung der normativen Erwartungen an das realisierte Potential der Schule bezogen.

Die Arbeit liefert somit einen Beitrag zu den oben erwähnten aktuellen Fragen, die sich in Zusammenhang mit Kompetenzmessung in Schulen zur Evaluation von Physikkompetenz ergeben.

# Theoretischer Teil

**Abstract**:

In einem Rahmenmodell werden zunächst die empirischen Nachweise systematisiert, die für die Validierung von Kompetenzmodellen notwendig sind. Die Untersuchung des Zusammenhangs zwischen Aufgabenschwierigkeit und Aufgabenmerkmalen erweist sich dabei als zentrales Unterscheidungsmerkmal von Kompetenzmodellen (Kapitel 1). Um diesen Zusammenhang näher zu untersuchen, werden zunächst mögliche Aufgabenmerkmale klassifiziert. Dabei zeigt sich eine besondere Bedeutung der Inhaltsstruktur für die Kompetenzmessung (Kapitel 2). Die Inhaltsstruktur wird erst durch Merkmale genauer beschrieben (Kapitel 3) und dann deren Zusammenhang zur Aufgabenschwierigkeit begründet. Es ergibt sich das Inhaltsstruktur-Modell für Aufgabenschwierigkeit (Kapitel 4). Dieses wird kontrastiert durch ein Modell aus formalen Aufgabenmerkmalen, denen im Rahmen von Kompetenzmessung zwar keine theoretische Bedeutung zukommt, die jedoch den Messprozess beeinflussen (Kapitel 5). Die beiden Modelle lassen sich durch das Rahmenmodell empirisch miteinander vergleichen, wozu jedoch Aufgaben gezielt konstruiert werden müssen. Aus dem Vergleich resultiert eine quantifizierbare Abschätzung der Relevanz des Inhaltsstruktur-Modells für die Kompetenzbeschreibung (Kapitel 6).

# 1. Kapitel: Ein Rahmenmodell für die Validierung von Kompetenzmodellen

Mit Kompetenzmodellen soll die Leistung von Schülerinnen und Schülern in einem bestimmten Inhaltsbereich erklärt und vorhergesagt werden (Schecker und Parchmann, 2004; Klieme & Leutner, 2006; und in Anlehnung an Weinert, 2001). Es wird dabei angenommen, die beobachtete Leistung habe eine verdeckte Ursache: die Kompetenz (vgl. z. B. Chomsky, 1969; Korrosy, 1993 oder Klieme & Leutner, 2006). Diese Ursache wird im Folgenden als „wahre Kompetenz" bezeichnet. Sie soll modelliert und gemessen werden. Dieses Vorgehen ist analog zum Vorgehen der Physik: Die Physik nimmt an, dass ein Phänomen in der Natur durch „wahre Eigenschaften" physikalischer Entitäten hervorgerufen wird, für die Modelle entworfen und getestet werden. Die Begriffe „wahre Kompetenz" bzw. „wahre Eigenschaften" werden in Anführungszeichen verwendet, um die Unmöglichkeit anzudeuten, eine von der theoretischen Beschreibung unabhängige Wahrheit anzunehmen.

Die Leistung von Schülerinnen und Schüler kann durch Tests gemessen werden, deren Ergebnisse im Hinblick auf das Kompetenzmodell interpretiert werden. Zwei verschiedene Interpretationen sind dabei möglich:

- Die Testergebnisse werden zur empirischen Bestätigung (Validierung) eines Modells benutzt. Dabei wird bei den Schülerinnen und Schüler jeweils eine bestimmte „wahre Kompetenz" unterstellt, die es abzubilden gilt.
- Die Testergebnisse werden zur Messung benutzt, das Modell wird also bereits als gültig angesehen. Der Schülerin oder dem Schüler kann damit eine bestimmte Kompetenz zugeschrieben werden, die zum Beispiel Basis für entsprechende Steuerungsmaßnahmen im Unterricht sein kann.

Die beiden Interpretationen unterscheiden sich substantiell. Bei der ersten Interpretation wird aus einer geringen Passung zwischen der Erwartung an den Test und den realen Daten auf ein Versagen des Modells geschlossen. Bei der zweiten Interpretation wird eine geringe Passung mit einem Versagen der Schülerinnen und Schüler im Test interpretiert.

## Das Prinzip der Validierungsmessung

Vor jeder Kompetenzmessung muss also eine so genannte Validierungsmessung vorgenommen werden – vergleichbar der Eichung eines Messgeräts. Denn um die zweite Interpretation glaubwürdig vornehmen zu können, muss vorher die Gültigkeit des

Modells gezeigt sein. Erst in einem zweiten Schritt kann dann die eigentlich interessierende Messung der Kompetenz vorgenommen werden. In den meisten Studien wird vor der eigentlichen Messphase daher eine Pilot-Studie durchgeführt, die die Validität des Modells zeigen soll.

Die besondere Rolle der Schwierigkeit der einzelnen Testaufgaben zeigt sich in dieser ersten Phase. In der Validierungsphase werden jeder Kompetenzausprägung im Kompetenzmodell mehrere Aufgaben zugeordnet. Diese Aufgaben haben jeweils eine bestimmte Schwierigkeit, die es erlaubt die Kompetenzstruktur zu untersuchen (vgl. Schecker & Parchmann, 2004). Dazu werden meist verschiedene Größen postuliert, die einen Einfluss auf die Schwierigkeit haben können, und ihr Zusammenhang zur Aufgabenschwierigkeit theoretisch begründet und empirisch gezeigt.

Die Schwierigkeit ergibt sich aus der Interaktion zwischen der gewählten Stichprobe und der Aufgabe. Zum einen ist die Schwierigkeit ein Wert, der einer Aufgabe zugewiesen wird. Es liegt daher nahe, dass die Aufgabenmerkmale für die Schwierigkeit mitverantwortlich sind. Zum anderen wird Schwierigkeit empirisch gewöhnlich als Lösungshäufigkeit verstanden: Je mehr Probanden eine Aufgabe gelöst haben, desto einfach ist die Aufgabe; je weniger Probanden sie richtig gelöst haben, desto schwieriger ist sie. Somit ist die Schwierigkeit einer Aufgabe nicht allein von Merkmalen der Aufgabe selbst abhängig, sondern auch von der gewählten Stichprobe und der Leistung der Personen.

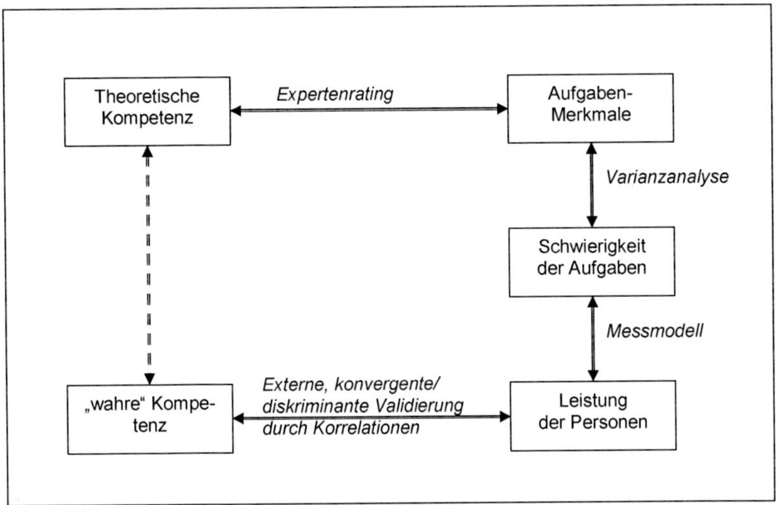


**Abb. 1.1: Das Rahmenmodell der Validierungsmessung und die zentrale Rolle der empirischen Schwierigkeit.** Die theoretische Kompetenz wird in Aufgabenmerkmale übersetzt, die wiederum die Schwierigkeit der Aufgabe beeinflussen. Die „wahre" Kompetenz beeinflusst die tatsächliche Leistung der Schülerinnen und Schüler, die ihrerseits mit der Schwierigkeit der Aufgaben zusammenhängt. Die Doppelpfeile deuten an, dass es sich um Äquivalenz-Beziehungen handelt, die untersucht werden. Zu jeder Äquivalenz ist eine Möglichkeit angegeben, mit der sie nachgewiesen werden kann. Sind alle Zusammenhänge gezeigt, so kann die Äquivalenz zwischen Theoretischer Kompetenz und „wahrer" Kompetenz angenommen werden, das Kompetenzmodell ist dann validiert.

Abbildung 1.1 zeigt den angestrebten Prozess. Ausgehend von einem theoretischen Kompetenzmodell soll überprüft werden, ob das Modell die „wahre Kompetenz" abbilden kann. Dazu werden die verschiedenen Ausprägungen von Kompetenz mit Aufgabenmerkmalen in Verbindung gebracht. Die Aufgabenmerkmale beeinflussen wiederum die Schwierigkeit der einzelnen Aufgabe. Die Schwierigkeit hängt aber – wie oben argumentiert – auch von den Probanden ab, die getestet wurden, da deren Leistung in den Wert für die Schwierigkeit einfließt. Die Leistung aber wird letztlich durch die „wahre Kompetenz" bestimmt.

Damit ist ein Rahmenmodell für die Validierung von Kompetenzmodellen gegeben. Ein a priori formuliertes Kompetenzmodell kann auf diese Weise mit dem empirischen Relativ, der „wahren Kompetenz" abgeglichen werden. Daraus ergeben sich Rückschlüsse auf die Zuverlässigkeit und die Gültigkeit der Messung, die Voraussetzungen für die spätere Diagnose sind. Da im a priori formuliertem Kompetenzmodell auch normative Forderungen berücksichtigt werden können, können diese durch den hier beschriebenen Prozess auf ihre empirische Relevanz getestet werden. Dies erlaubt beispielsweise eine Adjustierung der KMK-Bildungsstandards für den mittleren

Schulabschluss (KMK, 2004) auf Mindeststandards, wie es in der Expertise zur Entwicklung nationaler Bildungsstandards empfohlen wird (Klieme et al., 2003).

## Messbarkeit der Validität

Das Rahmenmodell systematisiert die notwendigen Messungen, mit denen die Validität nachgewiesen werden kann. In dem in Abbildung 1.1 gezeigten Prozess lassen sich vier „Schnittstellen“, in der Abbildung durch die Pfeile dargestellt, identifizieren:

- Zwischen theoretischem Kompetenzmodell und Aufgabenmerkmalen;
- zwischen Aufgabenmerkmalen und Schwierigkeit;
- zwischen Leistung und Schwierigkeit; sowie
- zwischen „wahrer Kompetenz“ und Leistung.

An jeder Schnittstelle wird angenommen, dass es einen systematischen und im Idealfall perfekten Zusammenhang zwischen den beiden Seiten gibt. Diese Annahme ist aber fehlerbehaftet, da unvermeidliche Unschärfen und zufällige Effekte auftreten. Die Größe dieser Unschärfen wird durch unterschiedliche Messverfahren untersucht, deren Ergebnisse zusammengenommen eine Aussage über die Validität des theoretischen Kompetenzmodells ermöglichen. Je geringer die Fehler insgesamt sind, desto valider ist das Modell.

### Kompetenzmodell und Aufgabenmerkmale

Ein Expertenrating ist das übliche Messverfahren, um die Unschärfe an der ersten Schnittstelle zu quantifizieren. Die für die Kompetenzmessung ausgewählten Aufgaben und die verschiedenen theoretischen Kompetenzausprägungen werden von Experten einander zugeordnet, so dass eine nach Kompetenzausprägungen kategorisierte Aufgabensammlung entsteht (vgl. z. B. Klieme, 2000, Einhaus & Schecker, 2006). Es kann anhand von Übereinstimmungsmaßen bestimmt werden, ob die Einschätzungen unabhängiger Experten ähnlich sind (vgl. z. B. Wirtz & Caspar, 2002). Je unähnlicher sich die Experten sind, je kleiner also das Übereinstimmungsmaß ist, desto größer ist die Ungenauigkeit an dieser Schnittstelle.

Geringe Übereinstimmungen sind dabei durch zwei Faktoren bedingt. Zum einen durch Unterschiede zwischen den Experten, da meist nicht genau bestimmt werden kann, wer ein Experte ist und welche Expertise eigentlich genau benötigt wird (z. B. fachliche, methodische, schulische oder psychologische Expertise). Zum anderen lassen verschiedene Aufgabenmerkmale unterschiedlich viel Spielraum für Interpretationen. Dies wiederum resultiert aus einer eventuell zu unspezifischen Definition des Merkmals oder liegt in der Natur des Merkmals selbst begründet.

### Aufgabenmerkmale und Schwierigkeit

Die Unschärfe an der Schnittstelle zwischen Aufgabenmerkmalen und Schwierigkeit lässt sich durch den Anteil an Schwierigkeits-Varianz quantifizieren, der durch die

Aufgabenmerkmale aufgeklärt wird. Wenn eine Veränderung eines bestimmten Aufgabenmerkmals stets mit einer Veränderung der Aufgabenschwierigkeit in gleicher Stärke einhergeht, lässt sich daraus eine Wirkung des Aufgabenmerkmals auf die Schwierigkeit ablesen – wobei diese eventuell auch durch unbekannte Moderator-Variablen vermittelt sein könnte. Die Varianz der Schwierigkeit wäre dann vollständig durch das Aufgabenmerkmal erklärbar. Je größer daher der Anteil unerklärter Varianz ist, desto größer ist die Unschärfe an der Schnittstelle.

Der Anteil unerklärter Varianz hat dabei wenigstens zwei Ursachen. Die eine Ursache ist das meist unterschiedliche Skalenniveau der Variable Aufgabenschwierigkeit (intervallskaliert) und der Variable Aufgabenmerkmal, das etwa dichotom ist (vorhanden/nicht vorhanden) oder in Kategorien kodiert ist (z. B. offenes, grafisches der geschlossenes Antwortformat). Da es in jeder Kategorie grundsätzlich eine Schwierigkeitsverteilung gibt, kann die Varianzaufklärung nie vollständig sein. Die zweite Ursache sind unberücksichtige weitere Aufgabenmerkmale, die – würden sie berücksichtigt – noch weitere Varianz aufklären könnten. Solche Aufgabenmerkmale verursachen unkontrollierte Unterschiede in der Schwierigkeit, also ein „Rauschen" bei der Schwierigkeitsmessung.

### Aufgabenschwierigkeit und Leistung

Die Unschärfe zwischen der Leistung und der Aufgabenschwierigkeit ergibt sich aus dem psychometrischen Messmodell, mit dem die Daten ausgewertet werden. Die Antworten zu den Aufgaben werden in Punkte transformiert, auf deren Basis die weitere numerische Testauswertung stattfindet und zum Beispiel ein Testwert pro Person und ein Schwierigkeitswert pro Aufgabe berechnet werden. Die Berechnung erfolgt nach einem der verschiedenen mathematischen Modelle (Testtheorien), die sich in zwei große Gruppen einteilen lassen (siehe z. B. Rost, 2004): Die Gruppe der klassischen Testtheorien, die auf Basis von Verteilungsparametern (etwa Mittelwert und Standardabweichung) ein Ergebnis ermitteln; und die Gruppe der probabilistischen Testtheorien, die aus der gegebenen Verteilung mit Hilfe von mathematischen Schätzverfahren (z. B. dem Maximum-Likelihood-Verfahren) Wahrscheinlichkeits-Schätzer und deren Standardfehler berichten. Aus beiden Gruppen lässt sich anhand der Standardabweichung/-fehler die Unschärfe quantifizieren. Bei den klassischen Testtheorien ist die interne Konsistenz (Cronbach's Alpha) ein Maß, das die Unschärfe für den ganzen Test quantifiziert. Bei probabilistischen Testtheorien ist die Passung der Aufgabendaten zu den geschätzten Modellparametern eine entscheidende Größe.

Große Standardabweichungen und –fehler können verschiedene Ursachen haben. Eine der wichtigsten Ursachen ist eine geringe Messgenauigkeit des Tests, die durch die Reliabilität quantifiziert werden kann. Sie lässt sich darauf zurückführen, dass die Schwierigkeit von Aufgaben undeterminierten Schwankungen unterliegt, und ist daher durch die Aufgabenauswahl bedingt. Aber auch von der Seite der Personen, die die Aufgaben bearbeiten, tragen Schwankungen zu Standardabweichungen und –

fehlern bei. Dies können beispielsweise kurzfristige Leistungsschwankungen sein, die durch aktuelle Ereignisse ausgelöst werden (z. B. Krankheit oder Stress) und auf den Standardfehler einer Person wirken, aber auch systematische Verzerrungen in der Stichprobe, die durch unterschiedliche Testzeitpunkte, Probleme bei der Datenerhebung etc. hervorgerufen werden und auf den Standardfehler des Schwierigkeitswerts wirken.

### Leistung und „wahre Kompetenz“

Zwischen der „wahren Kompetenz“ und der Leistung lässt sich die Unschärfe über den Zusammenhang der beobachteten Leistung zu anderen Konstrukten quantifizieren. Die Leistung der Personen ergibt sich aus dem Testwert, der mit Hilfe des Messmodells ermittelt wird. Wenn dieser Testwert tatsächlich nur von der „wahren Kompetenz“ abhängt, so sollten sich bestimmte Zusammenhänge in vorhergesagter Stärke nachweisen lassen. Es können vier Arten von Zusammenhängen unterschieden werden:

- Daten zu alternativen Konstrukten sollten möglichst gering mit der beobachteten Leistung zusammenhängen.
- Daten zu Konstrukten, die als Voraussetzung für das zu messende Konstrukt gelten können, sollten der Erwartung nach deutlich mit der beobachteten Leistung im Test zusammenhängen. Ergebnisse eines Intelligenztests beispielsweise sollten mit den Ergebnissen jedes Leistungstests stark zusammenhängen, da Intelligenz eine allgemeine Voraussetzung für die Aufgabenbearbeitung ist.
- Daten zu ähnlichen Konstrukten, zum Beispiel ‚konkurrierende' Kompetenzmodelle und entsprechende Tests oder frühere Tests zum selben Modell, sollten einen starken Zusammenhang zu den Daten des neuen Tests zeigen.
- Es können theoretische Annahmen dazu existieren, dass aus der Kompetenz weitere Fähigkeiten resultieren, zum Beispiel die Schulleistung, wie sie durch Noten erfasst wird. Dann ist auch ein starker Zusammenhang zwischen den Leistungen und den Noten zu erwarten.

Dieses Verfahren wird als konvergente und diskriminante Validierung bezeichnet (vgl. z. B. Bortz & Döring, 2003).

### Diskriminante und konvergente Validierung von Kompetenztests

Im Rahmen von Kompetenzmodellen, die sich – wie diese Arbeit – auf die Definition von Weinert (2001) beziehen, bieten sich verschiedene Konstrukte als Möglichkeiten zur konvergenten und diskriminanten Validierung an. So sind die Konstrukte Intelligenz, Interesse und Motivation Voraussetzungen für Kompetenz und deren Erwerb. Interesse und Motivation sind zudem der Definition von Kompetenz nach auch selbst Merkmal der Kompetenz (vgl. Weinert, 2001). Durch TIMSS (Baumert et al., 1997) wurde die naturwissenschaftliche Grundbildung, die der Definition von

Weinert sehr ähnlich ist, operationalisiert. Daher bietet sich ein Vergleich der Testergebnisse mit den Ergebnissen von TIMSS-Test-Items an.

Im gleichen Zusammenhang verweist Baumert et al. (1997) darauf, dass Personen mit einem hohen Wert im TIMSS-Test der Idee kumulativen Lernens zur Folge einen größeren Wissenszuwachs haben sollten, als Personen mit einem niedrigeren Wert. Somit bietet sich der Wissenszuwachs, gemessen durch einen TIMSS-Prä-Post-Test, ebenfalls zur konvergenten Validierung an. Personen mit einer hohen Kompetenz sollten zudem bessere Schulnoten im Fach Physik erhalten, als Personen mit einer geringeren Kompetenz.

Die diskriminante Validierung gestaltet sich, nicht zuletzt wegen der sehr weit gefassten Definition von Kompetenz, als schwierig. Die Abgrenzung gelingt am besten über Tests zu vollständig anderen Domänen, zum Beispiel über sprachliche oder musische Tests. Besonders interessant im Rahmen der aktuellen Diskussion über die Domänenabgrenzung in den Naturwissenschaften (vgl. dazu beispielsweise Sodian, 1995 oder Klieme & Leutner, 2006) ist der Zusammenhang zu den Noten der anderen naturwissenschaftlichen Fächer Chemie und Biologie sowie der Mathematik.

## Zusammenfassung

Das vorgestellte Rahmenmodell systematisiert die verschiedenen Messungen, die notwendig sind um die Validität eines Kompetenzmodells zu zeigen. Die meisten Studien zur Kompetenzmessung (z. B. TIMSS, PISA, IGLU, VERA, etc.) führen diese Messungen durch, um ihr jeweiliges theoretisches Modell zu validieren. Sowohl das Expertenrating als auch die externe, konvergente und diskriminante Validierung werden dabei in ähnlicher Weise angewandt. Der Zusammenhang zwischen Aufgabenmerkmalen und Aufgabenschwierigkeit, im weitesten Sinne also die Aufgabenanalyse, wird jedoch unterschiedlich thematisiert und berücksichtigt.

Besondere Berücksichtigung findet diese Frage vor allem bei der Diskussion um Kompetenzstufen und ihre Beschreibung. So berücksichtigen Helmke & Hosenfeld. (2004) zum Beispiel bei VERA Expertenratings zur Einschätzung schwierigkeitsbestimmender Aufgabenmerkmale wie Länge des Aufgabentextes und erforderliche Lösungsschritte und überprüfen dies mit der Anordnung der Aufgaben auf der Schwierigkeitsskala. Senkbeil et al. (2005) wie auch Prenzel et al. (2002) beziehen sich bei der Erklärung unterschiedlicher Schwierigkeiten im Rahmen von PISA-E direkt auf die intendierten, dominanten kognitiven Prozesse, die anhand bestimmter Indikatoren in der Aufgabenstellung postuliert werden. Schott (1984) empfiehlt dagegen eine rationale Aufgabenanalyse, die der empirischen Überprüfung vorauszugehen habe, und misst der psychologischen Aufgabenanalyse, also der Zuordnung der kognitiven Prozesse, weniger Relevanz bei (Schott & Ghanbari, 2007).

In dieser Arbeit wird davon ausgegangen, dass zunächst objektivierbare Merkmale von Aufgaben identifiziert werden müssen, die in der Lage sind die notwendige Bearbeiter-Fähigkeit zu differenzieren. Danach erst kann die Zuschreibung von Bearbeitungs-Prozessen sinnvoll gelingen. Die Überprüfung, ob die Aufgaben-Merkmale diese Differenzierung leisten können, erfolgt über ihren Zusammenhang zur Aufgabenschwierigkeit. Den Aufgaben-Merkmalen, der Aufgaben-Schwierigkeit und dem Zusammenhang zwischen beiden kommt im Rahmen der Validierung von Kompetenzmodellen daher große Bedeutung zu.

# 2. Kapitel: Aufgabenmerkmale

Innerhalb des Rahmenmodells, das im ersten Kapitel beschrieben wird, kommt den Aufgabenmerkmalen eine besondere Bedeutung zu. Es zeigt sich, dass in verschiedenen Studien der Zusammenhang zwischen Aufgaben-Merkmalen und Aufgaben-Schwierigkeit in sehr unterschiedlicher Weise berücksichtigt wird. In diesem Kapitel werden nun Aufgabenmerkmale aus verschiedenen Studien diskutiert und ihre Verbindung zur Aufgabenschwierigkeit aufgezeigt. Ziel der Überlegungen ist es die Entscheidung zu begründen, inhaltsstruktur-spezifische Aufgabenmerkmale zur Vorhersage der empirischen Schwierigkeit zu nutzen.

## Systematisierung von Aufgabenmerkmalen

Aufgabenmerkmale lassen sich danach systematisieren, auf welche Weise sie in einer Aufgabenanalyse festgestellt werden. Dabei kann man – ähnlich wie bei Videoanalysen (vgl. Reyer, 2004 oder Seidel, 2003) – unterschiedliche Ebenen der Inferenz, also der notwendigen Interpretation bei der Beurteilung, unterscheiden. Bei interpretationsarm zu beurteilenden Aspekten spricht man von niedrig-inferenten Beurteilungen, bei Aspekten, die ein hohes Maß an Interpretation erfordern, von hoch-inferenten Beurteilungen. Da Interpretationen stets von vielfältigen Bedingungen abhängen, im Fall von Beurteilungen vor Allem vom Beurteiler selbst, sind niedrig-inferente Beurteilungen objektiver als hoch-inferente (vgl. dazu z. B. Reyer, 2004).

Unter dem Aspekt der Inferenz der Einschätzung lassen sich demnach zwei gegensätzliche Arten von Aufgabenmerkmalen unterscheiden:

- Niedrig-inferente Merkmale, die mit wenig Interpretation aus dem Aufgabentext oder der Lösung entnommen und festgestellt werden können, und
- Hoch-inferente Merkmale, auf die Indikatoren und Hinweise aus dem Aufgabentext oder der Lösung hindeuten.

Durch die beiden Arten werden die Endpunkte einer Skala festgelegt, d. h. es lassen sich Merkmale finden, die nicht eindeutig in eine der beiden Arten gehören, sondern als „eher niedrig-inferent“ und „eher hoch-inferent“ bezeichnet werden müssen.

Ein weiterer Aspekt der Systematisierung von Aufgaben beruht auf dem Fokus, unter dem eine Aufgabe betrachtet wird. Dabei kann unterschieden werden zwischen einer rationalen Aufgabenanalyse (vgl. z. B. Resnick, 1976), einer psychologischen und einer empirischen Aufgabenanalyse. Die rationale Aufgabenanalyse betrachtet dabei vor allem die semantische Struktur von Aufgaben sowie formale Aspekte wie Textumfang und Antwortformat. Sie versucht den Inhalt zu klassifizieren und fragt nach der Kontentvalidität der Aufgabe (vgl. Klauer, 1987). Bei einer psychologischen Aufgabenanalyse stehen die zur Lösung benötigten (kognitiven) Prozesse im Vordergrund. Dabei werden aufgrund der Aufforderung oder der Vorgaben der Aufgabe bestimmte kognitive Prozesse erwartet (vgl. Senkbeil et al, 2005), zum Beispiel durch das Antwortformat (Martinez, 1999). Eine empirische Aufgabenanalyse untersucht Trennschärfen und Lösungshäufigkeiten der Aufgabe. Sie zielt dabei auf die Itemselektion und damit auf eine Verbesserung der Diagnostik. Die Kontentvalidität der Aufgaben wird zu Gunsten besserer Reliabilität und Konstruktvalidität zurückgestellt. Die empirische Aufgabenanalyse spielt bei der Optimierung von Tests eine wichtige Rolle, bei der Analyse von Aufgaben im Hinblick auf schwierigkeits*erzeugende* Merkmale kann sie jedoch nur geringe Beiträge leisten und wird daher in diesem Teil nicht weiter behandelt.

Fachdidaktisch relevanter ist die Analyse von Aufgaben unter dem Inhaltsaspekt. Diese ist meist eine Mischung aus der rationalen und der psychologischen Aufgabenanalyse. Besonders der Lösungsweg von Aufgaben und die dabei vom Bearbeiter genutzten Konzepte sind Gegenstand dieser Art der fachdidaktischen Aufgabenanalyse (vgl. z. B. Tan, Treagust et al., 2002). Dabei wird der Fokus besonders auf die Auswahl der Inhaltsbereiche und verwendeten Konzepte gelegt, so dass auch hier die Kontentvalidität im Vordergrund steht. Besonderes Gewicht haben dabei die sogenannten *misconceptions*, die nicht belastbaren Konzepte der Schülerinnen und Schüler. Diese versucht man zum Beispiel im Bereich der Mechanik durch das *Force Concept Inventory* (FCI, Hestenes, Wells, & Swackhamer, 1992) zu erfassen. Im Rahmen der TIMS-Studie wurde versucht, den Inhalt und seine Bearbeitung als eine Interaktion zwischen Aufgabentext und Bearbeiter zu beschreiben (Klieme, 2000). Experten der Fachdidaktik schätzten diese anhand von 14 Merkmalen – wie etwa „rechnen“ oder „Verständnis formalisierter Gesetze“ – ein, was jedoch nicht zufriedenstellend gelang (vgl. Klieme, 2000).

Eine weitere Analysemöglichkeit, die in der Fachdidaktik weit verbreitet ist, stellt die Taxonomie von Bloom (1956) dar, mit der Lehrziele hierarchisch geordnet werden. Auch Aufgaben können den sechs Stufen im kognitiven Bereich dieser Taxonomie zugeordnet werden. Bloom unterscheidet dabei zwischen Wissen, Verstehen, Anwenden, Analyse, Synthese und Beurteilung wobei er eine Hierarchie von Wissen bis Beurteilung annimmt. Auf den verschiedenen Stufen werden sowohl unterschiedliche Qualitäten von Inhalt als auch die kognitive Verarbeitung der Inhalte beschrieben.

Die Taxonomie ist jedoch umstritten. So kritisierte Ausubel (1963) ihre geringe psychologische Fundierung, die sie für beliebige Interpretationen und Auslegungen der Stufen anfällig werden lässt. Dies erschwert eine empirische Überprüfung (Seddon, 1978). Die Weiterentwicklung durch Anderson und Krathwohl (2001) erleichtert zwar die Operationalsierung, doch auch sie begründen die Hierarchie nicht durch empirische Befunde. Insgesamt finden sich nur wenige empirische Ergebnisse (z. B. Schabram, 2006), die sowohl eine valide Zuordnung der Aufgaben zu den Stufen berücksichtigen als auch die empirische Prüfung der Hierarchie zum Gegenstand haben. Wenn die Stufen tatsächlich eine Hierarchie zunehmenden kognitiven Anspruchs bilden, so müsste sich ein Zusammenhang zur Schwierigkeit von Aufgaben zeigen.

Prenzel et al. (2002) versuchen anhand von unterschiedlichen Arten von Aufgabenmerkmalen, die ex post aus den PISA-Aufgaben identifiziert werden, die Schwierigkeit der Aufgaben vorherzusagen. Ihr Ziel ist es, schwierigkeitserzeugende Merkmale zu finden, um die kognitiven Anforderungen zu identifizieren. Ihrer Analyse nach „kann man drei Arten von Analysekategorien unterscheiden, nämlich

- formale Aufgabenmerkmale,
- kognitive Anforderungen beim Lösen der Aufgabe und
- Merkmale der für das Lösen der Aufgaben erforderlichen Wissensbasis.“

(Prenzel et al., 2002)

Die formalen Aufgabenmerkmale umfassen dabei die Länge und Darbietungsform der Aufgabenstellung und des Antwortformats. Die kognitiven Anforderungen beziehen sich auf unterschiedlich komplexe kognitive Operationen, die vom Abrufen aus der Wissensbasis bis zum Aufbau räumlicher Modelle reichen und den sieben kognitiven Kompetenzen nach Senkbeil et al. (2005) ähnlich sind.

Die Wissensbasis wird nach „aus didaktischer Sicht sinnvoll zu differenzierenden Wissensinhalten“ (Prenzel et al., 2002) kategorisiert, wobei der theoretische Bezug dieser Aussage offen bleibt. Die Kategorisierung folgt dabei gleichzeitig drei verschiedenen Grundideen:

- Wissensarten („Terminologisches Wissen“, „Faktenwissen“, „kontraintuitives Wissen“),
- Struktur („je-desto-Beziehungen“, „Funktionale Zusammenhänge“) und
- methodische Überlegungen („mit naturwissenschaftlichen Methoden beantwortbar“, „Lösungsrelevante Informationen im Text“) (vgl. Prenzel et al., 2002).

Dabei konnte eine Aufgabe nur einer der genannten Kategorien zugeordnet werden. Diese Operationalisierung der Wissensbasis scheint nur wenig sinnvoll, da die Grundideen sich nicht ausschließen und eine Zuordnung zu nur einer Kategorie daher vom fachdidaktischen Standpunkt aus nicht valide sein kann.

Diese komplizierte Kategorisierung der notwendigen Wissensbasis kann umgangen werden, wenn der Inhalt der erwarteten Lösung selbst charakterisiert wird, ohne dessen Repräsentation in der Wissensbasis beschreiben zu wollen. Auf diese Weise wird deutlicher zwischen dem Inhalt und seiner kognitiven Verarbeitung getrennt. Die mentale Repräsentation des Fachinhalts kann zudem zwischen verschiedenen Personen des gleichen Expertisegrads unterschiedlich sind. Aber der Inhalt der Lösung, die von beiden ausgewählt wird und objektiv beobachtbar ist, ist derselbe.

Zusammenfassend gesehen geht die Systematisierung von Aufgabenmerkmalen bisher immer von einer post hoc Analyse von Aufgaben aus; d. h. eine bereits existierende Aufgabe wird auf ihre Merkmale hin untersucht. Bei diesem Vorgehen ist die Inferenz ein wichtiges Kriterium für die Charakterisierung der Merkmale. Hinzu kommt der Fokus der Betrachtung, wobei aus historischen Gründen die Merkmale der rationalen Aufgabenanalyse als„objektive" Merkmalen bezeichnet werden, während die psychologische Analyse meist zu Merkmalen führt, die den Lösungsprozess charakterisieren.

Daraus ergibt sich die folgende Systematik, die eine Modifikation der von Prenzel et al. verwendeten Kategorisierung ist. Aufgabenmerkmale werden unterschieden in

- formale Aufgabenmerkmale,
- inhaltliche Aufgabenmerkmale und
- kognitive Verarbeitungsprozesse.

Die ersten beiden Aufgabenmerkmals-Arten sind in der bisherigen Terminologie „objektive" Aufgabenmerkmal, die kognitiven Verarbeitungsprozesse dagegen werden hier verallgemeinert als prozessorientierte Aufgabenmerkmale bezeichnet.

## Vor- und Nachteile objektiver Aufgabenmerkmale

Objektive Aufgabenmerkmale sind in vielen Fällen abzählbare Merkmale wie Häufigkeiten von Worten oder die Länge von Sätzen. Andere Oberflächenmerkmale wie das Vorhandensein von Grafiken oder Antwortalternativen sind ebenfalls niedriginferent erfassbar. Die Unterscheidung nach dekorativen oder informationstragenden Grafiken ist zwar mit einem nicht unerheblichen Maß an Interpretation verbunden, zählt dennoch eher zu den objektiven Aufgabenmerkmalen.

Eine sehr elaborierte Untersuchung objektiver Aufgabenmerkmale ist die semantische Analyse von Aufgaben. Sie stellt in hohem Maße formalisiert die Beziehungen zwischen einzelnen Elementen des Aufgabentextes dar und drückt mit Hilfe von Operatoren die zur Lösung notwendige Veränderung der Struktur aus (vgl. z. B. Klauer, 1987). Durch den hohen Grad der Formalisierung ist prüfbar, wie objektiv die semantische Struktur der Aufgabe zum Beispiel durch zwei Beurteiler erfasst wird. Ihre Grenzen erreicht diese Analyse jedoch bei sehr komplexen fachlichen Aufgaben. Sie kann zum Beispiel nicht anhand von Einzelelemente und ihrer Verknüpfung entscheiden, ob insgesamt fachliche Relevanz und Richtigkeit vorliegt, da sich bei komplexen Texten die inhaltliche Bedeutung nur als Gesamtbetrachtung der Lösung erfassen lässt. Die mögliche Vielfalt an fachlich richtigen und relevanten Konstellationen übersteigt jede Berechenbarkeit und Darstellung.

Draxler (2006) stellt eine Reihe solcher objektiven Aufgabenmerkmale in einem Bewertungsschema für Aufgaben zusammen. Seine Klassifikation gilt sowohl für

Lern- als auch für Testaufgaben. Dabei berücksichtigt er neben dem Antwortformat auch die Anzahl und die Offenheit der möglichen Lösungswege und charakterisiert sie mit Hilfe notwendiger Bearbeitungs-Prozesse. Für einige Merkmale konstatiert er einen Zusammenhang zur Aufgabenschwierigkeit, so zum Beispiel für das Antwortformat und die Offenheit.

Obwohl nicht alle „objektiven" Aufgabenmerkmale niedrig-inferent in Aufgaben zu identifizieren sind, sind sie dennoch an Oberflächenmerkmalen der Aufgabe festzumachen. Sie sind daher in hohem Maße valide erfassbar. Es hat sich aber in zahlreichen empirischen Studien gezeigt, dass außer bei den von Draxler berichteten Merkmalen, kaum eine Beziehung zur Aufgabenschwierigkeit nachgewiesen werden kann (vgl. z. B. Webb, 1979, Klieme, 1989 oder Klieme, 2000). Insbesondere können inhaltliche Merkmale, wie beispielsweise die misconceptions, oft nicht mit Schwierigkeit in Zusammenhang gebracht werden, wie eine Analyse des FCI durch Schecker und Gerdes (1999) zeigt. Senkbeil et al. (2005) weisen sogar nach, dass die Zuordnung von Inhalten zu Fächern empirisch nicht zur Erklärung der Schwierigkeit von Aufgaben beiträgt.

Eine mögliche Ursache für solche Befunde kann die Operationalisierung sein. Oft ist die Trennung zwischen dem Inhalt und seiner Bearbeitung fließend, da fachtypische Denk- und Arbeits-Prozesse berücksichtigt werden sollen. Die Einschätzung von Denkprozessen ist jedoch hoch-inferent und kein „objektives" Aufgabenmerkmal sondern ein prozessorientiertes, da sie nicht an Oberflächenmerkmalen der Aufgabe festgemacht werden kann.

## Vor- und Nachteile prozessorientierter Aufgabenmerkmale

Die prozessorientierten Aufgabenmerkmale lassen sich im Unterschied zu den objektiven Merkmalen nur an der Bearbeitung der Aufgaben festmachen, nicht an der Lösung. Sie sind daher stets nur hoch-inferent erfassbar, da von einzelnen Begriffen im Aufgabentext und der Lösung ausgehend auf bestimmte Prozesse beim Bearbeiten geschlossen wird (vgl. Rost, 2004). Dabei kann zwischen spezifischen und generellen Prozessen unterschieden werden.

Ein Beispiel für ein spezifisches Vorgehen findet sich beispielsweise bei McDermott, Rosenquist und van Zee (1987). Eine Aufgabe in ihrer Untersuchung enthält einen narrativen Text, der die Bewegung einer Rakete beschreibt. Die Bewegungsänderungen dieser Rakete soll in einem Graphen drei verschiedenen Punkten zugeordnet werden, woraus auf ein tieferes Verständnis für kinematische Graphen geschlossen wird. Dabei nehmen die Autoren an, dass die Bearbeiter eine Reihe von Fehlkonzepten zur Steigung von Graphen und Höhe von Datenpunkten im Graphen überwinden müssen (McDermott, et al., 1987).

Auch das FCI (Hestenes, Wells, & Swackhamer, 1992) ist der Versuch, im Lösungsprozess einen spezifischen Prozess zu modellieren. Bei den Aufgaben des FCI wird angenommen, dass die Schülerinnen und Schüler bei jeder Aufgabe ein spezifisches Fehlkonzept aus der Mechanik überwinden müssen. Für die TIMS-Studie wurde das Überwinden von Fehlkonzepten dann jedoch unabhängig vom Fehlkonzept als generelle Fähigkeit von Personen bei der Lösung von Aufgaben angenommen (Klieme, 2000). Dadurch wird unterstellt, dass *beliebige* Fehlkonzepte durch denselben Prozess bei der Aufgabenbearbeitung überwunden werden können. Aus dem spezifischen Prozess ein bestimmtes Fehlkonzept der Mechanik zu überwinden wird dadurch der generelle Prozess, Fehlkonzepte unabhängig vom Inhalt grundsätzlich zu überwinden.

Neuere Studien (zum Beispiel: Prenzel et al, 2002, Senkbeil et al, 2005, Schabram 2006, Schecker & Parchmann, 2006; Einhaus und Schecker, 2006) verwenden meist keine spezifischen Prozesszuschreibungen, sondern nutzen generellere Prozesse, um die Bearbeitung zu beschreiben. Diese werden häufig als (kognitive) Kompetenzen bezeichnet (z. B. bei Senkbeil et al, 2005). Auch ältere Modellierungen wie etwa Blooms Taxonomie (1965) oder die Kompetenzstufen nach Bybee (1997) enthalten im hohen Maße generalisierte Kompetenzen, zum Beispiel „Verständnis von Konzepten" (vgl. Bybee, 1997) oder „Bewerten" (vgl. Boom, 1965). Von Eye, Sörensen, Lerner und Lerner (1998) schreiben einer Person eine bestimmte „kognitive Komplexität" aufgrund ihrer Aufgabenbearbeitung zu.

Der Vorteil prozessorientierter Aufgabenmerkmale gegenüber objektiven Merkmalen ist die Nützlichkeit der so gewonnenen Information. Objektive Aufgabenmerkmale erscheinen meist trivial, da sie nur die Information liefern, *dass* eine Person eine Aufgabe mit bestimmten Merkmalen gelöst hat, aber nicht *wie* er oder sie die Aufgaben gelöst hat. Prozessorientierte Aufgabenmerkmale fokussieren genau auf das *Wie* des Lösens. Sie liefern dadurch Informationen, die als Ansatzpunkte dienen können den Lösungsprozess bei der Person durch Lernen zu verändern.

Es gibt aber drei wichtige Nachteile der prozessorientierten Aufgabenmerkmale. Erstens kann nur sehr selten von einem eindeutigen Lösungsweg ausgegangen werden, was Voraussetzung für die eindeutige Prozessbeschreibung ist. Zweitens zeigt sich auch für diese Aufgabenmerkmale nur eine geringe empirische Relevanz, sowohl was die Zuordnung der Prozesse zu Aufgaben betrifft, als auch den Zusammenhang zur empirischen Schwierigkeit. Und drittens ist die fachdidaktische Relevanz oft gering, da der Einfluss des Inhalts bei den generalisierten Prozessen unberücksichtigt bleibt.

Ein eindeutiger Lösungsweg ist die wichtigste Voraussetzung, wenn einer Aufgabe prozessorientierte Aufgabenmerkmale zugeordnet werden sollen. Lösungswege werden hierbei als verschieden bezeichnet, wenn sie verschiedenen Kategorien im System von Draxler (2006) zugeordnet werden. Dabei ergibt sich bereits der Zusammenhang zwischen dem Lösungsweg und der Zuordnung von kognitiven Prozessen, die bei Draxler durch die PISA-Kompetenzen operationalisiert sind (Draxler, 2006).

Bei der Bearbeitung von Aufgaben kann aber die Eindeutigkeit des Lösungsweges nicht sichergestellt werden. Die Aufgabenbearbeitung wird als Interaktion zwischen Aufgabe und Bearbeiter aufgefasst (vgl. Prenzel et al., 2002), so dass Eigenschaften des Bearbeiters diese Interaktion beeinflussen können. Diese Eigenschaften des Bearbeiters folgen in jeder Stichprobe einer Verteilung, so dass auch die Interaktion variieren kann. Die Interaktion zeigt sich in einem bestimmten Lösungsweg, der daher ebenfalls variiert. Es ist a priori nicht klar, dass ein bestimmtes Aufgabenmerkmal bei jedem Bearbeiter zum selben Prozess führt.

Es gibt zahlreiche weitere Gründe, warum Lösungswege nicht eindeutig sein können. Bromme, Seeger und Steinbring (1990) stellen fest, dass bereits aufgrund des Aufgabeninhalts unterschiedliche Interpretationen möglich sind. Jede dieser Interpretationen kann Ausgangspunkt eines eigenen Lösungsweges mit spezifischen Prozessen sein. Harlow und Jones (2004) untersuchen, wovon die Beantwortung von TIMSS-Items abhängt. Durch Interviews weisen sie dabei nach, dass die gegebenen Antworten aufgrund sehr unterschiedlicher Gründe und Prozesse zu Stande kommen, so zum Beispiel durch sprachliche Schwierigkeiten und wissensunabhängige Bearbeitungsstrategien (Harlow & Jones, 2004). Martinez (1999) diskutiert den Zusammenhang zwischen dem Item-Format und kognitiven Prozessen und stellt fest „the response format of test items can influence the nature of the measured construct“ (Martinez, 1999). Daher erscheint es unwahrscheinlich, dass die vorgenommene Zuschreibung von bestimmten Prozessen zu Aufgaben ausreichend valide gelingt. Je komplexer und umfassender die Prozesse sein müssen, desto unwahrscheinlicher ist es, dass bei verschiedenen Personen die gleichen Prozesse durch die Aufgabe ausgelöst werden.

Die empirischen Befunde zur Validität der Zuordnung von Aufgabenmerkmalen zu Prozessen sind ebenfalls wenig ermutigend. Klieme (2000) konnte zeigen, dass sich die Experten bei der Zuordnung der Aufgaben zu den einzelnen Stufen der Kompetenz nach Bybee (1997) nicht einig sind. Senkbeil et al. (2005) stellen fest, dass die Unterscheidung der sieben kognitiven Prozesse zu den Aufgaben nicht in allen Bereichen trennscharf gelingt. Auch das von Einhaus und Schecker (2006) durchgeführte Expertenrating zeigt zunächst eine große Varianz bei der Zuordnung einzelner Aufgaben zu abstrakt formulierten prozessorientierten Aufgabenmerkmalen. Diese Befunde zeigen, dass offenbar auch bei Experten unterschiedliche Lösungswege verwendet werden und verschiedene Prozesse stattfinden.

Weitere empirische Ergebnisse zeigen, dass mit prozessorientierten Aufgabenmerkmalen die Schwierigkeit der Aufgaben ebenso schlecht vorhergesagt werden kann wie mit den objektiven Merkmalen. Die in TIMSS und der ersten PISA-Untersuchung post hoc gefundenen Aufgabenmerkmale (vgl. Prenzel et al., 2002) haben in der folgenden PISA-Untersuchung nur einen mittleren Zusammenhang zur Aufgabenschwierigkeit gehabt (vgl. Senkbeil et al., 2005). Friege und Lind (2004) konnten zeigen, dass zwischen Faktenwissen und Problemlösfähigkeit eine sehr hohe Korrelation besteht. Faktenwissen und Problemlösefähigkeit, die im Allgemeinen als höherwertig eingestuft wird, lassen sich empirisch daher kaum voneinander trennen.

Probleme zu lösen ist demnach nicht grundsätzlich schwieriger als Faktenwissen, sondern ohne ein entsprechend hoch ausgeprägtes Faktenwissen offenbar nicht möglich.

Auch fachdidaktisch gesehen ist die Kombination aus Fähigkeiten und Inhaltsmerkmalen relevanter als die Beschreibung genereller Prozesse. Ein „Umgang mit Graphen“ (Senkbeil et al., 2005) ist eine so allgemeine Prozessbeschreibung, dass sie keine Verknüpfung zu Fachinhalt hat. Die Annahme, dass der Umgang mit Graphen in jedem Fachgebiet gleich ist, vernachlässigt beispielsweise die Wechselwirkung zwischen dem Verständnis inhaltlicher Zusammenhänge und der Zuschreibung von Bedeutung zu den Graphik-Elementen (McDermot et al., 1987). Auch andere generellere Prozesse, wie Problemlöseprozesse, setzen Vorwissen im jeweiligen Problembereich voraus (vgl. Dörner & Schölkopf, 1991). Friege und Lind (2003) weisen sogar nach, dass fachübergreifende Kompetenzen relativ unbedeutend sind im Vergleich zu fachspezifischen. Untersuchungen zu misconceptions (z. B. Pfundt & Duit, 1994 oder Coll & Treagust, 2002) belegen ebenfalls einen Zusammenhang zwischen dem fachlichen Inhalt und seiner kognitiven Verarbeitung, da neue fachliche Inhalte immer ein Umorganisieren des bisherigen Wissens nötig machen, was aber nicht automatisch zu belastbaren fachlichen Konzepten führt.

Aus konstruktivistischer Sicht wird die Bedeutung des Inhalts sogar bei jeder neuen Beschäftigung mit den jeweiligen Gegenstand neu erzeugt (vgl. z. B. von Glasersfeld, 1997). Im Bremer Komplexitätsmodell wird daher eine Hierarchie der Bedeutungszuschreibung beschrieben, die eine Kombination aus qualitativer Inhaltsbeschreibung (Eigenschaften, Prinzipien etc.) und kognitiven Prozessen (Variation, Konstruktion) darstellt (vgl. von Aufschnaiter & Welzel, 1997). Dieses Modell ist aber auf Lernen bezogen und macht daher keine Aussage über das Lösen von Testaufgaben. Nimmt man jedoch den konstruktivistischen Ansatz als zutreffend an, so wird auch beim Lösen von Aufgaben im Leistungstest den Inhalten der Aufgabenstellung und der Lösung Bedeutung während des Bearbeitungsprozesses zugeschrieben.

Die Verknüpfung von Inhalt und kognitiven Prozessen durch die konstruktivistische Sichtweise lässt auch andere Befunde aus der Lehr-Lern-Forschung für Testaufgaben relevant erscheinen. So geht die Cognitive Load Theory (Sweller, 1994) davon aus, dass nur begrenzte Kapazitäten für die kognitive Verarbeitung gegeben sind. Inhalte und ihre Verknüpfung bei der Aufgabenbearbeitung nehmen bestimmte Anteile des kognitiven Prozesses in Anspruch, die übrigen Anteile dienen dazu die Aufgabe zu lösen. Je größer der freie Anteil, desto eher kann die Aufgabe gelöst werden. Beim *chunking* (vgl. Miller, 1951) werden Strukturen im Inhalt dazu genutzt, den Inhalt leichter erlernbar zu machen. Dadurch kann der durch die Inhalte und ihre Verknüpfung benötigte Platz reduziert werden, so dass mehr Platz für die Verarbeitung verfügbar ist (vgl. auch Aebli, 1980).

Zusammenfassend zeigt sich ein Bedarf für inhaltsbasierte, prozessorientierte Aufgabenmerkmale, wobei derzeit die Zuordnung von Prozessen zu fachinhaltlichen Merkmalen der Aufgabe empirisch wenig erfolgreich ist. Der Identifikation von inhaltlichen Merkmalen wird – nicht zuletzt historisch durch die geringe empirische Relevanz der objektiven Merkmale bedingt – wenig Beachtung geschenkt. Vielmehr liegt der Fokus auf möglichen mit dem Inhalt verbundenen Prozessen. Empirisch scheitert diese Prozessorientierung jedoch sowohl an der Zuordnung der Prozesse als auch an ihrer Relevanz bei der Erklärung von Aufgabenschwierigkeit. Die Zuordnung führt vor allem deshalb zu Problemen, weil ein Modell fehlt, das relevante Inhaltsmerkmale identifiziert.

## Potential inhaltsstruktur-bezogener Aufgabenmerkmale

Die Cognitive Load Theory und das Bremer Komplexitätsmodell lassen vermuten, dass die *Struktur des Inhalts* eine zentrale Rolle für die mit der Aufgabenlösung verbundenen Prozesse spielt. Der Umfang des Inhalts ist für seine kognitive Verarbeitung wichtig (Sweller, 1994), wobei der Umfang wiederum davon abhängt, wie gut der Inhalt strukturiert (zu Chunks verbunden) ist. Die kognitive Verarbeitung verläuft dabei in einer aufsteigenden Hierarchie der Bedeutungszuschreibung (von Aufschnaiter & Welzel., 1997). Dazu werden qualitativ unterschiedliche Inhaltselemente identifiziert, konstruiert und variiert. Dabei lassen sich nach dem Modell von Mayer (2001) Analogien zur kognitiven Verarbeitung multimedialer Information finden. Dort werden Informationen selegiert, organisiert und integriert (vgl. auch Weinstein & Mayer, 1986) um sie zu lernen, wobei in diesem Prozess nicht nach der unterschiedlichen Qualität der Inhalte unterschieden wird.

Die Inhaltsstruktur kann daher über die mit ihr verbundenen Prozesse auf die Aufgabenschwierigkeit wirken. Wenn kognitive Prozesse in spezifischer Weise von der Struktur der Inhalte abhängen variieren sie, sobald die Struktur variiert wird. Eine Variation der Struktur führt zu einer Veränderung der benötigten Kapazität im Sinne der Cognitive Load Theory und/oder zu einer anderen Komplexität der Bedeutungszuschreibung. Anspruchsvolle Prozesse sind solche, die im Sinne der Cognitive Load Theory besonders viel Kapazität erfordern oder eine hohe Komplexität bei der Bedeutungszuschreibung haben. Die Fähigkeit einer Person ist sinnvoller Weise so definiert, dass die Fähigkeit dem anspruchsvollsten Prozess entspricht, den die Person mit ausreichender Wahrscheinlichkeit richtig ausführen kann. Nimmt man eine Normalverteilung der Fähigkeit in der Gesamtpopulation an, so werden besonders anspruchsvolle Prozesse selten richtig angewandt und sind daher besonders schwierig.

Berücksichtigt man Aspekte der Inhaltsstruktur als Aufgabenmerkmale, so hat dies mindestens zwei Vorteile. Zum einen kann auf diese Weise der normativen Bedeutung der Inhaltsstruktur gerecht werden; zum anderen hat die Verwendung der Inhaltsstruktur große methodische Vorteile.

Der Struktur der Inhalte kommt aus mehreren Gründen normativ hohe Bedeutung zu. Zunächst besteht das Wesen der Physik nach March (1964) aus der Bildung von Strukturen: „die Physik [hat] nur mit solchen Strukturen und sonst mit nichts zu tun" (March, 1964). Auch wenn diese sehr strikte Aussage sicherlich relativiert werden muss, so wird die Einschätzung, dass in der Physik der Struktur der Inhalte eine herausragende Rolle zukommt, sicherlich von vielen Physikerinnen und Physikern befürwortet. Für die Schule ist eine Struktur der Inhalte aber auch aus anderen Gründen wichtig. Sie ist als „vertikale Vernetzung" von Fachinhalten und als wichtiges Charakteristikum des Faches selbst in Lehrplänen, Förderprogrammen, Prüfungsanforderungen und den KMK-Bildungsstandards für den mittleren Schulabschluss thematisiert und benannt. So wurde beispielsweise in Folge der TIMS-Studie im BLK-Programm SINUS ein Modul berücksichtigt, das explizit die Verknüpfung der Inhalte aufgreift, mit dem Ziel kumulatives Lernen zu fördern (Harms & Bünder, 1999). Und in den Standards für den mittleren Schulabschluss heißt es: „Die im Kompetenzbereich Fachwissen vorgenommene vertikale Vernetzung durch die übergeordneten vier Basiskonzepte Materie, Wechselwirkung, System und Energie soll den Schülerinnen und Schülern kumulatives Lernen erleichtern." (KMK, 2004)

Wie das DFG-Projekt „Vertikale Vernetzung und kumulatives Lernen im Chemie- und Physikunterricht" (FI 477/ 17-3) zeigen konnte, ist der Zusammenhang zwischen Vertikaler Vernetzung und kumulativem Lernen in Physik auch empirisch nachweisbar (Fischer, Glemnitz, Kauertz & Sumfleth, 2006). Die Struktur der Inhalte ist daher nicht nur normativ, sondern auch empirisch gesehen eine wichtige Eigenschaft der Fachinhalte, wenn es um das Fachwissen oder die Kompetenz der Schülerinnen und Schüler geht.

Soll Physik-Kompetenz gemessen werden, so muss der Struktur der Fachinhalte bei der Messung der Kompetenz Rechnung getragen werden. Gelingt es, Aspekte der Inhaltsstruktur als Aufgabenmerkmale zu berücksichtigen, ist die Anbindung an die normativen Vorgaben explizit möglich. Die Interpretation der Ergebnisse kann dadurch direkt auf die normativen Vorgaben bezogen und die Bildungsstandards auf diese Weise im Hinblick auf realisierbare Anforderungen justiert werden.

Die Verwendung von Aspekten der Inhaltsstruktur als Aufgabenmerkmale hat aber auch methodisch große Vorteile. Die Diskussion der formalen und prozessorientierten Aufgabenmerkmale zeigt, dass entweder eine hohe Inferenz bei der Zuordnung der Aufgabenmerkmale in Kauf genommen werden muss – wie bei den prozessorientierten Merkmalen – oder die mit den Aufgabenmerkmalen verbundene Information für die Kompetenzmessung relativ belanglos ist – wie das Antwortformat oder die Textlänge als objektive Aufgabenmerkmale. In Verbindung mit der normativ unterstellten und teilweise empirisch gezeigten Bedeutung der Inhaltsstruktur für die Kompetenz der Schülerinnen und Schüler kann die Berücksichtigung von Inhaltsstruktur-Merkmalen einen Ausweg anbieten.

Die Struktur von Inhalten ist im Gegensatz zu kognitiven Prozessen direkt in Texten und Graphiken erkennbar. Die Aufgabenstellung und die Lösung liegen bei den meisten Aufgaben als Text, in einigen Fällen als Graphik vor. Sie sind daher zunächst niedrig-inferent beurteilbar im Hinblick auf ihre semantische Struktur. Für die Einschätzung der fachlichen Struktur ist die semantische Struktur eine notwendige, aber nicht hinreichende Voraussetzung, da für die Analyse der fachlichen Struktur nur bestimmte Zusammenhänge und Elemente von Bedeutung sind. Wie in der Videoanalyse des Projekts „Vertikale Vernetzung" aber gezeigt werden konnte, lässt sich diese fachliche Struktur mit guter Interraterreliabilität erfassen. Die Inhaltsstruktur in einer Aufgabe ist demnach „objektiv" erfassbar.

Die mit der Inhaltsstruktur verbundene Information ist im Gegensatz zu der Information aus objektiven Aufgabenmerkmalen für die Kompetenzmessung relevant. Normativ kommt der Inhaltsstruktur ohnehin, wie bereits erläutert, große Relevanz zu. Durch den Nachweis, dass die Struktur der Inhalte einen Einfluss auf die Leistung der Schülerinnen und Schüler hat (Kauertz & Fischer, 2006a), ist eine Verbindung zwischen Inhaltsstruktur und Kompetenz im Sinne fachspezifischer Fähigkeit sehr wahrscheinlich.

Mit der Inhaltsstruktur ist demnach eine bestimmte Fähigkeit verbundenen, die durch Variation der Inhaltsstrukturmerkmale „vermessen" werden kann. Wenn sich die Fähigkeit von Bearbeitern und die Schwierigkeit von Aufgaben als äquivalent ansehen lassen – wie etwa beim Raschmodell – so lässt sich theoretisch ein Zusammenhang zwischen den Inhaltsstruktur-Merkmalen und der Aufgaben-Schwierigkeit nachweisen. Eine solche Bearbeiter-Fähigkeit geht aber auch einher mit bestimmten noch unbekannten kognitiven Prozessen. Durch die Verbindung von Fähigkeit, Aufgaben-Schwierigkeit und Inhaltsstruktur-Merkmalen können diese kognitiven Prozesse durch eine systematische Veränderung der Inhaltsstruktur-Merkmale untersucht werden. Die Inhaltsstruktur liefert daher im Rahmen von Kompetenzmessung in hohem Maße relevante Information.

## Zusammenfassung

Aufgabenmerkmale lassen sich in drei Gruppen klassifizieren: objektive, prozessorientierte und Inhaltsstruktur-Merkmale. Das Kriterium für die Unterscheidung der Gruppen ist dabei die Art der Aufgabenanalyse, die sich aus deren Fokus ergibt. Die Aufgabenmerkmale haben unterschiedliche Vor- und Nachteile im Hinblick auf die Inferenz, mit der ihr Auftreten in der Aufgabe beurteilt werden kann, und mit dem Informationsgehalt, der mit dem Aufgabenmerkmale im Hinblick auf Kompetenzmessung verbunden ist.

Die Inhaltsstruktur ist für die Beschreibung von Kompetenz besonders wichtig. Dies ergibt sich normativ aus den schulbezogenen Richtlinien und Empfehlungen, beispielsweise den Bildungsstandards (KMK, 2004). Darüber hinaus haben der Inhalt und seine Struktur eine enge, fachdidaktisch oft nachgewiesene Verbindung zum Wissens- und Kompetenzerwerb. Es lässt sich daher vermuten, dass durch die Variation der Inhaltsstruktur die Aufgabenschwierigkeit verändert werden kann. Über die Aufgabenschwierigkeit werden dadurch gleichzeitig die Fähigkeit im Sinne von Kompetenz und die damit verbundenen kognitiven Prozessen variiert.

# 3. Kapitel: Inhaltsstruktur

Die Inhaltsstruktur erwies sich im vorigen Kapitel als wichtige Eigenschaft von Aufgaben. Sie ist normativ und empirisch für die Schwierigkeit von Aufgaben relevant und an ihr kann die Fähigkeit von Schülerinnen und Schüler festgemacht werden. Bisherige Ansätze, die die Inhaltsstruktur mit der Aufgabenschwierigkeit in Verbindung bringen können (vgl. Williams & Clark, 1997; Liu & Keough, 2005, Liu, 2006), verknüpfen meist die inhaltliche Struktur mit konkret benannten kognitiven Prozessen. Dadurch lässt sich der Einfluss der Inhaltsstruktur nur schwer von dem der kognitiven Prozesse trennen. Die genannten Ansätze unterscheiden sich aber von anderen Arbeiten (z. B. Senkbeil et al., 2005) dadurch, dass sie eine bestimmte Struktur der Inhalte in den Aufgaben berücksichtigen und variieren.

Untereinander wiederum unterscheiden sich die Studien in der Beschreibung der Inhaltsstruktur. Liu und McKeough (2005) gehen davon aus, dass sich das Energie-Konzept von einfachen (konkreten) Beziehungen zu einem abstrakten, umfassenden Verständnis entwickelt. Williams und Clark (1997) dagegen beschreiben die Inhaltsstruktur durch die Art und Anzahl erforderlicher mathematischer Operationen und Begriffe. Theyßen, Schmidt, Einhaus und Schecker (2006) unterscheiden zwischen verschiedenen Inhaltsbereichen, um der in vielen Curricula repräsentierten Struktur fachlicher Inhalte nahe zu kommen.

Es gibt daher nicht „die" Inhaltsstruktur der Physik. Die Struktur, die Physikinhalten gegeben wird, hängt von dem Ziel ab, das mit der Strukturierung verfolgt wird. Sie ist daher stets normativ und nur im Hinblick auf die Absicht, mit der strukturiert wird, beurteilbar. In diesem Kapitel werden verschiedene Ansätze für die Strukturierung physikalischer Inhalte vorgestellt und im Hinblick auf das Ziel der Arbeit diskutiert.

Das Ziel dieser Arbeit ist die Beschreibung des Zusammenhangs zwischen Inhaltsstruktur und Aufgabenschwierigkeit im Rahmen von Kompetenzdiagnose. Die normativen Randbedingungen dafür sind die KMK-Bildungsstandards (KMK, 2004) und das Curriculum von Nordrhein-Westfalen (KM, 1999). Empirische Befunde zur Strukturierung von Inhalten im Unterricht, die sich aus dem Projekt „Vertikale Vernetzung" ergeben, geben einen Hinweis darauf, welche Inhaltsstruktur-Merkmale mit der Kompetenz der Schülerinnen und Schüler zusammenhängen können.

In diesem Kapitel wird ein Modell für Inhaltsstruktur entwickelt, das diesen Ansprüchen genügen soll. Es wird dabei von einigen allgemeinen Grundlagen der Strukturbeschreibung ausgegangen und ein physikspezifisches Inhaltsstruktur-Modell entwickelt. Abschließend wird argumentiert, wie dieses Modell die Schwierigkeit von Aufgaben erklären kann.

## Ansätze inhaltlicher Strukturierung

Die Ansätze zur Strukturierung lassen sich nach zwei Kriterien unterscheiden. Zum einen sind die *Ziele* der Strukturierung verschieden; und zum anderen kann die *Ebene* der Strukturierung danach unterschieden werden, ob es sich um eine Struktur aller Inhalte oder um die Struktur einzelner Themen, also einer Auswahl von Inhalten handelt. Im Folgenden werden physikspezifische Strukturierungen anhand der beiden Kriterien vorgestellt. Ausgehend von der Physik als Fachwissenschaft fokussieren die Ziele der Ansätze zunehmend auf Schule und den Erwerb von Physik-Kompetenz.

Physik als Wissenschaft ist selbst bereits das Resultat von Strukturierung. Vom antiken Griechenland bis in die Neuzeit hinein gab es keinen Unterschied zwischen den Wissenschaften und mystischen, okkulten Vorstellungen. Mit dem zunehmenden Wissen wurde eine Systematisierung des Wissens unumgänglich, die zur Unterscheidung in die einzelnen Wissenschaften führte (vgl. Simonyi, 1995, oder Mayr, 2002) und letztlich auch für die Unterteilung in die einzelnen Teilbereiche verantwortlich ist. Das Ziel der Strukturierung besteht in dem Ordnen der Theorien und Erkenntnisse, um Anknüpfpunkte für weitere Forschung zu finden und bei zunehmendem Wissensumfang eine Spezialisierung zu ermöglichen. Die Ebene der Strukturierung ist dabei die gesamte Physik.

Die Struktur der Physik, ihrer Teilbereiche und ihrer Theorien ist daher nichts „Natürliches“, sondern ist abhängig von sozialen Normen. Kuhn (1973) diskutiert die Veränderung innerhalb der Wissenschaften und insbesondere der Physik unter dem Schlagwort der „wissenschaftlichen Revolution“. Er bezieht sich dabei nicht nur auf die einzelnen Theorien sondern auch auf einen Paradigmenwechsel, unter dem er die Neubewertung bestehender Erkenntnisse versteht (Kuhn, 1973). Nach Feyerabend (1976) darf keine Systematisierung in der Wissenschaft zum Zwang werden, da die Wissenschaft sonst Schaden nehmen würde. Neue Theorien dürfen demnach auch vom bestehenden Schema abweichen. Die Fachsystematik ist daher abhängig vom gegenwärtigen Konsens unter den Physikerinnen und Physikern und dient einem speziellen Zweck, der nicht zwingend für jeden Anlass der beste Zweck ist.

Die Fachsystematik hat zudem auch keinen direkten Bezug zum Physik-Lernen. Es muss daher kritisch geprüft werden, ob sie eine sinnvolle Struktur für ein Curriculum, ein Schulbuch oder eine Aufgabensammlung sein kann (vgl. Espinoza, 2004). Das schließt ein, dass die Unterteilung in die einzelnen historisch begründbaren Teilgebiete sich nicht zwingend im Curriculum etc. widerspiegeln muss. An ihre Stelle können sehr verschiedene Strukturierungsmöglichkeiten treten, die sich in den meisten Fällen auch aus entsprechenden Annahmen über Lernen ergeben.

Durch Curricula wird eine inhaltliche Auswahl und Sequenzierung der Physik vorgenommen. Diese Auswahl erfolgt meist mit dem Ziel, Kernkonzepte und Themen der Physik für den Unterricht vorzugeben und dadurch beispielsweise exemplarisches Lernen und vertikale Vernetzung (vgl. z. B. Sprütten, 2006) zu fördern. Dabei gliedern Curricula den Inhalt auf beiden Ebenen, also sowohl das gesamte Fach, als auch einzelne Bereiche. Im Curriculum von NRW ist beispielsweise das Sachgebiet „Elektrizität" durch das Curriculum sehr detailliert vorstrukturiert (KM, 1999). Die beiden Ebenen sind im Fall eines Spiralcurriculums sogar miteinander verknüpft, da einzelne Elemente aus den Teilbereichen in späteren Teilbereichen wieder aufgegriffen werden (vgl. Bruner, 1974).

Die Auswahl und Sequenzierung von Fachinhalten mit dem Ziel der Wissensvermittlung orientiert sich in Lehr-Büchern und Aufgabensammlungen an unterschiedlichen Theorien zum Lernen. Mögliche Strukturierungen sind eine Orientierung an Kontexten, zum Beispiel an alltagsnahen Erfahrungen (Dreyer et al., 1999; Euler et al., 2007). Als theoretische Basis dienen dabei Modelle des Lernens in Kontexten (vgl. Parchmann et al, 2001, Stark et al., 1995). Andere Möglichkeiten sind die Orientierung an der historischen Entwicklung von Konzepten (z. B. Misgeld, 1994) oder an Phänomenen (vgl. Wagenschein, 1971).

Aktuell gewinnt die Orientierung an übergeordneten Konzepten – auch Basiskonzepte oder Leitideen genannt – an Bedeutung. Dabei werden zentrale Aspekte der Physik, wie beispielsweise Energie oder Wechselwirkung, als immer wiederkehrende Aspekte jedes physikalischen Problems verstanden (KMK, 2004, Sumfleth et al, 2006, Fischer et al, 2006). Auf diese Weise sollen physikalische Probleme miteinander verbunden und Problemlösungen von einem Problem auf ein anderes übertragen werden. Dabei können solche übergeordneten Konzepte auch als Advance Organizer (vgl. Ausubel, 1960) oder Ankerideen (Seel, 2000) verwendet werden und sind dadurch für erfolgreiches kumulatives Lernen wichtig (vgl. Sumfleth et al., 2006). Im Curriculum von NRW wird beispielsweise das Energie-Konzept als übergeordnetes Konzept verwendet (vgl. KM, 1999). Die KMK schlägt vier Basiskonzepte vor: Energie, Materie, System und Wechselwirkung (vgl. KMK, 2004). Basiskonzepte strukturieren das Fach auf beiden Ebenen und haben das Ziel, eine lernförderliche inhaltliche Strukturierung zu generieren.

Übergeordnete Konzepte ermöglichen innerhalb des Physikunterrichts eine Vernetzung der Inhalte und stellen eine Verbindung zwischen Inhaltsstruktur und Wissensstruktur her. Sumfleth et al. (2006) modellieren fachinterne Vernetzung als Abstufung übergeordneter Konzepte. Auf diese Weise wird sowohl eine interne Vernetzung, innerhalb des Themas (vgl. Weber, 2003), als auch eine externe Vernetzung der Inhalte zwischen den Themen beschrieben. Im unvernetzten Unterricht werden von der Lehrperson und den Schülerinnen und Schülern vereinzelte Fakten geäußert, die ohne erkennbaren, expliziten Bezug nebeneinander stehen. Im hoch vernetzenden Unterricht dagegen sind alle Äußerungen durch einen erkennbaren Bezug zu einem übergeordneten Konzept gekennzeichnet. Zwischen diesen Extremen werden sechs Niveaus der Vernetzung (Vernetzungsniveaus) unterschieden. Die Verwendung der Übergeordneten Konzepte in konkreten Unterrichtssituationen wird durch diese Vernetzungsniveaus graduiert; je ausgeprägter das Übergeordnete Konzept erkennbar ist, desto ausgeprägter ist die Wissensstruktur. Für diese Beschreibung der Vernetzung kann somit ein Zusammenhang zur Wissensstruktur nachgewiesen werden (Glemnitz, 2006; Sumfleth et al., 2006; Fischer et al, 2006).

Im Rahmen der Kompetenzdiagnose kommt der Strukturierung durch übergeordnete Konzepte eine besondere Bedeutung zu. Kompetenz ist an den Inhalt und wie bereits gezeigt auch an dessen Struktur gebunden. Für übergeordnete Konzepte ist die Wirkung als vernetzende Elemente in der Physik sowohl theoretisch fundiert als auch empirisch operationalisierbar. Dadurch konnte nachgewiesen werden, dass diese Strukturierung lernwirksam ist und zu spezifischen, unterschiedlich ausgeprägten Wissensstrukturen führt (Glemnitz, 2006, Wadouh, 2006, Sumfleth et al., 2006). Die Wissensstrukturen wiederum sind Teil der Physik-Kompetenz von Schülerinnen und Schülern.

Eine Möglichkeit den Physikinhalt für Testaufgaben durch übergeordnete Konzepte zu strukturieren wird im folgendem vorgestellt. Diese Strukturierung hat das Ziel den Inhalt so zu systematisieren, dass eine Verbindung zwischen dieser Struktur und der Aufgabenschwierigkeit hergestellt werden kann. Die Befunde zur vertikalen Vernetzung und die Basiskonzepte aus den KMK-Bildungsstandards werden aufgrund ihres empirischen Zusammenhangs zur Wissensstruktur bzw. wegen ihrer normativen Bedeutung berücksichtigt. Inhalte werden dadurch sowohl auf der Themen-Ebene als auch auf der Ebene aller Physikinhalte strukturiert.

## Modellierung der Inhaltsstruktur

Strukturen zu beschreiben setzt eine Grundmenge voraus auf der eine solche Struktur besteht. Jede Struktur benötigt eine solche Bezugsmenge. Sehr abstrakt betrachtet besteht jede Menge aus unterscheidbaren Elementen, die entweder in einer Liste konkret als Teil der Menge benannt werden oder durch eine Beschreibung bestimmter Eigenschaften als zur Menge gehörig gekennzeichnet sind. Abgeschlossene Mengen haben eine feste Anzahl von Elementen und können beispielsweise als (u. U. sehr lange) Liste von Elementen beschrieben werden. Offene Mengen dagegen können unendlich viele Elemente haben (oder mathematisch gesehen sogar überabzählbar viele) und werden daher ausschließlich über eine abstrakte Beschreibung definiert. Auch bei sehr großen abgeschlossenen Mengen empfiehlt sich eine abstrakte Beschreibung.

### Die Grundmenge physikalischer Inhalte

Für die Modellierung der Inhaltsstruktur von Testaufgaben zur Kompetenzmessung am Ende der Sekundarstufe I ist der Physikinhalt der Sekundarstufe I die Grundmenge. Das Curriculum gibt eine Reihe von Inhalten vor, die ohne die Systematik in die sie eingebettet sind, die Grundmenge bilden. Es ist zu erwarten, dass diese Inhalte Gegenstand des Physikunterrichts sind und einen Einfluss auf die Wissensstruktur der Schülerinnen und Schüler haben. Im Rahmen der Kompetenzdiagnose am Ende der Sekundarstufe sind die Inhalte des Curriculums die einzigen Elemente der Physikinhalts-Menge, die die Schülerinnen und Schüler kennen und damit strukturieren können.

Dabei lassen sich zwei Arten von Inhaltselementen in der Physik unterscheiden. Die erste Art lässt sich als Konzepte charakterisieren, die zweite Art als Operatoren. Konzepte sind dabei sowohl Fachbegriffe als auch Theorien und machen den eigentlichen physikalischen Inhalt aus. Operatoren sind dagegen einzelne logische Beziehungen (z. B. „je-desto-Beziehung"), Formeln oder auch Darstellungsformen (Tabellen, Diagramme etc.) und Messvorschriften. Konzepte können in Operatoren eingesetzt werden und durch diese transformiert werden. Durch solche Transformationen wird stets eine Binnen-Struktur der Konzepte deutlich, die durch die Operatoren klassifiziert wird. Ein Operator stellt daher eine typische Klasse von Binnenstrukturen dar. Da diese Binnenstrukturen physikspezifisch sind, sind auch die Operatoren physikspezifisch, was nicht bedeutet, dass sie nicht in anderen Inhaltsbereichen eingesetzt werden können.

### Kognitive Aktivitäten bilden Teilmengen

Durch die beiden Arten von Inhaltselementen ergeben sich drei Teilmengen auf der Menge der Inhaltselemente. Aus der Kombination zweier Arten von unabhängigen Inhaltselementen ergeben sich genau drei Konstellationen, da jede Art einzeln ohne die jeweils andere auftreten kann oder beide gemeinsam vorkommen. Der Inhalt einer Aufgabe kann somit die Inhaltselemente des Curriculums in einer der drei möglichen Konstellationen enthalten:

- Die Aufgabe enthält nur Konzepte und/oder Operatoren, die im Curriculum berücksichtigt sind.
- Die Aufgabe enthält Konzepte konform zum Curriculum aber Operatoren, die dort nicht vorgesehen sind; oder nur nicht-curriculare Operatoren und keine Konzepte.
- Die Aufgabe enthält Konzepte, die nicht durch das Curriculum vorgesehen sind, aber Operatoren, die mit dem Curriculum übereinstimmen; oder keine Operatoren und nur nicht-curriculare Konzepte.

Diese drei Mengen werden nach den nötigen kognitiven Aktivitäten benannt, die durch sie im Idealfall hervorgerufen würden. Die erste Menge enthält Elemente, die Schülerinnen und Schüler ohne weitere kognitive Verarbeitung reproduzieren könnten und damit **erinnern** können. In der zweiten Menge muss die Binnenstruktur der Konzepte von den Schülerinnen und Schülern gefunden werden, sie müssten den Inhalt kognitiv verarbeiten, indem sie ihn **strukturieren**. In der letzten Menge ist die vorhandene Klassifikation der Binnenstruktur auf unbekannte Inhalte anzuwenden, ein unbekannter Inhalt wird durch bekannte Verfahren systematisch **exploriert**.

### Elemente und Verknüpfungen generieren eine Struktur

Ein einzelnes Inhaltselement in der Grundmenge der Physikinhalte ist ein „Fakt". Als „Fakt" wird in Anlehnung an Fischer et al. (2006) jede im physikalischem Kontext verwendete Bezeichnung, jeder (Fach-)Begriff, jede physikbezogene Eigenschaft und jedes Objekt verstanden. Dabei bleibt – wie im vorigen Kapitel diskutiert – die mentale Repräsentation des Inhalts in der Wissensbasis unberücksichtigt. Dadurch werden abstrakte Begriffe (beispielsweise „Energie"), die möglicherweise ohne umfangreiche Einbindung in die Wissensstruktur dort nicht sinnvoll repräsentiert sein können, mit konkreten Begriffen (z. B. „Strecke") in ihrer Bedeutung für die Struktur gleichgesetzt.

Konzepte und Operatoren sind ebenfalls gleichwertig, d. h. es liegt eine homogene Menge von Inhalten vor. Während Begriffe und Bezeichnungen typische Beispiele für Konzepte sind, sind Operatoren beispielsweise Eigenschaften, die zur Klassifikation von Objekten herangezogen werden können. Lassen sich strukturierende Operatoren in einem einzelnen Begriff ausdrücken (z. B. „Weg-Zeit-Diagramm"), so handelt es sich dabei ebenfalls um ein Fakt.

Auf einer Grundmenge aus Fakten wird eine Struktur mit Hilfe von Verknüpfungen definiert. In der Mathematik wird eine Menge mit mindestens einer Verknüpfung als algebraische Struktur bezeichnet. Eine algebraische Struktur wird dort durch die Auswahl von Axiomen spezifiziert. Hier werden als Axiome für die betrachtete Menge der Fakten ihre physikalische und logische Vernetzung (vgl. Fischer et al., 2006) und die Basiskonzepte der KMK-Standards (KMK, 2004) angenommen. Aufgrund dieser Spezifikation können die Fakten durch drei Arten von Verknüpfungen verbunden werden: Abhängigkeiten, Bedingungen und Kausalität. Durch diese drei Möglichkeiten der Verknüpfung ergeben sich Fakten-Paare, die wieder mathematisch gesehen eine neue Menge bilden. Die Menge der Fakten-Paare wird anschaulich als Menge der Zusammenhänge bezeichnet, in denen ein einzelnes Element „ein Zusammenhang" ist (vgl. Fischer et al., 2006). Welche Fakten *physikalisch sinnvoll* zu Fakten-Paaren werden können, hängt vom jeweiligen Basiskonzept ab (Kauertz & Fischer, 2006a). Die Menge der Zusammenhänge ist daher je nach Basiskonzept verschieden.

Dieses abstrakte Vorgehen lässt sich an sogenannten Concept Maps verdeutlichen. In Concept Maps wird eine Anzahl von Konzepten (Knoten) mit beschrifteten Relationen (Kanten) verbundenen (vgl. z. B. Sumfleth, 1988). Werden für die Konzepte ausschließlich die oben definierten Fakten eingesetzt und für die Relationen nur die drei Möglichkeiten der Verknüpfung, so ergibt sich daraus eine physikalische Struktur der Inhalte. Weber (2003) zeigte mit Hilfe eines ähnlichen Concept Maps die Struktur für den Teilbereich der Strahlenoptik; Hucke und Fischer (2000) zeigen damit eine mehrere Teilbereiche der Physik übergreifende Struktur unter dem Aspekt der naturwissenschaftlichen Arbeitsweise.

### Beschreibung von Struktur

Die konkrete Anschauung der Struktur hat sowohl Vor- als auch Nachteile. Für Concept Maps existieren verschiedene Maße, um die Struktur zu beschreiben. Quantitative Maße, sogenannte Strukturparameter, zählen beispielsweise die Relationen insgesamt oder pro Konzept, ermitteln die Länge von Verknüpfungs-Ketten und die Anzahl an Teilnetzen (Bonato, 1990; oder vgl. Glemnitz, 2006 als Anwendung). Es werden auch verschiedene qualitative Maße für diese Netze entwickelt, z. B. von Glemnitz (2006) „Richtigkeit" und „Fachgehalt". Der grafisch-visuelle Eindruck der entstehenden Netze liefert ebenfalls Hinweise auf Muster in der Struktur: geringe Anbindung, lokale Dichten oder Nähe zwischen den Konzepten lassen sich leicht erkennen. Wendet man die enge Definition von „Fakt" an, wie sie oben beschrieben ist, und beschränkt sich auf die drei elementaren physikalischen logischen Verknüpfungen – was keiner der bisher zitierten Autoren tut – lassen die meisten Arbeiten zu Concept Maps vermuten, dass das entstehende Netz ungeheuer groß sein würde.

Auf großen Mengen lassen sich aber konkrete Muster nur schwer identifizieren und in Testaufgaben lässt sich nur eine relativ geringe Auswahl von Elementen gleichzeitig betrachten. Wenn der betrachtete Ausschnitt aber zu klein ist, lassen sich großräumige Muster weder visuell noch durch die quantitativen Maße identifizieren. Das sonst visuell gut zu untersuchende Zusammenspiel lokaler Zusammenhänge und großer Muster in der Gesamtmenge kann nicht mehr analysiert werden. Auch die Strukturparameter bieten bei solch großen Mengen nur geringe Informationen, da sie an Vergleichsgrößen, z. B. am Gesamtnetz, normiert werden müssen, um interpretierbar zu sein. Ist die Zahl der Elemente im Gesamtnetz im Vergleich zur Anzahl der Elemente in der Auswahl nahezu unendlich, fehlt ein sinnvolles Vergleichsmaß.

Abstraktere Maße sind daher geeigneter eine Struktur auf einer großen Menge zu charakterisieren, da sie in gewisser Weise unabhängig von der Größe des betrachteten Ausschnitts sind. Bei sehr großen oder offenen Mengen werden die Elemente nicht durch eine Liste vorgegeben, sondern abstrakt durch Eigenschaften definiert. Diese Eigenschaften und die Verknüpfungen zwischen den Elementen können genutzt werden, um eine netzunabhängige, abstrakte Norm zu beschreiben, mit der bestimmte Strukturparameter verglichen werden können. Da diese Norm theoretisch unabhängig von einem tatsächlich existierenden Netz aus Konzepten und Relationen ist, können an ihr Netze mit unterschiedlich vielen Elementen sinnvoll verglichen werden. Damit können die Strukturen von Ausschnitten aus dem Gesamtnetzes sowohl untereinander als auch mit der Struktur des Gesamtnetzes in Beziehung gesetzt werden. Ein abstraktes Maß erlaubt es also, Aufgaben mit unterschiedlichen Inhaltselementen im Hinblick auf ihre Inhaltsstruktur einzuschätzen und zu vergleichen.

### Komplexität als Maß für Struktur

Die Komplexität ist ein solches abstraktes Maß für Strukturen, deren Bezugsmengen nicht abgeschlossen oder sehr groß sind und deren Elemente gleichartig sind. In der Systemtheorie (vgl. z. B. Wunsch, 1985) ist die Komplexität von Systemen durch die Anzahl und Ähnlichkeit ihrer Elemente sowie die Anzahl und Dichte der Verknüpfungen definiert. Fischer (1994) beschreibt Komplexität als Kombination von Systemkomplexität, unter der er die Anzahl der Relationen zwischen den Systemmerkmalen auf verschiedenen Ebenen des Systems versteht, und Systemdifferenzierung, die durch die Anzahl der Verbindungen von Elementen auf einer Ebene definiert ist. Unter dieser systemischen Sicht hat Komplexität eine quantitative Komponente, da sie die Anzahl der Elemente berücksichtigt, und eine qualitative Komponente, da auch die Art der Beziehung klassifiziert wird. Komplexität kann somit nach zwei Prinzipien gestuft werden: Eine Stufung nach der *Anzahl der Elemente* und eine weitere Stufung nach der *Qualität der Beziehung*. Der auch in dieser Arbeit verwendete Komplexitätsbegriff ist dabei abzugrenzen von Ansätzen, die Komplexität „als Synonym für *kompliziert* oder *zusammengesetzt*" (vgl. Fischer, 1994) verwenden und von kognitiven Anforderungsniveaus (vgl. Klieme, 2000).

Eine Beschreibung für die Komplexität von Inhaltsstrukturen in physikalischen Leistungstestaufgaben ergibt sich unmittelbar aus der Definition der Inhaltselemente (Fakt) und den physikalisch logischen Verknüpfungen auf der Inhaltsmenge. Je mehr Elemente eine Aufgabe enthält und je verknüpfter die Elemente in der Aufgabe sind, desto komplexer ist die Inhaltsstruktur. Durch die physikalisch logischen Verknüpfungen zweier Elemente ändert sich dabei die Qualität der Beziehung zwischen diesen Elementen. Aus der Menge der Fakten wird auf diese Weise die Menge der Zusammenhänge. Auch auf dieser Menge können wiederum physikalisch logische Verknüpfungen mit Hilfe des Basiskonzepts ausgewählt werden, was iterativ zu einer vollständig verknüpften Struktur führt. Diese vollständig verknüpfte Struktur ist charakteristisch für das Basiskonzept und identifiziert es. Es ergeben sich sechs Komplexitätsniveaus, da es drei ansteigende Qualitäten der Beziehung gibt: Fakt, Zusammenhang und vollständige Verknüpfung (Basiskonzept); bei den Qualitäten Fakt und Zusammenhang ist jeweils eine Steigerung der Anzahl von Elementen möglich:

- ein Fakt, mehrere Fakten bzw.
- ein Zusammenhang, mehrere [unverbundene] Zusammenhänge; mehrere [verbundene] Zusammenhänge

(vgl. Fischer et al, 2006; Sumfleth et al, 2006; Kauertz & Fischer, 2006b).

Die vollständig verknüpfte Inhaltsstruktur, die das Basiskonzept widerspiegelt, kann in ihrer Anzahl nicht mehr gesteigert werden und bildet das höchste Komplexitätsniveau.

Basiskonzepte sind Leitideen physik-inhaltlicher Strukturierung. Einerseits ist eine vollständig verknüpfte Inhaltsstruktur für ein Basiskonzept charakteristisch; andererseits ist jedes Basiskonzept gleichzeitig ein übergeordnetes Konzept der Physik (KMK, 2004). Daher lassen sich übergeordnete Konzepte als maximal komplexe Inhaltsstruktur beschreiben. Das höchste Komplexitätsniveau ergibt sich folglich aus den abstrakt definierten übergeordneten Konzepten. Die oben definierten Komplexitätsniveaus (Fakt, Fakten, Zusammenhang, usw.) stellen somit Abstufungen eines übergeordneten Konzepts dar. Wird Inhalt aktiv strukturiert – zum Beispiel bei der Konstruktion von Aufgaben – so bilden diese übergeordneten Konzepte Leitideen für die Auswahl der Fakten und Zusammenhänge, die in der Aufgabe erfasst werden sollen.

### Leitideen generieren physikalische Inhaltsstruktur

Es lassen sich mindestens sechs Leitideen für Physik angeben. Vier der Leitideen resultieren aus den Basiskonzepten der KMK-Standards für den mittleren Schulabschluss: Energie, Materie, System und Wechselwirkung. Zudem spielen die naturwissenschaftlichen Arbeitsweisen eine wichtige Rolle, die sich in views on nature of science (vgl. Lederman, 1992) und typische Vorgehensweisen und Prozesse (vgl. Walpuski, 2005) unterteilen lassen. Darüber hinaus ist Physik im hohen Maße durch Mathematisierung geprägt, die zu einem ausgeprägten Formalismus führt. Dieser Formalismus ist ein wichtiger Vorteil der Physik, da beispielsweise in der theoretischen Physik dank der Mathematik neue Teilchen postuliert werden können, bevor die technische Möglichkeit besteht diese zu entdecken. Naturwissenschaftliche Arbeitsweisen und Formalismus bilden zwei weitere Leitideen der Physik. Alle sechs Leitideen strukturieren den Inhalt jeweils unter spezifischen Gesichtspunkten, die im Folgenden dargestellt werden sollen.

Die Leitidee Energie strukturiert den Inhalt nach den Gesichtspunkten der Erhaltung, der Umwandlung, des Transports und der Speicherung von Energie (vgl. KMK, 2004). Wird eine Aufgabe oder ein Problem unter dieser Leitidee bearbeitet wird danach gesucht, welche Energieformen identifiziert werden können, wie diese ineinander umgewandelt werden, ob das System abgeschlossen ist und wo die einzelnen Energien im System lokalisierbar sind. Voraussetzung dafür sind die Kenntnis aller möglichen Energieformen im jeweils betrachteten System und ihre Abhängigkeiten von anderen physikalischen Größen, wie beispielsweise der Masse, der Geschwindigkeit, der Lage, der Ladung oder der Kopplung.

Die Leitidee Materie strukturiert den Inhalt nach den Gesichtspunkten der Eigenschaften, der Struktur, des Zustands und der Veränderlichkeit von Materie. Diese Merkmale von Materie hängen mit anderen physikalischen Größen wie Temperatur, Druck und (Gewichts-)Kraft zusammen. Ihr verbindendes Element ist der atomare Aufbau von Materie. Situationen werden mit der Leitidee Materie bearbeitet, indem nach bestimmten Eigenschaften der Materie gesucht wird, deren Veränderung in Abhängigkeit von äußeren Einflüssen erfasst und mit Hilfe der Struktur der Materie erklärt wird.

Die Leitidee System strukturiert den Inhalt indem sie die Stabilität eines gegebenen Systems berücksichtigt. Unter einem System wird dabei eine Konstellation von unabhängigen und abhängigen Variablen mit definierten Anfangs- und Randbedingungen verstanden. Zentral ist dabei die Frage nach dem zeitlichen Verlauf des Systems. Es werden daher Gleichgewicht, Störung, periodische Entwicklung und nichtperiodische Fortsetzung unterschieden. Aufgaben und Probleme werden mit der Leitidee System bearbeitet, indem die zeitliche Entwicklung der abhängigen Variablen betrachtet wird. Weitere physikalische Größen werden dahingehend untersucht, ob sie eine Störung des Systems sind. Sie sind eine Störung, wenn sie den zeitlichen Verlauf ändern. Diese Änderung wird daraufhin untersucht, ob sie zyklisch ist oder nicht und von welchen Variablen der Zyklus gegebenenfalls bestimmt wird.

Die Leitidee Wechselwirkung strukturiert den Inhalt nach den Gesichtspunkten Kraft, Feld und Strahlung. Physikalische Objekte interagieren auf diese drei Arten miteinander: Ein Objekt übt eine Kraft auf ein anderes Objekt aus, ein Objekt erzeugt ein Feld, das potentiell auf andere Objekte wirken kann oder ein Objekt sendet Strahlung aus, das andere Objekte beeinflusst. Dabei sind weniger die Objekte wichtig, sondern die Art, Stärke, Richtung und Veränderlichkeit ihrer Wechselwirkung. Physikalische Größen werden daraufhin untersucht, in wie weit sie Verursacher, Einflussfaktor oder Resultat der Wechselwirkung sind. Aufgaben und Probleme werden mit der Leitidee Wechselwirkung bearbeitet, indem nach Ursachen und Formen der Interaktion der Objekte gesucht wird. Dabei interessieren Kräfte aller Art, zum Beispiel Gravitationskraft, elektrische oder magnetische Kraft, sowie entsprechende Felder und deren Form sowie Strahlung, zum Beispiel sichtbares Licht, Wärmestrahlung oder radioaktive Strahlung.

Die Leitidee naturwissenschaftliche Arbeitsweise (NAW) strukturiert Inhalte danach, ob und wie sie dem empirischen Prüfprozess der Physik zugänglich sind – welche Rolle sie also bei Modellen, Hypothesen, Experimenten und Schlussfolgerungen spielen. In Aufgaben und Problemsituationen muss daher entschieden werden, welche Variablen die Situation modellieren, welche Variablen operationalisierbar sind und wie sie gemessen werden. Dazu müssen Beziehungen zwischen physikalischen Größen genutzt werden. Mit Hilfe dieser Beziehungen können Aussagen gemacht werden über ausreichende Messgenauigkeit und Zulässigkeit generalisierender Schlüsse. Für quantitative Abschätzungen sind mathematische Formulierungen nötig.

Die Leitidee Formalismus, die sich auf die mathematische Formalisierung von physikalischen Aussagen bezieht, strukturiert Inhalte in Form von Diagrammen, Formeln und Statistiken. Dabei werden Variablen unterschieden, die je nach Aussage in verschiedenen Arten von Diagrammen dargestellt werden müssen oder in Formeln Abhängigkeiten zwischen den Größen beschreiben, zum Beispiel als Proportionalitäten. Für die physikalische Modellierung ist die Beschreibung räumlicher Strukturen von großer Bedeutung: Flächen, Räume und Abstände müssen sowohl geometrisch als auch rechnerisch beschrieben werden. Messergebnisse sind fehlerbehaftet und folgen damit immer Verteilungen, die statistisch beschrieben werden. In Aufgaben und Problemsituationen wird daher untersucht, auf welche Weise der Inhalt darzustellen und mathematisch zu beschreiben ist und auf welche Weise die Beziehungen zwischen den physikalischen Größen im Hinblick auf den Adressaten und die Aufgabe kommuniziert werden kann.

Übergeordnete Konzepte (Basiskonzepte und die zusätzlichen Leitideen NAW und Formalismus) sind in der Sichtweise der Leitideen keine Kategorisierung von Inhalten, sondern strukturgenerierende fachinhaltliche Prinzipien. Geht man von einer Menge von Fakten (gleichwertiger Physikinhalte) aus (z. B. Potentialdifferenz, elektrischer Strom und Leiter), so wird durch das Basiskonzept (z. B. Energie) ein spezifischer physikalisch logischer Zusammenhang (z. B. Potentialdifferenz *verursacht* elektrischen Strom *im* Leiter [Energiespeicherung und -transport]) ausgewählt. Diese Auswahl ist nicht eindeutig, d. h. es gäbe viele weitere mögliche physikalisch logische Zusammenhänge, die ebenfalls passend zum Basiskonzept hätten ausgewählt werden können. Durch ein anderes Basiskonzept (z. B. System) wären aber andere Zusammenhänge (z. B. Strom *gleicht durch* Leiter die Potentialdifferenz *aus* [System strebt zum Gleichgewicht]) bevorzugt worden. Dadurch dient das Basiskonzept zur Priorisierung bei der Auswahl der vielfältigen physikalisch sinnvollen und logischen Verknüpfungen zwischen denselben Fakten.

Auf der Menge aller Inhalte führen Leitideen somit zu unterschiedlichen Gesamtstrukturen gleicher Komplexität. Da durch eine Leitidee bestimmte Zusammenhänge zwischen den Fakten bevorzugt werden, sind die entstehenden Fakten-Paare unterschiedlich und letztlich ist die gesamte Menge der Physikinhalte dadurch vollständig, aber Leitidee-spezifisch vernetzt. Die Komplexität der Gesamtstruktur ist daher bei jeder Leitidee dieselbe. Ebenso lassen sich auch die Niveaus der Komplexität für jede Leitidee finden, da die Abstufung nach Anzahl der Elemente und Qualität der Beziehung – den beiden oben beschriebenen komplexitätsgenerierenden Prozessen – nicht von der Auswahl des konkreten Zusammenhangs abhängt.

Auch in Teilmengen führen Leitideen zu Strukturen unterschiedlicher Komplexität. Da das Komplexitätsmaß nahezu unabhängig von der Anzahl der Elemente in der Menge ist (es ist nicht vollständig unabhängig, da immer mindestens zwei Elemente in der Menge sein müssen um wenigstens eine Verknüpfung möglich zu machen), lässt sich die Komplexität auch in Teilmengen der Gesamtmenge physikalischer Inhalte auf allen Niveaus stufen. Da Leitideen die Auswahl einzelner Zusammenhänge „leiten", wirken sie auch in Teilmengen der Gesamtmenge auf die entstehende Struktur; oder umgekehrt argumentiert sind die Teilmengen Ausschnitte der durch eine Leitidee strukturierten Gesamtmenge und „erben" die Struktur der Obermenge.

In der Inhaltsstruktur der Physik für die Sekundarstufe I an nordrhein-westfälischen Gymnasien lassen sich für jede der drei kognitiven Aktivitäten alle Komplexitätsniveaus beschreiben. Die drei kognitiven Aktivitäten sind definiert als Teilmengen der Inhaltsstruktur. Die Komplexität lässt sich daher auch auf den kognitiven Aktivitäten festlegen, da sich in jeder der Teilmengen gleichwertige Elemente befinden. Auf diesen Elementen lassen sich – geleitet von einer bestimmten Leididee – Zusammenhänge finden und somit wieder die bereits beschriebene Stufung der Komplexität nach der Anzahl der Elemente und der Qualität der Beziehung finden.

### Inhaltsstruktur-Merkmale

Da durch die kognitiven Aktivitäten Teilmengen auf der Menge curricularer Inhalte gebildet werden, ist eine Anbindung an andere, nicht-curriculare Inhalte ermöglicht, so dass die Struktur erweiterbar ist. Durch ‚Strukturieren' und ‚Explorieren' sind somit auch andere, nicht-curriculare Inhalte bei der Strukturierung berücksichtigt. Dies ermöglicht bei der Konstruktion und Einordnung von Aufgaben eine große Flexibilität. Für die Kompetenzdiagnose ist dies von großer Bedeutung, da für Kompetenz nicht von einem festen Inhalts-Kanon ausgegangen werden darf. Gleichwohl muss aber eine bestimmte Menge an Inhalten vorausgesetzt werden. Diese vorausgesetzte Inhaltsmenge wird durch die kognitive Aktivität ‚Erinnern' berücksichtigt. Kognitive Aktivitäten sind daher ein für Kompetenzbeschreibung wichtiges Inhaltsstruktur-Merkmal, da sie eine flexible, nicht abgeschlossene Inhalts-Grundmenge beschreiben und kategorisieren können.

Die Leitideen sichern den physikalischen Bezug der Strukturierung auf der Inhaltsmenge, da sie auf übergeordneten Konzepten der Physik beruhen. Die unstrukturierte Inhaltsmenge alleine lässt sich noch nicht als Physik verstehen; erst durch die passende Struktur wird daraus „Physik". Die Struktur wird durch drei grundlegende Verknüpfungen auf der Menge der Inhalte erzeugt. Sie wird aber erst durch die Leitideen, nach denen die möglichen Verknüpfungen als physikalisch-sinnvoll identifiziert werden, zur passenden Physik-Struktur. Da die Auswahl der als Leitideen dienenden übergeordneten Konzepte normativ ist, ist die Struktur flexibel. Sie kann dadurch auch angepasst werden, falls andere übergeordnete Konzepte die Physik für die Schule zukünftig besser charakterisieren.

Zudem sind die übergeordneten Konzepte normativ und empirisch für das Lernen der Physik wichtig. Durch die Bildungsstandards sind das Verständnis der Basiskonzepte und das Verständnis der Arbeitsweise der Naturwissenschaften wesentliche Teile der Kompetenz von Schülerinnen und Schülern. Durch die Leitideen wird dieser Festlegung bereits in der Inhaltsstruktur von Aufgaben zur Messung dieser Kompetenz Rechnung getragen. Zudem ist durch Forschung zu Advance Organizern, Ankerideen und vertikaler Vernetzung gezeigt worden, dass übergeordnete Konzepte für einen kumulativen Wissensaufbau notwendig sind. Durch die Leitideen sind solche übergeordneten Konzepte in unterschiedlicher Komplexität in der Inhaltsstruktur identifizierbar. Leitideen sind daher wichtige Inhaltsstruktur-Merkmale, da sie eine simultane Verbindung herstellen zwischen der Inhaltsstruktur und dem kumulativen

Lernen von Schülerinnen und Schülern, den normativen Festlegungen der Kompetenz und den übergeordneten Konzepten der Physik.

Die Komplexität stuft die übergeordneten Konzepte und ermöglicht den Vergleich von Inhaltsstrukturen. Durch die beiden Prinzipien Anzahl der Elemente und Qualität der Beziehung werden auf beliebigen Teilmengen der Inhalts-Grundmenge alle Komplexitätsniveaus erzeugt. Aufgaben zur Kompetenzdiagnose lassen sich daher aufgrund ihrer Inhaltsstruktur auf einem der sechs Komplexitätsniveaus einordnen: Fakt, Fakten, Zusammenhang, unverbundene Zusammenhänge, verbundene Zusammenhänge, Übergeordnetes Konzept. Da die Komplexität unabhängig von den konkreten Elementen ist, sondern nur von deren Anzahl und Verknüpfung abhängt, können die Aufgaben bezüglich ihrer Komplexität verglichen und hierarchisch angeordnet werden.

Wenn die Aufgaben Kompetenz messen, kann Kompetenz mit Hilfe der Komplexität gestuft werden; ein hohes Komplexitätsniveau bedeutet dann auch eine hohe Kompetenzstufe. Die Inhaltsstruktur ist für die Messung der Kompetenz – wie bereits diskutiert – normativ wichtig. Sie wird durch die Leitidee-spezifisch ausgewählten Verknüpfungen erzeugt und durch die Komplexität, als Maß für die Strukturiertheit, beschrieben. Aufgrund der Leitideen werden also jeweils unterschiedliche Aspekte der Kompetenz gestuft. Kompetenz ist daher ein wichtiges Inhaltsstruktur-Merkmal, da sie die Strukturiertheit von Inhaltsmengen vergleichbar macht und dadurch eine Hierarchie von Aufgaben ermöglicht, die wiederum Kompetenz stuft und Teilkompetenzen vergleichbar macht.

## Zusammenfassung

Zusammengenommen beschreiben Kognitive Aktivität, Komplexität und Leitideen eine für Kompetenzdiagnose sinnvolle Strukturierung physikalischer Inhalte für die Sekundarstufe I am Gymnasium. Die Strukturierung durch diese drei Inhaltsstruktur-Merkmale ist erweiterbar auf größere Inhalts-Mengen, zum Beispiel die Primarstufen- oder Oberstufen-Inhalte. Durch weitere Leitideen können auch andere Strukturen als die hier betrachtete auf den Inhaltsmengen erzeugt und beschrieben werden. Zudem hat sie einen engen physikalisch-fachlichen Bezug und ist mit den normativen Anforderungen durch die Bildungsstandards verträglich. Der besondere Vorteil dieser Inhaltsstruktur-Merkmale ist ihre Verbindung zum kumulativen Lernen von Physik, da sie mit der Wissensstruktur über empirisch nachgewiesene Zusammenhänge (vertikale Vernetzung, vgl. Sumfleth et al., 2004) verbunden sind. Dadurch kann eine Struktur-Beschreibung mit Hilfe dieser Inhaltsstruktur-Merkmale im Rahmen von Kompetenzdiagnose sowohl Teilkompetenzen unterscheiden als auch Kompetenz insgesamt stufen.

# 4. Kapitel: Inhaltsstruktur-Merkmale und Aufgabenschwierigkeit

Verschiedene Studien legen nahe, dass die Aufgabenschwierigkeit vor allem durch die Komplexität bedingt wird. So verstehen Williams und Clark (1997) die Bloomschen Lernziel-Stufen als Beschreibung für die „intellektueller Komplexität" einer Aufgabe. Dadurch stellen sie einen impliziten Zusammenhang zwischen der Komplexität und dem Anspruch der Aufgabe her, der sich letztlich auch auf die Aufgabenschwierigkeit auswirkt. Dabei unterscheiden die Autoren aber explizit zwischen dem theoretisch vermuteten Anspruch und der tatsächlichen, empirischen Schwierigkeit. Dies zeigt auch Schabram (2006), die einen Zusammenhang zwischen den durch Anderson und Krathwohl (2001) modifizierten Stufen der Bloomschen Taxonomie und der empirischen Aufgabenschwierigkeit findet.

Weitere Hinweise für den Zusammenhang von Aufgabenschwierigkeit und Komplexität liefern Untersuchungen zu Lernaufgaben. Von Aufschnaiter & Welzel (2005) gehen im Bremer Komplexitätsmodell zur Bedeutungsentwicklung davon aus, „daß die Frage, ob ein Proband eine bestimmte Aufgabe lösen kann, primär von der Komplexität der situativ erzeugbaren Bedeutungen abhängt" (v. Aufschnaiter & Welzel, 1997). Ebenfalls im Zusammenhang mit Lernen geht Fischer (1994) davon aus, dass eine nächst komplexe Systemebene erst erreicht werden kann, wenn der Aufwand für die Organisation der vorherigen minimiert wird. Das Erreichen einer höheren Komplexitätsebene bedeutet, dass eine Aufgabe auf dem nächsten Komplexitätsniveau richtig gelöst wird. Eine weniger komplexe Aufgabe wird daher eher richtig bearbeitet als eine sehr komplexe Aufgabe, eine komplexere Aufgabe hat daher eine größere Aufgabenschwierigkeit.

Auch in der Cognitive Load Theory ist der Zusammenhang zwischen der Komplexität einer Aufgabe und dem damit verbundenen kognitiven Aufwand berücksichtigt. Sweller (1994) geht in diesem Kontext von einer Elemente-Interaktivität (*element interactivity*) aus, die durch die Anzahl und Verknüpftheit der basalen Komponenten des Materials bestimmt wird. Müssen diese Verknüpfungen und Elemente gelernt werden, so wird der *intrinsic cognitive load* erhöht. Da nur ein begrenzter *cognitive load* – die „Rechenkapazität" des kognitiven Systems – zur Verfügung steht, wird dadurch der Anteil für das eigentliche Lernen (der *germain load*) verringert. Auf diese Weise wird erklärt, warum bei sonst gleicher Aufgabenstruktur, die einen unabänderlichen *extraneous cognitive load* verursacht, einige Inhalte leicht, andere schwierig zu lernen sind (Sweller, 1994; Künsting, 2006). Die Vorstellung eines begrenzten cognitive load lässt sich auch auf die Bearbeitung einer Testaufgabe übertragen, bei der kein Lernen im eigentlichen Sinn stattfindet. Das kognitive System wird in Abhängigkeit der Elemente-Interaktivität der erwarteten Lösung unterschiedlich stark belastet und verfügt dann bei zu großer Elemente-Interaktivität nicht mehr über ausreichende Kapazität für die notwendigen Verarbeitungsprozesse.

## Komplexität und Schwierigkeit

Den dargestellten Studien zur Folge wirkt Komplexität über eine Fähigkeitsverteilung auf die Aufgabenschwierigkeit. Sowohl der intellektuelle Anspruch einer Aufgabe als auch der Aufwand für die Organisation von Elementen sind mit der Annahme verbunden, dass Personen „intellektuell" genug sind oder in der Lage sind, den nötigen Aufwand zu leisten. Aus den verschiedensten biologischen und sozialen Gründen werden Personen im unterschiedlichen Maße dazu fähig sein, diese Anforderungen zu bewältigen. Es wird daher für jede Aufgabe Personen geben, die nicht die Bedeutungszuschreibung auf der notwendigen Komplexitätsebene vornehmen und deren Umfang des kognitiven Systems nicht ausreicht. Implizit gehen diese Studien daher von einer – nicht weiter spezifizierten – Fähigkeit aus, die bei Menschen unterschiedlich ausgeprägt ist. Im Fall der Lernaufgaben wird angenommen, dass diese Fähigkeit auch trainiert werden kann. Für große Stichproben lässt sich daher eine Verteilung der Fähigkeit erwarten.

Die Verteilung der Fähigkeit ergibt sich aus der Wahrscheinlichkeit, ein Inhaltselement fachlich adäquat zu verwenden. Inhaltselemente müssen kognitiv verarbeitet werden, was aufgrund ihres Vorkommens in unterschiedlichen Situationen und veränderbarer kognitiver Leistungsfähigkeit der Person (z. B. durch Müdigkeit) nur mit einer gewissen Wahrscheinlichkeit angemessen gelingt. Andernfalls kommt es zu Fehlleistungen, die eine fachlich inadäquate Verarbeitung des Inhaltselements zur Folge hat. Die Wahrscheinlichkeit der adäquaten Verwendung lässt sich durch Lernen steigern, das dabei in unterschiedlichen Kontexten geschehen sollte (vgl. z. B. Renkl, 1998) und auf Begriffsbildung abzielt (vgl. Aebli, 1980). Für jedes Inhaltselement im Sinne eines Fakts gibt es daher in einer Population eine Wahrscheinlichkeitsverteilung, die für jede Wahrscheinlichkeit zwischen Null und Eins beschreibt, wie viele Personen das Faktum adäquat verwenden. Dies ist die Verteilung der Fähigkeit bezogen auf ein Inhaltselement.

Die Verteilung für die gesamte Menge physikalischer Inhalte ergibt sich aus der Aggregation der einzelnen Verteilungen. Bildet man von der Verteilung für ein Fakt den Mittelwert und weist ihn als Kennwert diesem Fakt zu, so erhält man für die Grundmenge aller Physikinhalte wiederum eine Wahrscheinlichkeitsverteilung. Diese beschreibt wie viele Items mit einer bestimmten Wahrscheinlichkeit im Mittel von der Population adäquat verarbeitet werden. Somit beschreibt sie die Verteilung der Fähigkeit in der Population, physikalische Fakten insgesamt adäquat zu verarbeiten. Sie ist die Fähigkeitsverteilung bezogen auf die Inhalts-Grundmenge (vgl. Kapitel 3).

## Komplexitätsniveaus und Schwierigkeit

Die Prinzipien steigender Komplexität verschieben die Fähigkeitsverteilung. Auf dem untersten Komplexitätsniveau (Fakt) entspricht die Fähigkeitsverteilung der Fähigkeitsverteilung bezogen auf die Inhalts-Grundmenge. Das nächste Komplexitätsniveau entsteht durch das Prinzip „Anzahl", d. h. es werden nun mehrere (unverbundene) Fakten als Lösung erwartet. Die Wahrscheinlichkeit beide Fakten adäquat zu verarbeiten ergibt sich aus dem Produkt der beiden einzelnen Wahrscheinlichkeiten und ist, da die Wahrscheinlichkeit stets kleiner als Eins ist, kleiner als jede der einzelnen Wahrscheinlichkeiten. Dadurch verschiebt sich die gesamte Fähigkeitsverteilung in Richtung eines kleineren Mittelwerts, d. h. es gibt weniger Personen, die mit vorgegebener Wahrscheinlichkeit beide Fakten gleichzeitig adäquat verarbeiten. Die Aufgabe hat dadurch eine größere Schwierigkeit in dieser Population.

Das zweite komplexitätsgenerierende Prinzip („Qualität der Beziehung") verschiebt ebenfalls die Fähigkeitsverteilung. Dem zweiten Prinzip folgend werden Elemente einer Menge (Fakt oder Zusammenhang) durch drei verschiedene Verknüpfungen miteinander verbunden: Abhängigkeit, Bedingung und Kausalität. Hinzu kommt die Möglichkeit ein Konzept-Fakt in ein Operator-Fakt einzusetzen, wodurch ebenfalls eine Beziehung zwischen Fakten definiert ist. Zusätzlich zu der Verschiebung der Verteilung in Richtung eines kleineren Mittelwerts, die aus der größeren Anzahl von Elementen resultiert, entsteht eine weitere Verschiebung in die gleiche Richtung durch die Verknüpfung oder das Einsetzen. Denn auch die Verknüpfung oder das Einsetzen ist – dem oben beschriebenen Gedanken konsequent folgende – nur mit einer personen- und verknüpfungs-spezifischen Wahrscheinlichkeit fachlich adäquat, hat also auf die gleiche Weise eine Fähigkeits-/ Wahrscheinlichkeits-Verteilung wie die Fakten. Für die Verschiebung beispielsweise vom zweiten Komplexitätsniveau „Fakten" zum Niveau „Zusammenhang" wird daher die Verteilung für Fakt mit sich selbst und mit der Verteilung für die Verknüpfungen bzw. Einsetzen multipliziert. Verknüpfte Elemente haben demnach eine höhere Schwierigkeit als unverknüpfte, da es weniger Personen bei gleicher Wahrscheinlichkeit gibt, die die verknüpften Elemente adäquat verwenden als die unverknüpften.

Die Fähigkeitsverteilungen sind äquivalent zu einer Verteilung der Aufgabenschwierigkeit. Die Komplexität als Merkmal der Aufgabe wirkt über die Fähigkeit auf die Aufgabenschwierigkeit. Je größer die benötigte Fähigkeit ist, desto seltener wird sie in der Population sein und desto seltener wird die Aufgabe gelöst und desto höher ist daher ihre empirische Schwierigkeit. Jede Aufgabe wird nur mit einer bestimmten Wahrscheinlichkeit in der Population gelöst. Legt man sich auf eine Wahrscheinlichkeit fest, so lässt sich ermitteln, wie viele Personen die Aufgabe richtig lösen werden, indem man die Anzahl aller Personen mit einer Fähigkeit über diesem Wahrscheinlichkeitswert ermittelt.

Eine Treppenfunktion bildet anschaulich die Aufgabenschwierigkeit auf die Komplexitätsniveaus ab. Da die Aufgabenschwierigkeit eine kontinuierliche Variable ist und die Komplexität lediglich eine ordinale Variable darstellt, müssen mehreren Schwierigkeitswerten die gleiche Komplexität zugeschrieben werden. Die Breite der Treppenstufe entspricht dabei der Breite der zur Fähigkeitsverteilung äquivalenten Schwierigkeits-Verteilung auf dem Komplexitätsniveau. Das Maximum der Schwierigkeits-Verteilung eines Komplexitätsniveaus definiert die Mitte der Treppenstufe und damit ihre Lage.

Die Stufen der Treppenfunktion werden dort getrennt, wo gleich viele, gleich schwierige Aufgaben auf beiden Komplexitätsniveaus vorliegen. Zwar wäre aus der bisherigen Beschreibung auch eine Überlappung der Treppenstufen möglich, sie ist aber für die Interpretation eines Zusammenhangs zwischen Komplexität und Schwierigkeit wenig hilfreich. Als Trennung wird daher der Wert der Aufgabenschwierigkeit bestimmt, an dem eine Aufgabe mit höherer Wahrscheinlichkeit auf dem einen als auf dem anderen Komplexitätsniveau liegt. Für eine Aufgabe mit beliebigem Schwierigkeitswert kann daraus ermittelt werden, zu welchem Komplexitätsniveau die Aufgabe gehört. Diese Zuordnung ist aber eine Wahrscheinlichkeitsaussage und daher nur mit der vorher für den Übergang von Fähigkeits- auf Schwierigkeits-Verteilung festgelegten Wahrscheinlichkeit möglich. Umgekehrt ist es dann aber auch möglich mit der gleichen Wahrscheinlichkeit ein Schwierigkeits-Intervall anzugeben, in dem eine Aufgabe mit bestimmter Komplexität liegt.

## Leitideen, kognitive Aktivitäten und Schwierigkeit

Die Breite der Treppenstufen wird durch die Leitideen geändert, wodurch die Stärke des Zusammenhangs zwischen Komplexität und Aufgabenschwierigkeit verändert wird. Leitideen beeinflussen die Inhaltsstruktur, indem sie spezifische Zusammenhänge aus der Menge aller möglichen Zusammenhänge zwischen je zwei Fakten auswählen. Dadurch ändern sie aber die Verteilung, die den adäquaten Einsatz der Verknüpfungen beschreibt. Diese Verknüpfungsverteilung wird breiter oder schmaler und verändert sich in ihrer mittleren Wahrscheinlichkeit, je nach Leitidee. Der Abstand zwischen den Fähigkeitsverteilungen auf den Komplexitätsniveaus, bei denen die Elemente unverknüpft nebeneinander stehen, und den Niveaus, bei denen diese verknüpft sind, wird jedoch maßgeblich durch diese Verknüpfungsverteilung bestimmt: Er berechnet sich multiplikativ aus der Verteilung der beiden Elemente und der Verknüpfungsverteilung. Dieser Abstand wiederum beeinflusst die Breite der Treppenstufen, da diese breiter werden, wenn die Verteilungen weiter auseinander liegen. Die Schwierigkeits-Intervalle für jedes Komplexitätsniveau sind dann breiter, die Vorhersagemöglichkeit nimmt ab, der Zusammenhang zwischen Komplexität und Aufgabenschwierigkeit wird kleiner. Leitideen, die zu schmaleren Treppenstufen führen, werden dagegen einen stärkeren Zusammenhang zwischen Komplexität und Schwierigkeit erzeugen.

Leitideen sind daher Teilkompetenzen der Physik, die als Moderatorvariablen den Zusammenhang zwischen Komplexität und Schwierigkeit verändern. Sie wirken auf das Prinzip mit dem Aufgabenschwierigkeit durch Komplexität erzeugt wird. Da dieses Prinzip über eine Fähigkeit definiert ist, machen Leitideen somit verschiedene Fähigkeiten und damit unterschiedliche Kompetenzen notwendig. Diese Kompetenzen sind Teilkompetenzen einer generellen Physikkompetenz, da sie zusammengenommen eine gemeinsame Verknüpfungsverteilung bilden können. Auf diese Weise nutzt man aus der Inhaltsstruktur lediglich die Information, dass es sich um Physikinhalt handelt. Nutzt man jedoch – wie hier durch die Leitideen – noch mehr Informationen aus der Inhaltsstruktur, so lassen sich auch mehr Teilkompetenzen identifizieren.

Andere Teilkompetenzen werden durch die Kognitiven Aktivitäten nötig. Sie teilen die Grundmenge der Physikinhalte in drei Teilmengen (Erinnern, Strukturieren, Explorieren), indem sie die Unterscheidung nach Konzepten und Operatoren sowie nach curricular und nicht-curricular berücksichtigen. Daher wirken sie nicht direkt auf die Aufgabenschwierigkeit, sondern ändern die Inhaltsmenge auf die sich die Komplexität bezieht. Durch die Aufteilung der Inhalte verändern sie die basale Fähigkeitsverteilung der Inhalts-Grundmenge, von der aus die Verteilungen auf den einzelnen Komplexitätsniveaus ermittelt werden. Das Prinzip „Anzahl", bei dem diese Verteilung mit sich selbst multipliziert wird, führt daher bei jeder der drei kognitiven Aktivitäten zu einem anderen Abstand zwischen den Verteilungen auf dem zweiten und vierten Niveau. Ähnlich wie bei den Leitideen führt der veränderte Abstand zu einem anderen Zusammenhang zwischen Komplexität und Aufgabenschwierigkeit.

## Zusammenfassung

Die Inhaltsstruktur beeinflusst die Schwierigkeit von Aufgaben durch die drei Merkmale Komplexität, Leitidee und kognitive Aktivität. Die Wirkung der Inhaltsstruktur resultiert aus Wahrscheinlichkeits-Verteilungen, die die Fähigkeit der Population beschreiben Fakten und Verknüpfungen fachlich adäquat zu verwenden. Leitideen und Kognitive Aktivitäten verändern diese Verteilungen, da sie eine Auswahl aus der Gesamtverteilung treffen und mit dieser Auswahl daher spezifischere Fähigkeiten verbunden sind. Beide machen daher durch die Inhaltsstruktur begründete Teilkompetenzen von Physik nötig.

Die Komplexität wirkt durch eine Verschiebung der Fähigkeits-Verteilungen, die aus der Multiplikation der Verteilungen resultiert, auf die Schwierigkeit der Aufgaben. Für Aufgaben eines Komplexitätsniveaus kann ein Intervall angegeben werden, in dem der Wert für die Aufgabenschwierigkeit mit vorher bestimmbarer Wahrscheinlichkeit liegt.

# Zusammenfassung

Die Inhaltsstruktur-Merkmale Komplexität, Leitidee und kognitive Aktivität eigenen sich dafür, Physikkompetenz theoretisch zu modellieren. Mit ihnen ist eine nicht genauer spezifizierte Fähigkeit verbundenen, die durch den adäquaten Umgang mit physikalischen Inhalten und seiner Strukturierung durch Leitideen charakterisiert ist. Über diese Fähigkeit lässt sich ein Zusammenhang zwischen den Inhaltsstrukturmerkmalen und der Aufgabenschwierigkeit beschreiben. Damit können die normativen Anforderungen durch die KMK-Bildungsstandards für den mittleren Schulabschluss, etwa die Basiskonzepte, in Aufgabenmerkmale übersetzt werden, d. h. operationalisiert werden. Es können Teilkompetenzen aufgrund der Leitideen und kognitiven Aktivitäten beschrieben werden, die sich durch die Komplexitätsniveaus abstufen lassen.

Das durch die Inhaltsstruktur implizierte Kompetenzmodell kann mit den im Rahmenmodell systematisierten Verfahren validiert werden. Die Inhaltsstrukturmerkmale können von Experten in Aufgaben identifiziert werden, da sie sehr objektiv operationalisierbar sind. Ihr Zusammenhang zur Aufgabenschwierigkeit und Leistung von Schülerinnen und Schülern ist theoretisch gut begründet und kann durch ein entsprechendes Messmodell untersucht werden. Die konvergente und diskriminante Validierung ist ebenfalls durchführbar. Lediglich auf die Zuschreibung konkreter kognitiver Prozesse zu den einzelnen Inhaltsstrukturmerkmalen wird im Rahmen dieser Arbeit verzichtet, das heißt es wird kein Kompetenzmodell im klassischem Sinne als Beschreibung von Fähigkeiten und Fertigkeiten entworfen.

Es muss sich nun empirisch zeigen, wie erklärungsmächtig das Inhaltsstruktur-Modell ist. Für diesen Vergleich bedarf es eines ähnlichen Modells, das dieselben Daten erklären kann. Konkret bedeutet dies, dass der im Rahmenmodell beschriebene Validierungsprozess für beide Modelle analog durchlaufen wird. Dies setzt einen gemeinsamen Test voraus, um die Unschärfen bei den verschiedenen Schritten (Expertenrating, Messmodell, externe Validierung) für beide Modelle gleich zu setzen. Das Modell mit der höheren Varianzaufklärung an der Varianz der Aufgabenschwierigkeit ist das erklärungsmächtigere.

Es muss daher ein Kontrast-Modell entworfen werden, das ebenfalls die Aufgabenschwierigkeit erklären kann. Da die Inhaltsstruktur-Merkmale eher objektive Merkmale sind, ist ein Vergleich mit den anderen objektiven Merkmalen am sinnvollsten, um die Unschärfe beim Expertenrating zu minimieren. Im Rahmen dieser Arbeit wurden die formalen Aufgabenmerkmale ebenfalls als objektive Merkmale genannt. Im Rahmen von Kompetenzmessung kommt einigen von ihnen nur geringe theoretische Bedeutung zu. Dies ermöglicht es, das Inhaltsstrukturmodell gegen Störeffekte zu testen, die von formalen Aufgabenmerkmalen ausgehen. Aus dem Verhältnis der Varianzaufklärung durch das Inhaltsstrukturmodell und der Aufklärung durch das „Rauschen“ ergibt sich eine quantitative Abschätzung für die Relevanz der Inhaltsstruktur in Bezug auf die Aufgabenschwierigkeit.

# 5. Kapitel: Formale Aufgabenmerkmale und Aufgabenschwierigkeit

Aufgaben enthalten verschiedene formale Merkmale, die im Allgemeinen nicht gezielt variiert werden. Sie gehören bei der Kompetenzdiagnose nicht zum theoretischen Modell, sondern müssen bei der Testung durch Papier-und-Stift-Aufgaben in Kauf genommen werden und sind unvermeidliche Bestandteile jeder Aufgabe im Leistungstest (vgl. Graf, 2002). Ein solches unvermeidliches Merkmal ist beispielsweise der Aufgaben-Text selbst. Da über die Texte eine Kommunikation mit dem Bearbeiter stattfindet und Kommunikation sehr anfällig für Fehler ist (vgl. z. B. Watzlawick et al., 1974), führen Fehlinterpretationen des Texts bereits zu Resultaten, die nicht durch das Modell erklärt werden. Solche Effekte müssen zum Beispiel bei jüngeren Bearbeitern kontrolliert werden.

Drei formale Merkmale sind typische Störeffekte bei der Kompetenzmessung. Bei der Konstruktion von Tests soll dem Antwortformat und dem Verhältnis von Testlänge zur Testzeit besondere Beachtung geschenkt werden, da sie mit dem zu testenden Konstrukt zusammenpassen müssen, um eine Beeinflussung der Messung zu vermeiden (vgl. Lienert & Raatz, 1998). Martinez (1999) weist beispielsweise einen Effekt des Antwortformats auf das zu messende Konstrukt nach. Das Verhältnis von Testlänge zur Testzeit bezieht sich beispielsweise auf Stresseffekte bei der Testbearbeitung, die zu einer Beeinflussung der letzten Aufgaben eines Tests führen können. Bei langen Tests mit Zeitbegrenzung, was large-scale Kompetenztests aus organisatorischen Gründen gewöhnlich sind, führt die Position im Testheft daher zu einem Störeffekt (vgl. auch Wuttke, 2006). Aus der Gedächtnispsychologie ist zudem bekannt, dass die Behaltensleistung mit der Zeit abnimmt, d. h. gelernte Inhalte werden vergessen oder fehlerhaft rekonstruiert (vgl. Attkinson & Shiffren, 1968; oder Penner Reijnen & Opwis, 2006). Der Abstand zwischen dem Testzeitpunkt und dem Lernzeitpunkt lässt sich bei Kompetenztests, die sich auf alle Inhalte der Sekundarstufe I (5. bis 10. Jahrgang) beziehen und am Ende der 10. Jahrgangsstufe testen, nicht konstant halten. Die Aufgabeninhalte sind daher unterschiedlich durch Vergessenseffekte beeinflusst. Allen drei Merkmalen (Aufgabenformat, Position im Testheft, Abstand Lern-Test-Zeitpunkt) kann ein Zusammenhang zur Aufgabenschwierigkeit nachgewiesen werden.

Das Antwortformat hat einen bekannten Einfluss auf die Aufgabenschwierigkeit. Im Allgemeinen werden Antwortformate in gebundene und freie Antwortformate unterteilt (z. B.: Lienert & Raatz, 1998; Bühner, 2004; Rost, 2004). Fischer und Draxler stellen beispielsweise fest: „Bei gleichem Inhalt ist eine Aufgabe umso schwieriger, je freier das Antwortformat ist“ (Fischer & Draxler, 2006). Antwortformate unterscheiden sich vor allem in der Gestaltungsfreiheit, die sie dem Bearbeiter bieten (Häußler, 2006; Lienert & Raatz, 1998). Mit der zunehmenden Gestaltungsfreiheit geht ein immer stärkerer Einfluss der Fähigkeit einher, diese nutzen zu können. Dieser Einfluss verringert die Validität der Messung und erhöht die Wahrscheinlichkeit einer falschen Antwort und damit die Aufgabenschwierigkeit. Hamaker (1986) findet einen Einfluss verschiedener formaler Merkmale auf die Beantwortung von Aufgaben, darunter auch des Antwortformats.

Die Position im Testheft wirkt bei langen Tests ebenfalls auf die Aufgabenschwierigkeit. Zum einen verursachen Kontexteffekte innerhalb des Tests, ähnlich wie bei Befragungen (vgl. Graf, 2002), Effekte auf die Bearbeitung der Aufgaben. Zuerst bearbeitete Aufgaben können „Denkanstöße“ für spätere Aufgaben im Testheft bieten und damit ggf. in die Irre führen. Zum anderen lassen sich Effekte durch eine begrenzte Testzeit feststellen, wenn die Schnelligkeit der Bearbeitung eine Rolle spielt (z. B. der P-Faktor von Thurstone (1944); zitiert nach Lienert & Raatz, 1998). Solche Fehlerquellen werden besonders bei den letzten Aufgaben im Testheft relevant und führen dadurch zu einer höher Aufgabenschwierigkeit.

Auch eine Vergrößerung des Abstands zwischen Lern- und Test-Zeitpunkt führt zu höherer Aufgabenschwierigkeit. Mit zunehmendem Abstand werden die Vergessenseffekte größer, d. h. die Menge richtig reproduzierten und angewandten Inhalts wird kleiner (Attkinson & Shiffren, 1968). Aufgaben zu diesem Inhalt werden daher seltener richtig gelöst und sind daher schwieriger.

Diese formalen Merkmale verursachen ein „Grundrauschen“ bei der Aufgabenschwierigkeit in Kompetenztests. In jedem Kompetenztest ist der Einfluss dieser Merkmale kaum vermeidbar. Zum Beispiel ist durch organisatorische Bedingungen die Testzeit in der Schule begrenzt, durch die Modellgröße eine bestimmte Anzahl Aufgaben aber unvermeidlich und die Samplegröße aus ökonomischen Gründen möglichst gering. Daraus ergibt sich eine Schnelligkeitskomponente für den Test, die – wie bereits argumentiert – durch die Position im Testheft einen Einfluss auf die Schwierigkeit hat. Eine Variation des Antwortformats ist ebenfalls unvermeidlich, zum einen aus Gründen der Bearbeiter-Motivation und zum anderen um der Vielfältigkeit physikalisch möglicher Argumentationen bei manchen Inhalten gerecht zu werden und Physikkompetenz damit valide zu erfassen. Da sich die Physikkompetenz zudem auf die Gesamtheit physikalischer Inhalte beziehen muss, ist ein variabler Abstand zwischen Lern- und Testzeitpunkt nicht zu verhindern.

Für jedes Kompetenzmodell ergibt sich daher die Notwendigkeit, eine über dieses „Grundrauschen“ hinausgehende Erklärung der Aufgabenschwierigkeit nachzuweisen.

# 6. Kapitel: Aufgabenkonstruktion

Für die Aufgabenschwierigkeit gibt es nun zwei Modelle. Das Inhaltsstruktur-Modell erklärt die Schwierigkeit von Aufgaben durch Merkmale, die vor allem aufgrund der Bildungsstandards geeignet erscheinen, Physikkompetenz theoretisch zu modellieren. Demgegenüber steht ein Modell aus unvermeidbaren formalen Aufgabenmerkmalen, das ebenfalls einen theoretisch begründeten und empirisch nachweisbaren Einfluss auf die Aufgabenschwierigkeit hat. Da es eher das Aufgaben- und Testdesign berücksichtigt, wird es im Folgenden als Aufgabendesign-Modell bezeichnet. Im Rahmen von Kompetenzmessung sollte das Inhaltsstruktur-Modell dem Aufgabendesign-Modell empirisch deutlich überlegen sein.

Die beiden Modelle können in ihrer empirischen Aussagekraft verglichen werden, indem sie in das Rahmenmodell „eingesetzt" werden. Dazu muss ein Test konstruiert werden, in dem die Aufgaben-Merkmale beider Modelle berücksichtigt sind. Mit diesem Test wird dann der oben beschriebene Prozess der Validierung durchlaufen: Die Aufgabenmerkmale werden in Aufgaben identifiziert, die Daten, die aus dem Test resultieren, werden mit Hilfe eines Messmodells ausgewertet woraus sich Schwierigkeitswerte und Personen-Werte ergeben. Die Schwierigkeitswerte werden mittels Varianzanalyse mit den Aufgabenmerkmalen assoziiert und die Personenwerte werden durch die externe, konvergente und diskriminante Validierung mit einer wahren Physikkompetenz in Beziehung gesetzt. Das gesamte Verfahren wird also für das Aufgabendesign- und das Inhaltsstruktur-Modell gemeinsam durchgeführt. Bei dem Zusammenhang zwischen Aufgabenmerkmalen und Aufgabenschwierigkeit aber werden die beiden Modelle separat betrachtet, also die Anteile an Varianz für jedes Modell einzeln betrachtet. Der Vorteil des Rahmenmodells besteht darin, dass es den Vergleich systematisiert und somit alle möglichen anderen Einflüsse kontrolliert sind.

## Notwendigkeit der Konstruktion

Für einen Test, der sich für diesen Vergleicht der Modelle eignet, müssen Aufgaben gefunden werden, die Merkmale beider Modelle beinhalten. Wie bereits erläutert wurde, lassen sich die Aufgaben-Merkmale des Aufgabendesign-Modells in den meisten Kompetenztests nachweisen. Sie sind zudem niedrig-inferent, so dass sie auch bei bestehenden Aufgaben sehr objektiv einschätzbar sind. Die Merkmale des Inhaltsstruktur-Modells dagegen stellen eine Reihe von Anforderungen an die inhaltliche Struktur von Aufgaben. So müssen die Inhalte nach bestimmten Regeln aus dem Curriculum entnommen werden, um die Aufgabe einer kognitiven Aktivität zuordnen zu können. Werden mehrere verbundene Zusammenhänge abgefragt, so müssen sie unter der gleichen Leitidee ausgewählt werden, damit die Zuordnung der Aufgabe eindeutig ist. Bei vielen bestehenden Aufgaben ist dies nicht der Fall.

Es empfiehlt sich daher eine gezielte Konstruktion von Aufgaben. Nur dadurch können die zu findenden Zusammenhänge empirisch möglichst sauber auf die hier definierten Aufgabenmerkmale der beiden Modelle zurückgeführt werden. Andere Aufgaben tragen meist noch andere Merkmale, die sie für ihren jeweiligen ursprünglichen Zweck qualifizierten. Solche Merkmale könnten mit den hier interessierenden Merkmalen kovariieren und dadurch mögliche Effekte überlagern.

## Die Konstruktionsanleitung

Statt des sonst üblichen Expertenratings werden für diese Arbeit Aufgaben nach einer Konstruktionsanleitung erstellt. Die Konstruktionsanleitung objektiviert die Konstruktion der Aufgaben soweit, dass der Entstehungsprozess nachvollzogen werden kann. Dazu werden bestimmte Schlüsselwörter in den Aufgabentext und die Musterlösung eingebaut, die die Aufgabe eindeutig zu einer Kategorie jedes Aufgabenmerkmals zuordnen. Wie stichprobenartige Kontrollen zeigen, lassen sich diese Schlüsselwörter mit hoher Objektivität wieder in den Aufgaben identifizieren.

Die verwendeten Schlüsselwörter selbst sind den Kategorien des Inhaltsstruktur-Modells valide zugeordnet. Im Rahmen der Videostudie des DFG-Projekts „Vertikale Vernetzung und kumulatives Lernen“ werden diese Schlüsselwörter als Indikatoren verwendet, um das Vernetzungsniveau und die Vernetzungsaktivitäten zu identifizieren (vgl. Sumfleth et al., 2006, Fischer et al, 2006). Das Vernetzungsniveau entspricht dabei der Komplexität der Inhaltsstruktur, die Vernetzungsaktivitäten den kognitiven Aktivitäten (vgl. Kauertz & Fischer, 2006b, Brückmann & Kauertz, 2005). In der Videostudie lassen sich die Vernetzungsniveaus und -aktivitäten mit ausreichender Interrater-Reliabilität feststellen und anhand von Concept-Maps validieren (vgl. Sumfleth et al., 2006, Glemnitz 2006, Lau, Fischer & Sumfleth, 2007). Die Schlüsselwörter für die Leitideen sind den Beschreibungen der vier Basiskonzepte in den KMK-Bildungsstandards (KMK, 2004) entnommen bzw. für NWA und Formalismus in analoger Weise formuliert.

Durch die Konstruktionsanleitung wird darüber hinaus versucht, möglichst viele weitere Merkmale von Aufgaben zu systematisieren. Dies erscheint nötig, da sonst die Gefahr besteht, durch ausschließliche Berücksichtigung der Indikatoren „weltfremde“, sehr abstrakte Aufgaben zu erzeugen, die Physikkompetenz im Sinne naturwissenschaftlicher Grundbildung nicht valide erfassen; andererseits ginge die Nachvollziehbarkeit der Konstruktion verloren, wenn nicht dokumentierte Merkmale berücksichtigt würden. Um diesem Dilemma zu begegnen werden insbesondere zwei Merkmale besonders beachtet: Sprachliche Angemessenheit (z. B. keine Fremdwörter, einfache Formulierung/Satzbau), und Lebenswelt-Kontext (operationalisiert über die Anzahl der Fachworte und die Einbettung in Situationen, die den Schülerinnen und Schülern aus ihrem Erfahrungsbereich mehr oder weniger bekannt sind). Zusätzlich werden einige technische Details festgeschrieben, sowohl um den Aufbau der Aufgabe zu vereinheitlichen als auch um die Ratewahrscheinlichkeit zu reduzieren.

Die Konstruktion einer Aufgabe erfolgt nach einem festen Schema. Das Schema wird dabei durch Leitfragen vorgegeben, die sukzessive abgearbeitet werden. Die Reihenfolge der Fragen ist nicht theoretisch begründet, sondern hat sich pragmatisch ergeben und wird für alle Aufgaben gleichermaßen eingehalten. Zunächst erfolgt die Festlegung der Leitidee, anschließend die Auswahl des eigentlichen Inhaltsbereichs aus dem Curriculum, woran sich die Festlegung der Komplexität und danach der kognitiven Aktivität anschließt. Es folgen die Festlegung auf einen Kontext, auf den Aufgabenaufbau, auf ein Antwortformat und eine Lösungsvorgabe. Anschließend wird der eigentliche Aufgabentext geschrieben, wobei bestimmte Leitlinien zu beachten sind, die die technischen Details und die sprachliche Angemessenheit berücksichtigen. Abschließend wird eine Musterlösung erstellt, aus der später der Erwartungshorizont abgeleitet wird. Eine abschließende Einordnung in das Aufgabenblatt von Draxler (2006) soll eine kritische Reflexion der Aufgabe ermöglichen.

Eine Auflistung der berücksichtigten Merkmale, ihrer Kategorien und ggf. der zugehörigen Schlüsselbegriffe findet sich im Anhang zu dieser Arbeit (Dok. A1). Dort sind ebenfalls Aufgabenbeispiele angegeben[1] (Dok. A5).

## Grenzen des Vorgehens

Die Konstruktion von Aufgaben ist ein regelgeleiteter, kreativer Prozess. Die Kreativität soll durch Regeln so eingeschränkt werden, dass die Aufgaben-Konstruktion systematisiert und objektiv erfolgen kann. Dies gelingt aber nur zum Teil, da eine exakte Vorgabe bei vielen Merkmalen nicht möglich ist. Die Menge der möglichen Kontexte, Themen, Darstellungsmöglichkeiten und Formulierungen kann nicht vollständig im Einzelnen beschrieben werden. Dadurch ist es nicht möglich, aus vorgegebenen Inhalten einzelne Elemente zu entfernt und nach diesen zu fragen, wie es Klauer (1987) zum Beispiel bei der Konstruktion von kriteriumsorientierten Aufgaben vorschlägt. Das hier verwendete Verfahren ist daher eher dem von Williams und Haladyna (1982) ähnlich. Sie verwenden eine Matrix, die bestimmte Typen von Aufgaben beschreibt. Bei der Konstruktion einer Aufgabe entscheidet man sich für eine Zelle der Matrix und erhält so Hinweise, wie die Aufgabe auszusehen hat. Für die Inhalte empfehlen sie die Überschriften aus einschlägiger Literatur zu nutzen. Sie berichten von positiven Erfahrungen mit diesem Vorgehen (Williams & Haladyna, 1982).

Dennoch bleibt bei aller Systematisierung ein hoher Anteil an Einflüssen, die mit der konstruierenden Person zusammenhängen. Dazu gehört auch, dass bei der Konstruktion mehrerer Aufgaben die Reihenfolge der Schritte unbewusst umgangen wird, da der Ablauf nach einigen Aufgaben bereits gut bekannt ist und die folgenden Schritte

[1] Die Aufgaben sind auf Anfrage beim Autor (alexander.kauertz@uni-due.de) als pdf-Datei erhältlich: Die Aufgaben des Leistungstests, Testmanual zur Dissertation „Schwierigkeitserzeugende Merkmale physikalischer Leistungstestaufgaben".

gleich mit bedacht werden. Dadurch wird ein erfahrener Konstrukteur auch mit der Anleitung anders Aufgaben konstruieren als ein Anfänger. Es ist zum Beispiel auch zu vermuten, dass die inhaltsbezogene Expertise der konstruierenden Person zu bestimmten inhaltlichen Schwerpunkten bei den Aufgaben führt.

Die Einschränkung der Kreativität hat auch Folgen für die Aufgabenqualität. Die Verwendung von Schlüsselworten beeinträchtigt beispielsweise die sprachliche Qualität der Aufgabe, die Texte werden dadurch zwar systematischer aber auch „künstlicher". Die Systematik führt außerdem zu anderen Kriterien an Hand derer Aufgaben für „gut" befunden werden. Der Vorteil der Systematik liegt zwar gerade darin, dass die Kriterien dadurch transparenter werden; der Nachteil ist aber, dass ein intuitives, nicht genau benennbares Gespür für Aufgaben nicht zum Tragen kommt. Systematisch konstruierte Aufgaben können daher für erfahrene Lehrerinnen und Lehrer manchmal fremd und ungewohnt erscheinen. Für die Untersuchung des Modells sind sie aber dennoch gut geeignet.

## Zusammenfassung

Die Modelle für Aufgaben-Schwierigkeit können empirisch nur mit einem Test überprüft werden. Dieser Test muss auf nachvollziehbare und möglichst eindeutige Weise mit dem Modell verbunden sein, was durch eine Konstruktionsanleitung für Aufgaben sichergestellt wird. In der Konstruktionsanleitung werden Schlüsselwörter und Leitlinien für jedes Merkmal verwendet, die in fester Reihenfolge in den Aufgaben-Entwicklungsprozess eingebracht werden. Sie sollen die Kreativität der Aufgabenentwickler beschränken und eine möglichst große Systematik vorgeben. Die Systematik sichert die Anbindung zwischen Modell und Test, führt aber unter Um-

# Empirischer Teil

Abstract:

Der Test ist gut als Physik-Kompetenztest geeignet, wie die interne Konsistenz und die deutlichen Zusammenhänge zu Intelligenz, Vorwissen, Wissenszuwachs und Physiknote zeigen. Der Zusammenhang zwischen dem Test und der Note in Physik ist zudem signifikant größer als der Zusammenhang zwischen dem Test und den Noten in Chemie und Biologie.

Komplexität und Leitidee klären deutlich mehr Varianz der Schwierigkeit auf als das Antwortformat oder der Abstand zwischen Lern- und Testzeitpunkt und die Position im Testheft. Das Inhaltsstruktur-Modell ist daher dem Aufgabendesign-Modell überlegen.

Für die Leitideen lässt sich nachweisen, dass sie Teilkompetenzen in Physik nötig machen. Zwischen den verschiedenen kognitiven Aktivitäten zeigen sich stärkere Zusammenhänge, so dass sie empirisch keine Teilkompetenzen nötig machen. Die Komplexität zeigt einen deutlichen Zusammenhang zur Aufgabenschwierigkeit, die Komplexitätsniveaus lassen sich aber nicht mit ausreichender statistischer Bedeutsamkeit unterscheiden.

# Einleitung zum empirischen Teil der Arbeit

Im ersten Teil der Arbeit ist ein Rahmenmodell für die Validierung von Kompetenzmodellen entwickelt worden. Es systematisiert die für die Validierung notwendigen Nachweise: ein Expertenrating, der Nachweis des Zusammenhangs von Aufgabenmerkmalen und Schwierigkeit, die Passung eines Messmodells und die externe Validierung. Im zweiten, empirischen Teil werden nun diese Nachweise für die entwickelten Modelle (Inhaltsstruktur- und Aufgabendesign-Modell) anhand des gemeinsamen Tests erbracht. Das Expertenrating wird dabei nicht weiter untersucht, da es durch die Konstruktionsanleitung ersetzt wird. Die Reihenfolge der Nachweise ist so gewählt, dass zunächst die gemeinsamen Anteile des Inhaltsstruktur- und des Aufgabendesign-Modells am Validierungsprozess untersucht werden, nämlich die Passung des Raschmodells und die externe Validierung. Anschließend werden die beiden Modelle miteinander verglichen. Schließlich werden die empirischen Ergebnisse zum Inhaltsstruktur-Modell mit den theoretischen Erwartungen verglichen, d. h. die Teilkompetenzen (Leitidee und kognitive Aktivität) und Kompetenzstufen (Komplexitätsniveaus) werden untersucht.

Das Vorgehen gliedert sich dabei in fünf Schritte:

1. Das Sammeln und Formulieren von Hypothesen und entsprechende Erläuterungen zur Messbarkeit einzelner Variablen
2. Eine kurze Beschreibung der zugrunde liegenden psychometrischen Modelle und ihrer Gütekriterien
3. Die Beschreibung der Durchführung der Studie und ihrer Anbindung an andere Studien und Projekte
4. Eine Darstellung der Ergebnisse unter Berücksichtigung der oben beschriebenen Gütekriterien und Hypothesen.
5. Eine Bewertung der empirischen Befunde im Hinblick auf die Hypothesen und die Ziele der Arbeit.

Die empirische Untersuchung in dieser Arbeit hat das Ziel, erste Hinweise auf die Gültigkeit der zentralen Hypothesen zu finden, um das Inhaltsstruktur-Modell für Aufgabenschwierigkeit prinzipiell auf seine Tauglichkeit zu testen. Einige Aspekte der zu untersuchenden Modelle bleiben dabei unberücksichtigt, da sie nur mit großem Aufwand zu überprüfen sind. Lassen sich aber bereits mit den geringen Möglichkeiten dieser Arbeit Effekte nachweisen, so scheint es lohnenswert mehr Aufwand in die vollständige Absicherung des Modells zu investieren.

Die Untersuchung wird in drei Aspekten vereinfacht. Erstens beschränkt sich die Testentwicklung nur auf die Pilotierung des Tests. Trotzdem werden mit den Ergebnissen der Pilotierung die Modellzusammenhänge überprüft. Zweitens sind relativ kleine Aufgaben- und Personen-Sample verwendet worden. Drittens wird ein sonst übliches Expertenrating hier nicht näher dargestellt, es wurde aber fallstudienartig im Rahmen einer Staatsexamensarbeit von Puck (2006) durchgeführt. Gleiches gilt für die Objektivität der Konstruktion, die ebenfalls durch eine Staatsexamensarbeit fallstudienartig gezeigt werden konnte (Notarp, 2006). Beides muss aber im Rahmen einer tiefer gehenden empirischen Untersuchung wiederholt werden. Die hier beschriebene Studie dient dazu, die Durchführbarkeit der Aufgabenkonstruktion nachzuweisen und zeigt, dass das Modell auf diese Weise einer empirischen Überprüfung zugänglich gemacht werden kann.

# 7. Kapitel
# Hypothesen

Die Untersuchung gliedert sich in vier Hypothesen. Die erste Hypothese bezieht sich auf die Passung des Raschmodells und die externe, konvergente und diskriminante Validierung. Kann sie bestätigt werden, so lässt sich das Inhaltsstruktur- mit dem Aufgabendesign-Modell bezüglicher der Varianzaufklärung vergleichen. Dies wird in der zweiten Hypothese präzisiert. Anschließend wird in der dritten Hypothese das Inhaltsstruktur-Modell näher untersucht und überprüft, ob mehrdimensionale Raschmodelle die Daten besser beschreiben als das eindimensionale Modell. Die vierte Hypothese präzisiert, wie der Zusammenhang zwischen Komplexitätsniveaus und Aufgabenschwierigkeit gemessen werden kann.

## Hypothese 1: Validität des Tests

Bevor nachgewiesen werden kann, dass der Test Kompetenz misst, muss zunächst gezeigt werden, dass er überhaupt ein einheitliches Konstrukt misst. Mit dem Raschmodell kann auf eine hohe interne Konsistenz des Tests geschlossen werden, denn Aufgaben, die gut Rasch-skalierbar sind, messen ein gemeinsames Konstrukt (vgl. Hambelton & Swaminathan, 1985; Bond & Fox, 2001; Rost, 2004). Daher spielte hier der Aspekt der Passung der empirischen Daten, in diesem Fall die Ergebnisse eines Physik-Leistungstests, zum Raschmodell, das aufgrund der Daten geschätzt wird, eine wichtige Rolle. Wenn der entwickelte Leistungstest eine gute Passung zum Raschmodell aufweist, ist er intern konsistent. Bezogen auf das Rahmenmodell bedeutet dies, dass die Unschärfe an der Schnittstelle von Schwierigkeit und Leistung gering ist.

Die Passung wird im Allgemeinen durch den InFit (weighted MNSQ) angegeben, der über eine $\chi^2$-Verteilung auf Signifikanz geprüft wird. Adams (2000) schlägt ein akzeptables Intervall von $0{,}8 < MNSQ < 1{,}2$ um den Erwartungswert $E(MNSQ) = 1$ vor. Da die Passung des Raschmodells von entscheidender Bedeutung für die interne Konsistenz des Tests ist und damit auch für die Prüfung der weiteren Hypothesen, wird hier eine strengere Grenze verwendet ($0{,}9 < MNSQ < 1{,}1$). Dies reduziert auch die von Rost (1999) aufgezeigte Gefahr, dass mit geringen Probandenzahlen die Wahrscheinlichkeit der Raschmodell-Passung steigt.

Ist durch die Passung des Raschmodells auf die Daten gezeigt, dass der Test ein über die Aufgaben hinweg stabiles Konstrukt misst, so bleibt die Frage zu klären, ob dieses Konstrukt einer Kompetenz im Sinne der Definition von Weinert (2001) entspricht. Dies kann durch das Verfahren der konvergenten und diskriminanten

Validierung gezeigt werden. Kompetenz müsste demnach einen großen Zusammenhang zu kognitiven Grundfertigkeiten, der Motivation und anderen Operationalisierungen von Kompetenz, zum Beispiel dem TIMSS-Test, aufweisen. Hängt die im Test erhobene Fähigkeit mit den erwähnten Konstrukten zusammen, lässt sich daraus schließen, dass der Test Kompetenz hinreichend gut operationalisiert. Die Ergebnisse des Kompetenztests sollten außerdem mit Aspekten, die mit Physikkompetenz nichts zu tun haben, geringer zusammenhängen. Hierzu zählen beispielsweise die Noten der anderen naturwissenschaftlichen Fächer, die einen geringeren Zusammenhang zu den Testergebnissen zeigen sollten als die Physiknote. Dadurch wäre gezeigt, dass es sich tatsächlich um Physikkompetenz handelt.

Die zur konvergenten und diskriminanten Validierung benutzten Konstrukte sind im ersten Kapitel im Zusammenhang mit den Unschärfen im Validierungsprozess diskutiert worden (vgl. Abb. 1.1 im theoretischen Teil). Mit ihnen wird der Schluss von der beobachteten Leistung der Schülerinnen und Schüler auf die „wahre" Kompetenz untersucht. Um die mit Kompetenz zusammenhängenden Konstrukte zuverlässig messen zu können, werden bereits validierte und erprobte Erhebungsinstrumente verwendet.

Es ergeben sich daraus drei Hypothesen, die die drei Punkte interne Konsistenz, konvergente Validität und divergente Validität betreffen:

> H1.1: Die Items erfüllen in ihrem Infit (weighted MNSQ) die Bedingung: $0{,}9 < MNSQ < 1{,}1$ und erfassen daher ein gemeinsames latentes Konstrukt (Interne Konsistenz).
>
> H1.2: Die Korrelationen von Intelligenz, Vorwissen, Wissenszuwachs, Note Physik und Motivation mit dem Personenparameter sind $r > 0{,}3$ (Konvergente Validierung).
>
> H1.3: Die Korrelation zwischen Personenparameter und den sonstigen Schulnoten ist kleiner als zwischen Physiknote und Personenparameter (Diskriminante Validierung).

Lassen sich alle drei Hypothesen belegen, so ergibt dies den Schluss:

> H1: Der Test zum Inhaltsstrukturmodell ist ein Physikkompetenz-Test.

## Hypothese 2: Modellvergleich

Ob und wie gut das Inhaltsstruktur-Modell die Aufgabenschwierigkeit beschreiben kann, wird durch eine Varianzanalyse untersucht. Dazu muss das Inhaltsstruktur-Modell Varianz der Aufgabenschwierigkeit aufklären können. Da formale Aufgabenmerkmale ebenfalls Varianz der Aufgabenschwierigkeit erklären, ohne aber für Kompetenzmessung relevant zu sein, muss das Inhaltsstruktur-Modell aber mehr Varianz aufklären als das Aufgabendesign-Modell.

Dabei soll durch wenige, diskrete Kategorien möglichst viel Varianz der Schwierigkeit vorhergesagt werden. Für jede Kategorie wird daher ein Mittelwert der Schwierigkeit aller Aufgaben dieser Kategorie gebildet. Unterscheiden sich die Mittelwerte statistisch signifikant, so erklärt das Modell Unterschiede in der Schwierigkeit. Je größer die Unterschiede zwischen den Mittelwerten sind, je mehr Varianz das Modell also erklärt, desto besser beschreiben die Kategorie-Mittelwerte die gesamte Schwierigkeitsverteilung. Realisiert wird eine solche Untersuchung durch eine mehrfaktorielle, univariate Varianzanalyse nach dem Allgemeinen Linearen Modell (Bortz, 1999).

Da für das Inhaltsstrukturmodell angenommen wird, dass der Einfluss der Komplexität durch die kognitiven Aktivitäten und die Leitideen jeweils moderiert wird, werden neben den drei Haupteffekten hierbei auch zwei Interaktionseffekte (Komplexität*Leitidee und Komplexität*kognitive Aktivität) berücksichtigt. Für das Aufgabendesignmodell werden für Antwortformat, Abstand Lern-Test-Zeitpunkt und Position im Testheft nur jeweils die Haupteffekte untersucht, da hier keine Interaktionseffekte erwartet werden.

Ein Vergleich der aufgeklärten Varianz macht jedoch nur Sinn, wenn für die Aufklärung dieselbe Anzahl von Freiheitsgraden berücksichtigt wird. Je mehr Variablen und Kategorien pro Variable in einem Modell berücksichtigt sind, desto einfacher kann durch das Modell Varianz aufgeklärt werden. Daher gilt das Prinzip des ökonomischsten bzw. sparsamsten Modells, wonach das Modell mit der größten Varianzaufklärung bei gleichzeitig geringster Anzahl erklärender Faktoren zu bevorzugen ist. Es muss daher eine Abwägung zwischen Freiheitsgraden und Varianzaufklärung vorgenommen werden.

Damit ergibt sich die Hypothese:

> H2: Das Inhaltsstruktur-Modell erklärt mehr Varianz (gemessen als $R^2$) des Itemparameters als das Aufgabendesign-Modell: $R^2(Modell1) > R^2(Modell2)$.

Lässt sich diese Hypothese zeigen, so erklärt das Inhaltsstrukturmodell die Aufgaben-Schwierigkeit besser als das Aufgabendesignmodell.

## Hypothese 3: Modellgüte

Die Modellgüte ist ein Maß dafür, wie gut die empirischen Strukturen mit denen des Modells zusammenpassen. Werden theoretisch Unterschiede angenommen, die sich anhand der empirischen Daten nicht nachweisen lassen, so lässt dies auf ein unzureichendes Modell schließen. Gleiches gilt für vorhergesagte Zusammenhänge. Untersucht man die Dimensionalität eines Modells bezogen auf einen Leistungstest, so wird angenommen, dass Aufgaben einer Aufgabengruppe stets in gleicher Weise gelöst werden, die Beantwortung einer anderen Aufgabengruppe jedoch von der anderen unabhängig ist, d. h. kein überzufälliger Zusammenhang besteht. Nimmt man zu viele Aufgabengruppen an, so werden diese sich nicht mehr ausreichend unterscheiden, das Modell ist überdimensioniert. Zu wenige Gruppen würden dazu führen, dass die Zusammenhänge innerhalb der Aufgabengruppe bereits zu klein werden und der Unterschied zwischen den Gruppen ebenfalls geringer wird, das Modell ist unterdimensioniert.

Die Güte eines Modells kann nur in Relation zu einem anderen Modell angegeben werden, das die gleichen Daten beschreibt. Die empirische Struktur ist die Referenzgröße für die Modellgüte. Da andere Daten eine andere Struktur haben können, setzt ein Modellvergleich voraus, dass die beiden Modelle dieselben Daten beschreiben. Wenn die Sparsamkeit und damit die Dimensionalität des Modells untersucht werden soll, so wird untersucht, ob zusätzliche Dimensionen im gleichen Modell empirisch relevant sind.

Zwei Modelle werden vor diesem Hintergrund verglichen, indem der Zuwachs an Passung zu den Daten (*deviance*) durch die Anzahl der Freiheitsgrade relativiert wird (vgl. Wu, Adams & Wilson, 1998). Die *deviance* quantifiziert die Abweichung der beobachteten Parameter von den geschätzten Parametern durch einen Likelihood-Quotienten (LR), der sich in eine $\chi^2$-verteilten Prüfgröße umwandeln lässt (vgl. Rost, 2004). Die Irrtumswahrscheinlichkeit der Annahme, dass die $\Delta$*deviance* von Null verschieden ist, kann daher mit Hilfe der $\chi^2$-Verteilung mit $\Delta$df Freiheitsgraden bestimmt werden (Likelihood-Quotienten-Test). Sie sollte die üblichen 5% nicht übersteigen, bei der angestrebten Samplegröße ist die striktere Forderung von 1% sogar angemessener.

Der Aufbau des Inhaltsstruktur-Modells ist im dritten Kapitel dargestellt. Kompetenz wird dabei im Inhaltsstrukturmodell nicht allein hierarchisch durch die Komplexität beschrieben, sondern es werden Teilkompetenzen durch die verschiedenen kognitiven Aktivitäten und die Leitideen definiert (vgl. Kapitel 4). Es ist daher möglich unterschiedliche Profile für Schülerinnen und Schüler zu bestimmen, die sich in den Teilkompetenzen unterschiedlich entwickelt haben.

Eine Analyse von Profilen ist nur sinnvoll, wenn die Werte für die Teilkompetenzen unabhängig voneinander sind, eine hohe Teilkompetenz 1 also nicht grundsätzlich mit einer hohen Teilkompetenz 2 einhergeht. In dieser Bedingung sind zwei Aspekte miteinander verwoben: Erstens muss die Annahme, dass überhaupt Teilkompetenzen unterschieden werden können, gerechtfertigt sein, danach kann zweitens untersucht werden, wie stark die Ausprägungen in den Teilkompetenzen zusammenhängen. Beide Aspekte müssen und können überprüft werden.

Wenn Teilkompetenzen unterschieden werden, so werden sie als weitere Dimensionen angenommen. Ob die weiteren Dimensionen vom empirischen Standpunkt aus sinnvoll sind, zeigt sich daran, dass das Modell *mit* den zusätzlichen Dimensionen besser auf die Daten passt als ohne sie. Durch Hinzunahme von erklärenden Unabhängigen Variablen oder Dimensionen wird aber grundsätzlich ein größerer Anteil an der Varianz der Abhängigen Variablen erklärt. Es muss also wiederum eine Balance zwischen der Anzahl an Freiheitsgraden und erklärter Varianz gefunden werden. Dies kann mit dem oben beschrieben Vorgehen durch die Differenz der deviance und der Freiheitsgraden beider Modelle überprüft werden.

Wenn sich herausstellt, dass die Teilkompetenzen relevant mehr Varianz erklären und damit empirisch sinnvoll sind, kann zusätzlich ihr Zusammenhang untereinander untersucht werden. Sie sollten dabei so wenig wie möglich kovariieren. Dann ist es erst sinnvoll von Profilen auf den Teilkompetenzen zu sprechen, da so die Möglichkeit besteht Personen zu identifizieren, die zwar alle in einer Teilkompetenz „gut" sind, die aber in unterschiedlichen weiteren Teilkompetenzen noch Förderbedarf haben. Ob die Teilkompetenzen hoch miteinander kovariieren lässt sich durch eine Korrelation der Personenparameter für jede Teilkompetenz ermitteln. Für den Nachweis von Teilkompetenzen werden zwei Hypothesen benötigt:

> H3.1: Ein mehrdimensionales Raschmodell (3-, bzw. 6-dimensionales, basierend auf den kognitiven Aktivitäten bzw. Leitideen) weist mit einer Irrtumswahrscheinlichkeit kleiner als 1% eine bessere Passung auf als das eindimensionale Modell.

> H3.2: Die latenten Konstrukte korrelieren nur gering miteinander, zwischen den Leitideen bzw. kognitiven Aktivitäten ist $r < 0,3$.

Lassen sich beide Hypothesen bestätigen, so ist insgesamt gezeigt:

> H3: Die verschiedenen Leitideen und kognitiven Aktivitäten machen Teilkompetenzen erforderlich.

## Hypothese 4: Komplexitätsniveaus und Aufgaben-Schwierigkeit

Dem Inhaltsstruktur-Modell für Aufgabenschwierigkeit zur Folge, sollte ein höheres Komplexitätsniveau eine höhere mittlere Schwierigkeit der Aufgaben dieses Niveaus zur Folge haben. Es gilt daher zunächst zu zeigen, dass sich die Niveaus überhaupt hinsichtlich der Schwierigkeit unterscheiden. Anschließend muss geprüft werden, ob sie sich auch in der erwarteten Reihenfolge anordnen lassen und ob der angenommene Trend (komplexere Aufgaben sind schwieriger) bestätigt werden kann. Wie groß der Unterschied zwischen den Niveaus ist, sozusagen die „Effektgröße" der Niveaus, lässt sich durch eine Rangkorrelation bestimmen, wobei aufgrund der theoretischen Überlegungen eine mindestens mittlere Korrelation erwartet wird.

Die grundsätzliche Unterscheidbarkeit der Niveaus kann mit einer ANOVA geprüft werden und ist auch bereits für H2 relevant gewesen, da mit einer Unterscheidbarkeit der Niveaus auch eine höhere Varianzaufklärung verbunden ist. Mit Hilfe von Kontrasten kann überprüft werden, ob sich die Niveaus in der vorweg angenommenen Weise unterscheiden. Es sind daher drei Teilhypothesen zu prüfen:

> H4.1: Die Mittelwerte der Itemparameter der eindimensionalen Raschanalyse auf den Komplexitätsniveaus ($M_K(I)$, mit M = Mittelwert, K = Komplexitätsniveau (K aus $\{1, ..., 6\}$) und I = Itemparameter der eindimensionalen Raschanalyse) unterscheiden sich auf einem 5%-Signifikanzniveau in einer ANO-

VA mit den Itemparametern als Abhängige Variable (AV) und Komplexität als Unabhängige Variable (UV).

H4.2: Die $M_K(I)$ sind streng monoton wachsend, d. h. sie erfüllen die Bedingung $M_1(I) < M_2(I) < \ldots < M_6(I)$ so, dass $M_i(I) - M_j(I) = \Delta M_{i,j}(I) = 0$ mit $j < i$ für alle i und j aus {1, ..., 6} insgesamt mit einer Irrtumswahrscheinlichkeit von $\alpha < 0{,}05$ zurückgewiesen werden kann.

H4.3: Die Rang-Korrelation nach Spearman zwischen Komplexität und Itemparameter ist $\rho > 0{,}5$ und auf mindestens 5%-Niveau signifikant.

Unter der Voraussetzung, dass H1 gezeigt ist, bilden die Komplexitätsniveaus Kompetenzstufen, wenn die H4.1 bis H4.3 erfüllt sind. Es gilt dann:

H4: Die Komplexitätsniveaus sind hierarchische Kompetenzstufen, die sich voneinander unterscheiden lassen.

## Übersicht über die Hypothesen

Zusammengefasst ergeben sich damit folgende Hypothesen:

**H1**: Der Test zum Inhaltsstrukturmodell ist ein Physikkompetenz-Test.

H1.1: Die Items erfüllen in ihrem Infit (weighted MNSQ) die Bedingung: $0{,}9 < MNSQ < 1{,}1$ und erfassen daher ein gemeinsames latentes Konstrukt (Interne Konsistenz).

H1.2: Die Korrelationen von Intelligenz, Vorwissen, Wissenszuwachs, Note Physik und Motivation mit dem Personenparameter sind $r > 0{,}3$ (Konvergente Validierung).

H1.3: Die Korrelation zwischen Personenparameter und den sonstigen Schulnoten ist kleiner als zwischen Physiknote und Personenparameter (Diskriminante Validierung).

**H2**: Modell 1 erklärt mehr Varianz (gemessen als $R^2$) des Itemparameters als Modell 2: $R^2(\text{Modell1}) > R^2(\text{Modell2})$.

**H3**: Die verschiedenen Leitideen und kognitiven Aktivitäten machen Teilkompetenzen erforderlich.

H3.1: Ein mehrdimensionales Raschmodell (3-, bzw. 6-dimensionales, basierend auf den kognitiven Aktivitäten bzw. Leitideen) weist mit einer Irrtumswahrscheinlichkeit kleiner als 1% eine bessere Passung auf als das eindimensionale Modell.

H3.2: Die latenten Konstrukte korrelieren nur gering miteinander, zwischen den Leitideen bzw. kognitiven Aktivitäten ist $r < 0{,}3$.

**H4**: (Unter der Voraussetzung, dass H1 gezeigt ist gilt:) Die Komplexitätsniveaus sind hierarchische Kompetenzstufen, die sich voneinander unterscheiden lassen.

H4.1: Die Mittelwerte der Itemparameter der eindimensionalen Raschanalyse auf den Komplexitätsniveaus ($M_K(I)$, mit M = Mittelwert, K = Komplexitätsniveau (K aus {1, …, 6}) und I = Itemparameter der eindimensionalen Raschanalyse) unterscheiden sich auf einem 5%-Signifikanzniveau in einer ANOVA mit den Itemparametern als Abhängige Variable (AV) und Komplexität als Unabhängige Variable (UV).

H4.2: Die $M_K(I)$ sind streng monoton wachsend, d. h. sie erfüllen die Bedingung $M_1(I) < M_2(I) < \ldots < M_6(I)$ so, dass $M_i(I) - M_j(I) = \Delta M_{i,j}(I) = 0$ mit $j < i$ für alle i und j aus {1, …, 6} insgesamt mit einer Irrtumswahrscheinlichkeit von $\alpha < 0{,}05$ zurückgewiesen werden kann.

H4.3: Die Rang-Korrelation nach Spearman zwischen Komplexität und Itemparameter ist $\rho > 0{,}5$ und auf mindestens 5%-Niveau signifikant.

# 8. Kapitel: Testtheorie

Durch eine Testtheorie wird jedem Probanden für jedes Merkmal ein Wert zugeordnet. Es wird zwischen der klassischen Testtheorie und der Gruppe der probabilistischen Testtheorien unterschieden. Allgemein errechnen Testtheorien aus mehreren Messwerten eines Probanden zu einem Merkmal einen Gesamt-Wert für den Probanden für das entsprechende Merkmal. Es handelt sich dabei um mathematische Operationen, die mit den Messwerten durchgeführt werden und deren Richtigkeit in Form mathematischer Beweise gezeigt ist. Die Testtheorien unterscheiden sich darin, welche Interpretationen mit den errechneten Werten möglich sind. Inwiefern sich die Theorien dabei ergänzen oder ersetzen, soll hier nicht diskutiert werden (vgl. dazu Rost, 1999 oder Bühner, 2004). Im Folgenden werden die wichtigsten Merkmale der hier verwendeten Testtheorien genannt, die zur Entscheidung beitragen, welche Theorie in der Studie verwendet wird.

## Klassische Testtheorie und Gütekriterien

Die klassische Testtheorie wird auch als Messfehlertheorie bezeichnet (z. B. Bortz & Döring, 2002; Bühner, 200X). Die Bezeichnung Messfehlertheorie bezieht sich auf die Grundannahme, dass jeder gemessene Wert die Summe aus einem wahren Wert und einem spezifischen Messfehler ist. Durch mehrfache Messung desselben Merkmals wird ein Intervall um den wahren Wert bestimmt. Die Interpretation konzentriert sich folglich darauf, die Abweichung vom wahren Wert zu erklären. Die Bedeutung des wahren Werts wird dabei als offensichtlich angenommen und interessiert daher nur am Rande.

Die Gütekriterien sind entsprechend so gewählt, dass sie die Einflüsse auf den Messfehler klassifizieren. Je geringer der Messfehler, desto kleiner wird das Konfidenzintervall, bzw. desto wahrscheinlicher liegt der wahre Wert in einem vorher festgelegten Intervall. Die so genannten Hauptgütekriterien sind Objektivität (Einfluss des Messenden), Reliabilität (Genauigkeit der Messung) und Validität (Zuverlässigkeit der Messung), die sich noch einmal in Teilbereiche gliedern. Hinzu kommen vier Nebengütekriterien: Normierung, Vergleichbarkeit, Ökonomie und Nützlichkeit.

Die Hauptgütekriterien sind quantifizierbar und es gibt für sie bestimmte Normen, die eine Einschätzung ermöglichen, ob sie als erfüllt gelten können. Die konkrete Beurteilung hängt allerdings vom Kontext der Untersuchung ab (vgl. Bühner, 2004). Meistens basiert die Quantifizierung der Normen auf Zusammenhangsmaßen. So wird die Objektivität häufig durch Beurteilerübereinstimmung ermittelt, die Validität wird beispielsweise durch Zusammenhänge zwischen verschiedenen Tests bestimmt. Für die Reliabilität ist es üblich als Maß für die interne Konsistenz Cronbachs Alpha anzugeben. Wirtz und Caspar (2002) geben Richtwerte dafür, wann eine Beurteilerübereinstimmung hoch ist; Bortz (1999) nennt Grenzen für niedrige, mittlere und hohe Werte verschiedener Zusammenhangsmaße. Fisseni (1997) beurteilt Werte für Cronbachs Alpha unter $\alpha < 0{,}8$ als niedrige Reliabilität. Mit der Reliabilität verbunden ist die Trennschärfe der Test-Items, für die als untere Grenze $r_{itc} < 0{,}3$ genannt wird (Fisseni, 1997). Die wesentlichen Aufgaben-Kennwerte sind vor allem der Schwierigkeitsindex und die Trennschärfe.

Die Fokussierung der klassischen Testtheorie auf die Aufklärung des Messfehleranteils der Messung setzt voraus, dass der wahre Wert möglichst offenkundig mit dem Test ermittelt werden kann. Man bezeichnet dies auch gelegentlich als Augenscheinvalidität (face-validity). Verschiedene Autoren nennen diese Bedingung als grundsätzlich empfehlenswerte Anforderung an die Testentwicklung (vgl.Bortz, 1999, Bühner, 2004, Lienert & Ratz, 1998). Bei zahlreichen Konstrukten lässt sich diese Forderung auch gut umsetzen (z. B. Intelligenztests oder Motivationsfragebögen).

## Probabilistische Testtheorie und ihre Gütekriterien

Im Gegensatz dazu interessiert sich die probabilistische Testtheorie dafür, wovon die Lösungswahrscheinlichkeit einer Aufgabe abhängt. Dabei spielen vor allem die Bearbeiterfähigkeit und die Schwierigkeit der Aufgabe – und damit das zu messende Konstrukt selber – eine wichtige Rolle. Im Rahmen der Kompetenzmessung wird daher die probabilistische Testtheorie oft bevorzugt (TIMSS, 2000, PISA, 2002, Bos et al., 2003 [IGLU]; vgl. auch Liu & Boone, 2006 für Anwendungen in *science education*).

Probabilistische Testmodelle machen eine Reihe von Annahmen, die bei gegebener Passung auch für den Test gelten. Sie nehmen an, dass der Beantwortung der Items ein gemeinsames latentes Konstrukt zu Grunde liegt, spezifische Objektivität vorliegt und die Items lokal stochastisch unabhängig sind (vgl. Rost, 2004; Lüdke, Köller, Bundt, Gomolka & Watermann 2004). Die Lösungswahrscheinlichkeit einer Aufgabe hängt dann im probabilistischen Testmodell nur von der Fähigkeit der Person und der Schwierigkeit des Items ab. Entspricht die Schwierigkeit des Items der Fähigkeit einer Person, dann löst die Person die Aufgabe mit 50% Wahrscheinlichkeit; es können aber auch beliebige andere Schwellenwerte verwendet werden, wenn sie theoretisch begründet werden. Je größer der Fähigkeitswert im Vergleich zum Schwierigkeitswert ist, desto wahrscheinlicher löst die Person das Item. Den Wert für die Fähigkeit bezeichnet man allgemein als Personenparameter ($\Phi$), den Wert für die Schwierigkeit als Itemparameter ($\sigma$). Jedes Item hat eine charakteristische Kurve (ICC), die den Zusammenhang zwischen dem Personenparameter und der Lösungshäufigkeit und damit das Raschmodell veranschaulicht.

Das einfachste probabilistische Testmodell ist das dichotome Raschmodell. Dort besitzt jedes Item dieselbe ICC, die lediglich parallel zur Personenparameter/Itemparameter-Achse verschoben ist. Je weiter rechts die Kurve liegt, desto schwieriger ist das Item, bzw. desto fähiger ist der Proband. Die Trennschärfe ist theoretisch für alle Items gleich.

Das Raschmodell und damit der Item- und Personenparameter wird jeweils mit Hilfe eines Schätzverfahrens aus den gegebenen Daten ermittelt. Beim dichotomen Raschmodell werden dazu aus den Daten die Anzahl richtig bearbeiteter Aufgaben für den Personenparameter und die Anzahl der richtigen Bearbeitungen für den Itemparameter bestimmt. Die tatsächlichen Item-Kurven werden dann mit den geschätzten, theoretisch erwarteten Itemkurven verglichen. Für jedes Item lässt sich dann überprüfen, ob es signifikant von den Erwartungen abweicht. Ist die Abweichung nicht signifikant, so passt das Item zum Raschmodell. Trifft dies auf alle Items des Tests zu, so nennt man den Test rasch-homogen.

Die Abweichung der Daten von der theoretischen Erwartung wird als MNSQ-Wert (Mittlere quadratische Abweichung) quantifiziert. Der Erwartungswert des MNSQ ist 1, nach Adams (2000) gelten Werte zwischen $0{,}8 < \text{MNSQ} < 1{,}2$ als akzeptabel. Mit Hilfe eines $\chi^2$-Tests wird eine Signifikanzprüfung vorgenommen (vgl. Wu, Adams & Wilson, 1998); der Wert T hat dabei einen Erwartungswert von $M(T) = 0$, Werte zwischen $-2 < T < +2$ zeigen, dass der MNSQ-Wert nicht signifikant von der Erwartung abweicht und sind daher wünschenswert. Werte kleiner als $T < -2$ deuten auf einen sogenannten over-fit hin: Das Item hat dann eine bessere Trennschärfe als die übrigen Items des Tests. Daher gelten solche Items meist als unproblematisch, während Items, die nach oben signifikant von der Erwartung abweichen (also $T > +2$) vom Test ausgeschlossen werden.

Das entscheidende Gütekriterium der probabilistischen Testtheorie ist daher der MNSQ-Wert und seine Signifikanzangabe. Lässt sich zeigen, dass der Test rasch-homogen ist, so gelten die Annahmen des Raschmodells. Durch dieses Kriterium ist daher gleichzeitig die Trennschärfe des Items mit festgelegt und die interne Konsistenz der Items nachgewiesen. Zudem sind die Ergebnisse nicht von der gewählten Stichprobe an Items oder Personen abhängig (spezifische Objektivität). Ist also für eine Itemstichprobe und dazugehörige Personenstichprobe gezeigt, dass der Test rasch-homogen ist, dann gilt die Rasch-Homogenität auch für alle Teilstichproben aus dieser Item- und Personen-Stichprobe.

Durch die Stichprobenunabhängigkeit ist es möglich, den Probanden nur jeweils eine Auswahl aller Aufgaben zu geben. Es können also mehrere Testhefte verwendet werden mit unterschiedlichen Items. Eine Teilmenge der Items muss zwischen den Testheften identisch sein; diese Items heißen Anker-Items. Dieses so genannte Multi-Matrix-Sampling wurde bei den meisten Large-Scale-Assessments verwendet (IGLU, TIMSS, PISA).

Die verschiedenen verfügbaren Computer-Programme für die Raschanalyse liefern meist sehr ähnliche Ergebnisse. Für diese Studie wird das Programm ConQuest von ACER verwendet (Wu, Adams & Wilson, 1998), das bereits in zahlreichen Large-Scale-Assessments eingesetzt wurde (TIMSS, PISA I-III). Die Itemparameter in dieser Arbeit sind Maximum Likelihood-Schätzer (MLE), die Personenparameter sind Warms-Likelihood-Schätzer (WLE). Als Schätzverfahren wird bei der eindimensionalen Raschanalyse das Gauß-Quadratur-Verfahren verwendet, bei der mehrdimensionalen Analyse die Monte-Carlo-Methode, da die Schätzung sonst zu aufwendig wird (vgl. Wu et al., 1998).

# 9. Kapitel: Durchführung der Studie

Die Durchführung der Studie gliedert sich die drei Arbeitsphasen:

1. Entwicklung der Konstruktionsanleitung, der Testitems und der Kodieranweisungen für die Musterlösung
2. Datenerhebung an den Schulen und Kodieren der Schülerantworten
3. Rasch-Analyse der Daten und weitere statistische Auswertungen.

## Testentwicklung

Grundlage der Konstruktionsanleitung ist das Video-Kodiermanual des DFG-Projekt „Vertikale Vernetzung und kumulatives Lernen im Chemie- und Physikunterricht“ (FI 477/ 17-3). Zur Analyse von Unterrichtsvideos der 10. Klasse sind dort die Variablen „Vernetzungsniveau“ und „Vernetzungsaktivität“ operationalisiert, die die Grundlage für die Komplexität und kognitiven Aktivitäten im Inhaltsstruktur-Modell dieser Arbeit sind. Wie bereits im theoretischen Teil beschrieben, wird durch die Konstruktionsanleitung der Prozess der Kodierung umgekehrt und zur Konstruktion genutzt.

Die Testitems werden überwiegend neu entwickelt. Dies ist nötig, da eine exemplarische (nicht publizierte) Kodierung von Lehrbuch-Aufgaben mit dem erwähnten Kodiermanual zeigt, dass die überwiegende Anzahl an herkömmlichen Aufgaben lediglich auf den beiden untersten Komplexitäts- bzw. Vernetzungsniveaus einzuordnen sind. Die Lehrbuch-Aufgaben und veröffentlichte TIMSS- und PISA-Items wurden entsprechend angepasst. Ergänzt wird der Aufgabenpool durch selbst konstruierte Aufgaben, die den Inhalten des Curriculums (KM, 1999) entnommen und zum Teil aus dem im Projekt „Vertikale Vernetzung“ videografierten Unterricht entlehnt sind.

### Aufgabeninhalte und Musterlösung

Die Inhalte der Aufgaben werden aus allen Teilbereichen der Physik gewählt, die der nordrhein-westfälische Lehrplan für die Sekundarstufe I vorsieht (vgl. KM, 1999). Sie werden ergänzt durch Inhalte, die sich aus den Sekundarstufe-I-Inhalten ableiten lassen: Entweder durch Anwendung auf neue Situationen oder als unbekannte Kombination bekannter Inhalte. In den Bezeichnungen und Fachtermini richtet sich der Aufgabentext nach drei gängigen Lehrbüchern für die Sekundarstufe I (Kuhn, 1996, Dorn Bader, 2001, Cornelsen, 1991); wo diese voneinander abweichen, werden mehrere alternative Formulierungen verwendet. Im Erwartungshorizont der Aufgaben wird jede gängige Bezeichnung als richtig akzeptiert und im Zweifel zu Gunsten des Probanden entschieden. Bei der Testdurchführung konnten solche Zweifelsfälle aber auch vom Testleiter direkt geklärt werden.

Die Musterlösung und der Erwartungshorizont der Aufgabe werden im Kodiermanual festgelegt. Bei Antworten mit geschlossenem Antwortformat besteht die Lösung in der Angabe der richtigen Antwortoption. Bei offenen Antwortformaten wird meistens mit unabhängig voneinander beurteilbaren Kriterien gearbeitet. Jedes Kriterium berücksichtigt dabei drei Aspekte: Fachliche Richtigkeit, Vollständigkeit und Komplexität der Antwort.

Dabei muss der Anspruch der fachlichen Richtigkeit und Vollständigkeit vor dem Hintergrund der Schulphysik relativiert werden. Die physikalischen Konzepte von Schülerinnen und Schülern am Ende der 10. Jahrgangsstufe sind nicht in gleicher Tiefe entwickelt wie die Konzepte von Abiturienten, Studenten, Lehrern oder Diplomphysikern. Da mit dem Test keine Entwicklung gemessen werden soll, werden auch die in dieser Jahrgangsstufe zu erwartenden Zwischenkonzepte als „richtig und vollständig" kodiert. In diesem Test bedeutet die maximale Punktzahl also nicht, dass die Person ein physikalisch vollständig elaboriertes Konzept angewandt hat, sondern mindestens die Erwartungen am Ende der 10. Jahrgangsstufe an die physikalischen Konzepte erfüllt.

### Kodierung und Zuordnung der Aufgaben

Die Kriterien, die zur Kodierung offener Antworten herangezogen werden, werden von einem Kodierer oder einer Kodiererin als erfüllt oder nicht erfüllt beurteilt. Für eine ausreichend große Anzahl an Aufgaben wird eine Doppelkodierung vorgenommen, um die Auswerteobjektivität einschätzen zu können. Die Kriterien sind mit den Kodierern diskutiert und trainiert. In Zweifelsfällen sollen Beispiele zur Klärung beitragen.

Die Zuordnung der Aufgabe zu den Kategorien der beiden Modelle wird durch die Zuordnung der erwarteten Lösung (Musterlösung) bestimmt. Der Musterlösung kommt für die Konstruktvalidität der Aufgabe also große Bedeutung zu. Die Zuordnung wird durch die im theoretischen Teil beschriebenen Indikatoren bestimmt. Da diese Indikatoren bereits bei der Konstruktion der Aufgaben berücksichtigt werden, ist die Zuordnung der so konstruierten Aufgabe in den meisten Fällen trivial.

Bei der Zuordnung zu einem Komplexitätsniveau bietet sich die Möglichkeit, eine Aufgabe auf dem zweiten und vierten Komplexitätsniveau in ihrer Komplexität zu reduzieren. Statt „mehrerer Fakten" bzw. „unverbundener Zusammenhänge" wird bereits „ein Fakt" oder Zusammenhang als richtige (Teil-)Lösung akzeptiert. Durch diese Variation der als richtig beurteilten Lösung wird die Aufgabe dem jeweils nächst niedrigerem Komplexitätsniveau zugeordnet. Zum Beispiel kann statt mehrerer Fakten nur ein Fakt bereits als „richtig" gelten und somit die Aufgabe von Niveau 2 auf Niveau 1 reduziert werden. Solche Aufgaben können helfen, den Effekt steigender Komplexität durch die steigende Anzahl an Inhaltselementen zu untersuchen. Es muss aber im Einzelfall untersucht werden, ob diese reduzierten Teillösungen fach-didaktisch noch als sinnvolle Lösung vertretbar sind.

### Aufgabenanzahl und Bearbeitungszeit

Das Ziel der Untersuchung ist die Überprüfung des Inhaltsstruktur-Modells zur Vorhersage der empirischen Schwierigkeit von Aufgaben. Das Inhaltsstruktur-Modell hat drei Dimensionen. Die Dimension Komplexität hat sechs Ausprägungen (Niveaus), die Dimension kognitive Aktivität hat drei Ausprägungen und die Dimension Leitidee hat wiederum sechs Ausprägungen. Daraus ergeben sich 108 verschiedene Kombinationsmöglichkeiten für die Aufgaben. Um statistisch sinnvolle Aussagen über jede einzelne Kombinationsmöglichkeit machen zu können, wären für jede Möglichkeit wenigstens 20 Aufgaben nötig (vgl. Bortz, 1999), wodurch das Item-Sample mindestens 2160 Items umfassen müsste.

Durch folgende Einschränkungen lässt sich die Sample-Größe aber reduzieren:

- Die einzelnen Niveaustufen sind der oben beschriebenen Theorie nach hierarchisch, somit nicht im eigentlichen Sinne statistisch unabhängig. Verzichtet man daher darauf, die Stufen paarweise statistisch signifikant für jede Leitidee und kognitive Aktivität voneinander zu unterscheiden (beispielsweise mit Kontrasten in einer ANOVA), so benötigt man „nur noch" in 18 Feldern jeweils 20 Aufgaben – insgesamt also 360 Items.
- Teilt man die Untersuchung auf in eine Untersuchung des Einflusses der Leitideen oder der kognitiven Aktivitäten – verzichtet man also auf eine Kreuzung beider Einflüsse – benötigt man für die Leitideen 6 mal 20 Items bzw. für die kognitiven Aktivitäten 3 mal 20 Items. Konstruiert man für jede Leitidee je 4 Items einer kognitiven Aktivität auf unterschiedlichen Komplexitätsniveaus, so genügen 120 Items (siehe dazu auch Tab. A1 im Anhang).

Mit diesen 120 Aufgaben können die basalen Eigenschaften des Inhaltsstruktur-Modells nachgewiesen werden.

Die Bearbeitung von 120 zum Teil sehr komplexen Physik-Aufgaben durch Schülerinnen und Schüler der 10. Jahrgangsstufe ist organisatorisch kaum zu realisieren. Die erforderliche Testzeit würde die Zeitspanne, in der die Schülerinnen und Schüler konzentriert arbeiten können, weit übersteigen, mehrere Testzeitpunkte sind von schulisch-organisatorischer Seite problematisch. Jede Aufgabe wird daher nicht von jeder Schülerin oder jedem Schüler bearbeitet. Neben einem festen Stamm an Aufgaben, den Ankeritems, wird den Schülerinnen und Schülern eine jeweils gleichwertige Auswahl weiterer Aufgaben vorgelegt. Gleichwertig bedeutet in diesem Fall: Jeder Schülerin und jedem Schüler liegen etwa gleich viele Aufgaben von jedem Komplexitätsniveau, jeder kognitiven Aktivität und jeder Leitidee vor.

Die Bearbeitungszeit variiert zwischen den Aufgaben sehr stark, da die Aufgaben unterschiedlich komplex sind. Nach Einschätzung mehrerer Lehrer[2] kann für die Aufgaben eine durchschnittliche Bearbeitungszeit von 2 Minuten angenommen werden, wobei einige Aufgaben deutlich längere Zeit benötigen, andere dagegen sehr viel weniger Zeit erfordern. In einer Zeit von einer Doppelstunde (90 Minuten) können demnach – zieht man etwa 15 Minuten für die Vorstellung und Testanleitung ab, so dass sich insgesamt 75 Minuten Testzeit ergeben – ungefähr 40 Aufgaben bearbeitet werden.

Um die benötigte Stichprobe nicht zu groß werden zu lassen, werden 4 Testhefte erstellt. Die Zahl der Ankeritems soll dabei etwas mehr als ein Viertel der Itemanzahl pro Testheft betragen. Dies führt zu der Rechnung:

(120 Items insgesamt - 12 Ankeritems) : 4 Testhefte = 39 Items pro Testheft

Bei der Zuordnung der Items zu den Testheften werden die verschiedenen Aufgabenmerkmale gleichmäßig auf alle Testhefte aufgeteilt und innerhalb der Testhefte gleich verteilt (vgl. Tab. A2 im Anhang).

## Datenerhebung

Für jedes Testheft ist ein Sample von mindestens $N_{Testheft} > 70$ Schülerinnen und Schüler realisiert worden (vgl. Tab. A3 im Anhang), woraus sich insgesamt ein Gesamtsample von $N = 317$ ergibt. Damit können große Unterschiede zwischen den Schülerinnen und Schülern bei einem 5%-Signifikanzniveau mit einer Power von $1 - \beta = 0{,}9$ festgestellt werden; kleine Unterschiede werden lediglich mit einer Power von $1 - \beta = 0{,}1$ feststellbar sein (Faul & Erdfelder, 1992 [G*Power]). Es kann mit diesem Sample also nicht nachgewiesen werden, ob sich der Test eignet, auch kleine Unterschiede in der Kompetenz der Schülerinnen und Schüler zu erfassen. Es lässt sich aber feststellen, ob er grundsätzlich zur Differenzierung von Kompetenz geeignet ist. Da es nicht das vorrangige Ziel dieser Arbeit ist, die Diagnosemöglichkeit des Tests nachzuweisen, sondern die Schwierigkeit von Aufgaben mit Hilfe von Aufgabenmerkmalen aufzuklären, kann diese Einschränkung akzeptiert werden. Um einen Zusammenhang zwischen Schwierigkeit und individuellen Schülermerkmalen herzustellen, muss der Test an einer größeren Stichprobe erprobt werden. Auch kleinere Effekte auf die Aufgabenschwierigkeit können unter Umständen nicht nachgewiesen werden.

### Samplebeschreibung

Die untersuchte Stichprobe ist geclustert, da immer vollständige Klassen an der Untersuchung teilgenommen haben (Intra-Class-Correlation = 0,151). Die Teilnahme war freiwillig und mit den Lehrerinnen und Lehrern abgesprochen. Es wurden insgesamt 12 Klassen an 5 Gymnasien in Nordrhein-Westfalen getestet. Die Schülerinnen

[2] Folgenden Lehrern sei herzlich für ihre kritischen Anmerkungen zu den Aufgaben und die Einschätzung der benötigten Bearbeitungszeit gedankt: Dr. Dennis Draxler, Prof. Dr. Hans E. Fischer, Dr. Georg Trendel, Rainer Wackermann.

und Schüler waren in der 10. Jahrgangsstufe und somit im Durchschnitt zwischen 15 und 16 Jahren alt. Der Testzeitpunkt war zwischen dem 07.06. und 17.06.2004, etwa einen Monat vor den Sommerferien in Nordrhein-Westfalen. Alle Schülerinnen und Schüler hatten zu diesem Zeitpunkt Physik, für die Testung haben die Physiklehrerinnen und Physiklehrer ihre Physikunterrichtszeit in dieser Klasse zur Verfügung gestellt. Die Testung fand zum Teil in Fachräumen, zum Teil auch in Klassenräumen statt und wurde durch den jeweiligen Testleiter von der Universität beaufsichtigt.

### Sampleerweiterung

Ein weiterer Teil der Datenerhebung wurde über das DFG-Projekt „Vertikale Vernetzung und kumulatives Lernen im Chemie- und Physikunterricht“ (FI 477/ 17-3) ermöglicht. In diesem Projekt wurden 50 Klassen der 10. Jahrgangsstufe Rangplätze zugewiesen. Die Ränge wurden nach dem Grad vertikaler Vernetzung vergeben, den die Lehrerin oder der Lehrer im videografierten Unterricht realisierte. Das Modell, nach dem die vertikale Vernetzung beurteilt wurde, liegt auch dem in dieser Arbeit verwendeten Inhaltsstruktur-Modell zugrunde; es lässt sich daher ein Zusammenhang zwischen dem aufgezeichneten Unterricht und dem Testergebnis herstellen.

Aus diesen 50 Klassen wurden 10 Klassen ausgewählt: Die 5 Klassen auf den untersten fünf Rangplätzen (untere Extremklassen) und 5 Klassen von den oberen fünf Plätzen (obere Extremklassen). In diesen 10 Extremklassen waren insgesamt N = 277 Schülerinnen und Schüler aus der 10. Jahrgangsstufe an 10 verschiedenen Gymnasien in Nordrhein-Westfalen.

Für diese Schülerinnen und Schüler liegen zahlreiche Daten vor, die das Projekt mit vier weiteren Tests bzw. Fragebögen erhoben hat:

- Alter und Geschlecht (Teil des Interesse und Motivationsfragebogens nach Rammert & Webler-Pijahn, 2001)
- Kognitive Fähigkeiten (Kognitiver Fähigkeitstest [KFT] nach Heller & Perleth, 2000)
- Interesse an Physik und die intrinsische und extrinsische Motivation bezogen auf Physik (Interesse und Motivationsfragebogen nach Rammert & Webler-Pijahn, 2001)
- Noten in Mathematik, Chemie, Biologie und Physik (Teil des Interesse und Motivationsfragebogens nach Rammert & Webler-Pijahn, 2001)
- Physik-Kompetenz im Sinne von TIMSS zu Beginn des Schulhalbjahres und zum Testzeitpunkt (TIMSS-Items aus der TIMS-Studie (Beaton et al., 1996))
- Ein Concept Map mit vorgegebenen Begriffen wurde erstellt, um die Wissensstruktur der Schülerinnen und Schüler zu erfassen. Da dessen Auswertung noch nicht abgeschlossen ist, wird das Ergebnis hier nicht berücksichtigt.

Diesem Sample wurden ausgewählte Aufgaben in zwei neu zusammengestellten Testheften vorgelegt. Um eine Übertestung zu vermeiden, erhielten die Schülerinnen und Schüler nur jeweils 28 Aufgaben pro Testheft, 10 Aufgaben wurden davon als Ankeritems in beiden Testheften verwendet. Die Aufgaben wurden nach zwei Kriterien ausgesucht:

- Ihre Kennwerte (Schwierigkeit und Passung) sind akzeptabel und der Schwierigkeitsbereich ist gleichmäßig abgedeckt;
- Die Komplexitätsstufen, kognitiven Aktivitäten und Leitideen sind in jeder Ausprägung ausreichend oft in den Testheften vertreten.

Wenn die beiden Kriterien in Konflikt geraten, weil zum Beispiel nicht genügend Items mit akzeptablen Kennwerten für eine bestimmte Kategorie zu finden sind, ist das 2. Kriterium ausschlaggebend. Dies führt zu der im Anhang in Tab. A4 gezeigten Verteilung der Items für den Test bei diesem Sample.

Die beiden Samples können zu einem Gesamtsample zusammengenommen werden, da jedes Item des zweiten Tests auch im ersten vorkam. ConQuest berücksichtigt die unterschiedlichen Itemmengen bei der Schätzung der Personen- und Itemparameter als *missing values by design* (vgl. z. B. Köller, Watermann & Baumert, 2001). Das Gesamtsample umfasst dann N = 594 Schülerinnen und Schüler (Intra-Class-Correlation = 0,211).

## Auswertung

Der entwickelte Leistungstest wird mit Hilfe der Raschanalyse ausgewertet. Die Raschanalyse bietet die Vorteile

a) durch die spezifische Objektivität alle Items unabhängig von den Bearbeitern skalieren zu können,

b) mit entsprechenden Maßen für die Passung eine Prüfung der internen Konsistenz vornehmen zu können,

c) die Kumulativität der Items nachweisen zu können und

d) mit Hilfe von Modellgüte-Parametern sehr einfach die Dimensionalität des Inhaltsstruktur-Modells bestimmen zu können.

Die beiden Vorteile a) und b) haben vor allem methodische Gründe. Die Verwendung mehrerer Testhefte mit unterschiedlichen Items erlaubt es nicht mit Hilfe der klassischen Testtheorie die Items der verschiedenen Testhefte miteinander zu vergleichen. Daher ist die Verwendung des Rasch-Modells unvermeidbar (vgl. auch Köller et al., 2001; oder Lüdtke et al, 2004). Die klassische Testtheorie stellt auch keine Verfahren bereit, um die interne Konsistenz des gemeinsamen Konstrukts aller Items aus den verschiedenen Testheften zu überprüfen.

Die Vorteile b), c) und d) sind inhaltliche Vorteile, die das Raschmodell für die Ziele der Studie bietet. Das Raschmodell untersucht, ob die Aufgaben eines Tests ein gemeinsames Konstrukt (latente Variable) messen. Wie im theoretischen Teil der Arbeit deutlich wird, ist das zu messende Konstrukt, die Physikkompetenz, aber eine sehr vielschichtige Fähigkeit, die sich nur ungenau spezifizieren lässt. Den Aufgaben in dieser Arbeit ist daher zunächst nur eine ähnliche Inhaltsstruktur gemeinsam, dahinter verbirgt sich aber die Annahme, dass dadurch auch *eine* Fähigkeit nötig wird. Durch das Raschmodell kann dies überprüft werden, eine eventuelle mehrdimensionale Struktur (Teilkompetenzen durch Leitideen und kognitive Aktivitäten etwa) kann verhältnismäßig einfach als Erweiterung des eindimensionalen Modells nachgewiesen werden.

Die Kumulativität der Raschskala korrespondiert mit dem Kumulativität der Komplexitätsniveaus. Lässt sich ein Zusammenhang zwischen den Itemparametern auf der Raschskala (Schwierigkeit) und den Komplexitätsniveaus nachweisen, so ist gezeigt, dass die theoretische Kumulativität der Komplexitätsniveaus auch empirisch nachweisbar ist. Wenn die Niveaus wirklich hierarchisch kumulativ sind, so ergeben sich durch sie Abschnitte auf der Raschskala. Diese Abschnitte sind in der gleichen Reihenfolge wie die Niveaus der Komplexität, das heißt der Bereich am linken Rand der Skala enthält Aufgaben zum ersten Niveau (Fakt), es folgt der Bereich mit den Aufgaben des zweiten Niveaus und so weiter.

### Dimensionalität und Raschanalyse

Mit der Dimensionalität des Inhaltsstruktur-Modells wird modelliert, dass die unterschiedlichen kognitiven Aktivitäten und Leitideen jeweils verschiedene Arten von Schwierigkeit erzeugen. Wie im theoretischen Teil dieser Arbeit bereits argumentiert wurde ist zu erwarten, dass sich für die kognitiven Aktivitäten Erinnern, Strukturieren und Explorieren jeweils verschiedene Arten von Schwierigkeiten ergeben, also unterschiedliche Kompetenzen nötig machen. Gleiches gilt für die einzelnen Leitideen.

In einem mehrdimensionalen Raschmodell wird für jede Dimension (also für jede kognitive Aktivität oder Leitidee) eine eigene Raschskala angenommen. Jeder Skala liegt dann ein eigenes Konstrukt zugrunde, das von den Konstrukten der anderen Skalen unabhängig sein kann. Betrachtet man den Itemparameter, so ist dieses Konstrukt die Schwierigkeit mit ihrer skalenspezifischen Qualität; betrachtet man den Personenparameter, so ist das Konstrukt die Teilkompetenz. Wie unabhängig die Konstrukte sind, kann durch eine Korrelation der Skalen geprüft werden. Sind diese Korrelationen klein, so sind die Konstrukte unabhängig voneinander. Passt das mehrdimensionale Raschmodell besser als das eindimensionale Modell und sind die Korrelationen zwischen den Skalen klein, so ist die Annahme gerechtfertigt, dass es sich um unterschiedliche Qualitäten von Schwierigkeit bzw. Teilkompetenzen handelt, die sich klar unterscheiden lassen.

## Antwortkodierung und Testscoreberechnung

Es gibt verschiedene Varianten des Raschmodells (vgl. Rost, 2004). Sie sind im Wesentlichen Verallgemeinerungen des dichotomen Raschmodells. Das dichotome Modell ist das einfachste Modell und gleichzeitig das Modell mit den strengsten Anforderungen an die Daten, und damit insbesondere an die Passung der Aufgaben zum Modell. Das Modell ist nur auf dichotom kodierte Items anwendbar, also auf solche, die nur mit richtig und falsch bewertet werden können; teilweise Richtigkeit kann nicht modelliert werden. Dies führt insbesondere bei den zum Teil sehr komplexen offenen Aufgaben zu Konflikten: Personen, die die Lösungserwartungen nicht vollständig erfüllen, erhalten für die Aufgabe den Wert „falsch". Sie lassen sich dadurch nicht mehr mit Hilfe dieser Aufgabe von Personen unterscheiden, die in dieser Aufgabe überhaupt keine Lösung gefunden haben. Dieses Vorgehen ist nur dann sinnvoll, wenn genügend unterschiedlich schwierige Aufgaben in der Itemstichprobe vorhanden sind, oder wenn der Wert für die einzelne Person für die Untersuchung nicht benötigt wird. Beide Voraussetzungen sind in dieser Studie erfüllt.

Bei den geschlossenen Antwortformaten werden die ausgewählten Antwortoptionen in ein SPSS-Datenblatt eingegeben. Mit Hilfe einer SPSS-Syntax (siehe Anhang Dok. A2) wird daraus ermittelt, ob die gewählten Optionen zum Ergebnis „richtig" (kodiert mit 1) oder „falsch" (kodiert mit 0) führen. Fehlende Kennzeichnungen im Testheft werden von den Kodierern mit „missing" (kodiert mit 9) gekennzeichnet und später als „falsch" gewertet. Können die Angaben der Schülerin oder des Schülers nicht gelesen werden oder war die Aufgabe im Testheft aufgrund von Fehlern bei der Testadministration nicht bearbeitbar, so wird von den Kodierern „nicht beurteilbar" (kodiert mit 8) eingegeben. „Nicht beurteilbar" wird ebenso wie die Aufgaben der anderen Testhefte, die die Person nicht bearbeiten sollte, als „Systembedingt fehlend" (leeres Datenfeld) kodiert und bei der Auswertung nicht berücksichtigt.

Die Aufgaben mit offenen Aufgabenformaten werden von den Kodierern anhand der Kriterien aus der Musterlösung beurteilt. Dazu wird für jedes Kriterium eingegeben, ob oder bis zu welchem Grad es erfüllt ist. Diese Daten werden ebenfalls wieder mit Hilfe einer SPSS-Syntax in einen Gesamtwert für die Aufgabe umgerechnet. Der Gesamtwert kann die bereits beschriebenen Werte 0, 1, 8 und 9 annehmen.

Die Auswerte-Objektivität wird dadurch überprüft, dass mindestens 10% der Items mit offenem Antwortformat von beiden Kodierern kodiert werden. Diese Kodierungen werden in einer Kreuztabelle miteinander verglichen; der Wert Kappa (κ) ist ein übliches Maß um die Übereinstimmung der Kodierer zufallsbereinigt zu bestimmen (vgl. Wirtz & Caspar 2001).

Die Testdaten liegen nach Abschluss der Eingabe in dichotomer Form vor. Jede Schülerin und jeder Schüler hat für jede Aufgabe einen der möglichen Werte 0, 1 oder ein leeres Datenfeld. Das Computerprogramm ConQuest kann diese Daten als ASCII-Datei mit festem Zeichenabstand einlesen und verarbeiten. Die Verarbeitung der Daten wird über eine ConQuest-Syntax gesteuert, die die nötigen Modellspezifikationen des Raschmodells und Spezifikationen für die Schätzverfahren beinhaltet (siehe im Anhang für die in dieser Studie verwendete Syntax: Dok. A3 und Dok. A4.). Der Output erfolgt in Form von Text-Dateien, deren wesentliche Informationen in SPSS eingelesen und weiterverarbeitet werden können.

### Auswertung der weiteren Fragebögen und Tests

Die auf TIMSS-Items basierenden Tests zu Beginn und am Ende des Schulhalbjahres werden – wie in der TIMS-Studie auch – mit Hilfe des Raschmodells ausgewertet. Das Vorgehen bei der Kodierung der Schülerantworten ist analog zu dem oben beschriebenen Vorgehen im Leistungstest. Die Werte des Kognitiven Fähigkeitstests (KFT) (Heller & Perleth, 2000) werden vom DFG-Projekt übernommen. Die ausgewählten Testhefte erlauben keine Normierung der Daten, innerhalb des Samples aber ist aber ein Vergleich der Werte möglich. Der KFT wird von den Schülerinnen und Schülern auf einem Antwortbogen beantwortet, die Fragen selbst sind in zwei Testheften abwechselnd verteilt worden. Die verwendete Kurzform umfasst Auszüge aus allen drei Teilen des Tests: Verbaler Teil, Quantitativer Teil und Nonverbaler Teil. Die Kodierung erfolgt ebenfalls analog zu der oben beschriebenen Kodierung des Leistungstests.

Der Interessen- und Motivationsfragebogen wird nach der klassischen Testtheorie ausgewertet und entsprechende Testgütekriterien berechnet (vgl. Rammert & Webler-Pijahn, 2001)). Der Fragebogen fragt nach sieben verschiedenen Konstrukten: intrinsische Motivation, extrinsische Motivation, Fachinteresse auf Verhaltensebene, Fachinteresse auf Inhaltsebene, Schulische Anstrengungsbereitschaft, Abneigung gegen Physik (eine umzupolende Skala), Selbstkonzept in Physik. Die einzelnen Fragen werden von den Schülerinnen und Schülern auf einer vierstufigen Likert-Skala beantwortet. Für jedes Konstrukt wird ein Mittelwert über die Fragen gebildet (Skalenwert), wobei nur beantwortete Fragen berücksichtigt werden.

Die Aufteilung in die einzelnen Skalen wird in dieser Arbeit jedoch nicht weiter berücksichtigt, vielmehr wird von einem Gesamtwert für Motiviertheit/Interessiertheit ausgegangen. Wie eine explorative Faktorenanalyse (Varimax-Rotation, EV > 1) auf den Skalenwerten zeigt, lässt sich im Barlett-Test eine hohe signifikante Interkorrelation (Chi-Quadrat: 619,483, df = 21; $p < 0{,}001$) zwischen den Skalen feststellen, die zu zwei Faktoren führt. Diese klären zusammen 67,42% der vorliegenden Varianz auf. Bis auf die Skala zur extrinsischen Motivation laden alle Skalen auf den ersten Faktor (es wurden Ladungen größer 0,4 berücksichtigt). Auf den zweiten Faktor laden neben der extrinsischen Motivation auch die Anstrengungsbereitschaft und die intrinsische Motivation. Über alle Skalen gemeinsam zeigt sich eine interne Konsistenz von $\alpha = 0{,}81$. Ohne die extrinsische Motivation steigt dieser Wert auf $\alpha = 0{,}85$. Diese Ergebnisse legen es somit nahe, die Unterteilung in die einzelnen Konstrukte für das vorliegende Sample unberücksichtigt zu lassen und von einem Gesamtwert auszugehen. Dieser Wert ist eine grobe Angabe der Interessiertheit und Motiviertheit der Schülerinnen und Schüler in Bezug auf das Fach Physik, im Folgenden verkürzt als Motivation bezeichnet.

## Untersuchungseinheiten und Skalenniveaus

Die kleinste Untersuchungseinheit dieser Studie ist *ein Item*. Die Begriffe Item und Aufgabe werden in dieser Arbeit synonym verwendet. Die Unabhängigen Variablen (UV) sind dabei die kategorialen Variablen „kognitive Aktivität“ und „Leitidee“ sowie die ordinale Variable „Komplexität“. Die Abhängige Variable (AV) ist der Itemparameter der Aufgabe in der eindimensionalen Raschanalyse unter der Bedingung, dass die Aufgabe ausreichend gut zum Raschmodell passt. Der Itemparameter ist eine metrische Variable. Unter der Bedingung, dass die mehrdimensionalen Raschmodelle die Daten besser fitten als das eindimensionale Modell, wird der Itemparameter der Aufgabe im mehrdimensionalen Modell ebenfalls zu einer metrischskalierten Abhängigen Variable.

Mit Hilfe der UV kann in einer Varianzanalyse die Varianz des Itemparameters zerlegt werden. Dabei können im ersten Modell, dem Inhaltsstrukturmodell, Terme bis zur zweiten Ebene betrachtet werden: Komplexität, kognitive Aktivität, Leitidee, Komplexität*kognitive Aktivität und Komplexität*Leitidee. Für Terme der dritten Ebene liegen nicht genug Untersuchungseinheiten (Items) vor. Im zweiten Modell, dem Aufgabendesignmodell, werden nur die Haupteffekte berücksichtigt: Antwortformat, Abstand-Lern-Testzeitpunkt und Position im Testheft. Im Rahmen der Varianzanalyse des Itemparameters können auch die verschiedenen Komplexitätsniveaus untersucht werden. In einer einfaktoriellen univariaten Varianzanalyse mit dem Itemparameter als AV und der Variable „Komplexität“ als UV, können mit der Option ‚Kontraste’ die Differenzen zwischen benachbarten Komplexitätsniveaus untersucht werden.

Mit der Rang-Korrelation nach Spearman steht zudem ein Maß zur Verfügung, das den Zusammenhang zwischen Komplexität und Itemparameter skalentreu quantifizieren kann. Mit Hilfe dieser Korrelation soll untersucht werden, ob die Komplexitätsniveaus die Schwierigkeit ausreichend genau vorhersagen.

Das Sample, das durch das Projekt „Vertikale Vernetzung“ realisiert wurde, ermöglicht die Überprüfung, ob der Test als Kompetenztest valide ist. Durch die Tests und Fragebögen des Projekts liegen genügend Daten vor, um eine konvergente und diskriminante Validierung vorzunehmen und somit die Konstruktvalidität des Tests abzuschätzen. In diesem Fall ist die Untersuchungseinheit *eine Schülerin* bzw. *ein Schüler*. Die Unabhängigen Variablen sind die einzelnen Ergebnisse der Tests und Fragebögen des DFG-Projekts. Die UV haben mit Ausnahme des dichotom kodierten Geschlechts metrisches Skalenniveau – wobei auch die Noten als metrische Daten verstanden werden. Der Personenparameter aus der eindimensionalen Raschanalyse ist die Abhängige Variable. Da der Personenparameter und der Itemparameter auf der gleichen Skala liegen, hat auch der Personenparameter metrisches Skalenniveau.

Mit der Pearson-Korrelation kann daher die Kovarianz des Personenparameters mit den Werten der anderen Konstrukte (UV) untersucht werden.

In Tabelle 3.1 sind die verwendeten Variablen, ihr Skalenniveau und die Instrumente dargestellt, mit denen sie erfasst werden.

| Untersuchungs-einheit | Unabhängige Variable | Instrument | Abhängige Variable | Instrument |
|---|---|---|---|---|
| Item | Komplexität<br>*[ordinal]* | Konstruktion/<br>Expertenurteil | Itemparameter:<br>*[metrisch]*<br>eindimensionale Analyse *bzw.*<br>mehrdimensionale Analysen | Leistungstest (Raschmodell) |
| | kognitive Aktivität<br>*[kategorial]* | Konstruktion/<br>Expertenurteil | | |
| | Leitidee<br>*[kategorial]* | Konstruktion/<br>Expertenurteil | | |
| | Antwortformat<br>*[kategorial]* | Konstruktion/<br>Expertenurteil | | |
| | Position im Testheft<br>*[ordinal]* | Konstruktion/<br>Expertenurteil | | |
| | Abstand Lern-Testzeitpunkt<br>*[ordinal]* | Konstruktion/<br>Expertenurteil | | |
| Schülerin/<br>Schüler | Vorwissen<br>*[metrisch]* | TIMSS-Prä-Test<br>(Raschmodell) | Personenparameter:<br>*[metrisch]*<br>eindimensional<br>———<br>erinnern<br>strukturieren<br>explorieren<br>———<br>Energie<br>Materie<br>System<br>Wechselwirkung<br>NWA<br>Formalismus | Leistungstest (Raschmodell) |
| | Wissens-zuwachs<br>*[metrisch]* | TIMSS-Test-Prä-Post-Residuen<br>(Raschmodell) | | |
| | Intelligenz<br>*[metrisch]* | KFT nach Heller & Perleth (klassische Testtheorie) | | |
| | Motivation<br>*[metrisch]* | Selbstauskunft Fragebogen nach Rammert & Webler-Pijahn (klassische | | |
| | Note Physik<br>*[metrisch]* | Selbstauskunft Fragebogen | | |
| | Note Mathematik<br>*[metrisch]* | Selbstauskunft Fragebogen | | |
| | Note Biologie<br>*[metrisch]* | Selbstauskunft Fragebogen | | |
| | Note Chemie<br>*[metrisch]* | Selbstauskunft Fragebogen | | |

**Tab. 3.1: Variablenübersicht**

# 10. Kapitel: Ergebnisse

Die folgende Darstellung der Ergebnisse ist zweigeteilt. Zunächst wird für jedes Erhebungsinstrument einzeln die Verteilung der Ergebnisse auf die Kategorien oder auf den Skalen dargestellt und die Gütekriterien Reliabilität und Objektivität nachgewiesen. Je nach verwendeter Testtheorie wird zudem über die Trennschärfen und Item-Schwierigkeiten bzw. die Fit-Werte und Itemparameter berichtet. In einem zweiten Teil dieses Kapitels werden die Bezüge zwischen den einzelnen Variablen gemäß den Hypothesen hergestellt.

## Deskriptive Befunde

### TIMSS-Test

Der TIMSS-Test in dieser Studie wurde in einem Längsschnitt eingesetzt, dessen zwei Messzeitpunkte etwa ein Schulhalbjahr auseinander lagen. Der erste Messzeitpunkt lag zwischen November und Dezember 2004, der zweite Messzeitpunkt zwischen Juni und Juli 2005. Für die Tests wurden jeweils 44 Items aus der Population 2 und 3 verwendet (TIMSS 95 und TIMSS 97, Beaton et al., 1996, IEA, 1999a, 1999b). Zu den Messzeitpunkten wurden unterschiedliche Testhefte verwendet, die durch fünf Ankeritems miteinander verbunden waren. Die Testhefte waren aus Items verschiedener Itemgruppen der TIMS-Studie zusammengesetzt. Da die Items auf einer extrem großen Stichprobe rasch-homogen sind, ist die willkürliche Zusammenstellung eines Testhefts möglich. Die Items wurden danach ausgewählt, dass sie sowohl physikalischen Inhalt abfragten als auch inhaltlich fehlerfrei waren. Zudem wurde versucht, die unterschiedlichen Stufen, die post-hoc für die Items definiert wurden, gleichmäßig zu berücksichtigen.

Der TIMSS-Test wurde in dieser Studie mit Hilfe des dichotomen Raschmodells ausgewertet. Die beiden Testhefte werden gemeinsam skaliert; jeder Proband wird daher zwei Mal – einmal mit seinen Prä-Werten und einmal mit seinen Post-Werten – berücksichtigt. Anschließend werden ihm beide Personenparameter zugeschrieben. Auf diese Weise ist sichergestellt, dass der Test in beiden Fällen das gleiche Konstrukt gemessen hat, die Prä- und Post-Werte jedes Probanden haben also dieselbe Aussagekraft.

Die Verwendung des dichotomen Raschmodells stellt eine Abweichung von der ursprünglichen Auswertung in der TIMSS-Untersuchung dar. Dort wurde ein *multidimensional random coefficient logit model* (Adams, Wu, Macaskill, 1997) für die Items gerechnet. Da eine große Anzahl der verwendeten Items für die TIMSS-

Population 2 konzipiert ist und damit für das hier verwendete Sample zu einfach wären – ursprünglich sind die Items für die 7. Jahrgangsstufe konzipiert – ist das „strengere" dichotome Raschmodell geeigneter. Zudem spielt in dieser Arbeit die Aufklärung der Kompetenz-Struktur des TIMSS-Kompetenzmodells nur eine untergeordnete Rolle, so dass auf eine entsprechend komplexere Auswertung verzichtet werden kann.

Prinzipiell wäre also eine etwas schlechtere Passung des dichotomen Raschmodells auf die Daten des hier verwendeten TIMSS-Item-Samples auch auf die Verwendung des strikteren Testmodells zurückzuführen, es zeigt sich aber eine ausreichende Passung fast aller verwendeten Items (vgl. Abb. A1 im Anhang). Die Kennwerte der Itemparameter-Verteilung zeigen, dass die meisten Items erwartungsgemäß zu einfach waren (vgl. Tabelle A5 im Anhang), wodurch ein Deckeneffekt bei den Personenparametern zu erklären ist.

Die Reliabilität des Tests wird aufgrund der gemeinsamen Raschanalyse bestimmt. Sie beträgt $\alpha = 0{,}71$. Diese Reliabilität wird durch ConQuest ermittelt (vgl. Wu et al., 1998) und ist mit dem klassischen Cronbachs-Alpha vergleichbar. Sie gibt in diesem Fall gleichzeitig die Reliabilität der Differenzmessung an, da beide Testteile in die Analyse eingeflossen sind und zu dem Wert beigetragen haben. Der Deckeneffekt im ersten Test trägt eher zu einer Reduzierung der Reliabilität bei. Die Auswerte-Objektivität ist bei beiden Testteilen durch die überwiegende Verwendung von geschlossenen Antwortformaten sichergestellt; freie Antwortformate werden nach dem TIMSS-Coding-Handbuch (Beaton et al., 1996) von Lehramtsstudierenden aus der Physik kodiert.

Es liegen für $N = 236$ Schülerinnen und Schüler Daten aus dem ersten Test vor, für $N = 195$ Schülerinnen und Schüler Daten des zweiten Tests, für die Differenzmessung lagen insgesamt $N = 186$ vollständige Datensätze vor. Die Personenparameter zeigen ebenfalls den bereits bei den Itemparametern beobachteten Deckeneffekt im ersten Test. Im Kolmogorov-Smirnov-Anpassungstest zeigt sich aber keine statistisch signifikante Abweichung von einer Normalverteilung, so dass spätere statistische Verfahren (beispielsweise eine ANOVA oder eine Regressionsanalyse) auf diese Daten angewandt werden können. Auch für den zweiten Test und für die Differenz beider Tests sind die Daten normalverteilt. Der Personenparameter aus dem ersten Test ist der Messwert für das *Vorwissen* der Schülerinnen und Schüler.

Die Verwendung der Differenz zweier Messwerte zur Veränderungsmessung im Längsschnitt ist unter Psychometrikern umstritten. Das Hauptargument gegen die Verwendung des Differenzwerts beruht darauf, dass Personen mit hoher Leistung im ersten Test eine geringere Möglichkeit haben sich für den zweiten Test noch zu verbessern, während Personen mit geringen Leistungen im ersten Test sich fast nur noch verbessern können. Eine Lösung wird durch die Verwendung von Residuen, also der über- oder unterdurchschnittlichen Leistungsveränderung, gesehen. Dazu wird in einer Regressionsanalyse das zweite Testergebnis durch das erste vorhergesagt (standardisiertes $\beta = 0{,}556$, $p < 0{,}001$). Man geht also davon aus, dass hochleistende Personen aus dem ersten Test im zweiten Test wieder besser sein werden als niedrigleistende im ersten Test. Als Zuwachs wird dann nur die Abweichung vom vorhergesagten Wert verwendet. Auf diese Weise wird die unterschiedliche Leistung im ersten Test aus dem zweiten herausgerechnet. Die Verteilung der Residuen des zweiten Tests nach der beschriebenen Regression zeigt eine Normalverteilung (Abb. A2 im Anhang). Damit können im Folgenden sowohl die Residuen als auch die Differenzen weiter betrachtet werden. Beide machen eine Aussage über den *Wissenszuwachs* der Schülerinnen und Schüler über ein Schulhalbjahr.

### Kognitiver Fähigkeits-Test (KFT)

Der eingesetzte Test ist eine Kurzform des KFT nach Heller und Perleth (2000). Aus testökonomischen Gründen wurde die kleinstmögliche Itemmenge verwendet, mit der lediglich Vergleiche innerhalb des vorliegenden Samples möglich sind. Daher sind die dargestellten Werte keine genormten Intelligenzwerte, sondern lediglich relativ zur Stichprobe interpretierbar. Der Test wird daher bei der Auswertung auch nicht in die Items der einzelnen Subskalen aufgeteilt, sondern ein Gesamtscore über alle Skalen berechnet.

Es wurden zwei Testhefte eingesetzt, die aufgrund der von Heller und Perleth vorgenommenen Analyse beide als valide in Bezug auf dasselbe Konstrukt (relative Intelligenz) gelten können. Die Auswerteobjektivität ist durch das geschlossene Antwortformat der Aufgaben gewährleistet. In den vorliegenden Daten zeigt sich kein statistisch signifikanter Unterschied in der mittleren Schwierigkeit der beiden Testhefte ($M_{TestA} = 43{,}16$, $M_{TestB} = 42{,}34$). Die Reliabilität des Testhefts A beträgt $\alpha = 0{,}838$ (65 Items), für Testform B ergibt sich die Reliabilität zu $\alpha = 0{,}862$ (65 Items). Im Testheft A weisen 36 Items eine Trennschärfe kleiner als $r_{itc} = 0{,}3$ auf, im Testheft B sind 25 Items mit einer Trennschärfe unter $r_{itc} = 0{,}3$. Vier bzw. ein Item weisen negative Trennschärfen auf. Die mittlere Itemschwierigkeit beträgt $p_{Mittel\ TestA} = 0{,}66$ (SD = 0,225) bzw. $p_{Mittel\ TestB} = 0{,}65$ (SD = 0,204) und liegt damit über dem Idealwert von $p_{Mittel} = 0{,}5$.

Für diese Studie liegen Daten von N = 197 Schülerinnen und Schülern vor, dabei sind $N_A = 93$ Datensätze mit Testheft A und $N_B = 104$ mit Testheft B erhoben worden. Sie weisen insgesamt eine rechtsschiefe Verteilung auf, die aber nicht signifikant von einer Normalverteilung abweicht. Die höchste mögliche Punktsumme von 65 wurde von keiner Schülerin und keinem Schüler erreicht, die maximale Punktsumme beträgt 58 und wurde in Testheft B erreicht. Zwischen Jungen und Mädchen besteht kein statistisch signifikanter Unterschied im Mittelwert des Tests.

### Motivation

Die Motivation wird als Gesamtwert über folgende Einzelkonstrukte erhoben: Extrinsische Motivation, Intrinsische Motivation, Fachinteresse Physik, Abneigung gegen Physik, Fachinteresse Verhaltensebene, Schulische Anstrengungsbereitschaft

Physik und Selbstkonzept Physik. Diese sind nach dem Fragebogen von Rammert und Webler-Pijahn, (2001) operationalisiert. Wie bereits früher diskutiert, lassen sich die Konstrukte aufgrund der hohen Interkorrelation in der vorliegenden Stichprobe als ein gemeinsamer Wert darstellen, der die motivationale Bereitschaft zur Mitarbeit im schulischen Physikunterricht beschreibt. Er wird mit insgesamt 38 Items durch Selbstauskunft der Schülerinnen und Schüler erhoben.

Die Validität des Gesamt-Motivations-Werts kann hier nicht weiter überprüft werden, sie ergibt sich daher nur in Anlehnung an die Validitätsüberlegungen von Rammert und Webler-Pijahn. Die Auswerteobjektivität ist durch die Verwendung einer vierstufigen Likert-Skala gegeben. Bei einer Reliabilitätsprüfung auf Itemebene ergibt sich für Cronbachs Alpha ein Wert von $\alpha = 0{,}72$ bei 38 Items. Bei 4 Items liegen Trennschärfen kleiner $r_{itc} = 0{,}3$ vor. Die Itemschwierigkeiten sind mit $p_{Mittel} = 0{,}59$ ($SD = 0{,}56$) über dem Idealwert, insgesamt 11 Items weisen eine deutliche Tendenz zu einem Extrem auf (außerhalb je einer Standardabweichung nach oben und unten um den Mittelwert). Der Gesamt-Motivations-Wert errechnet sich als Summe der mittleren Skalenwerte des ursprünglichen Fragebogens ($7 < \text{Motivation} < 28$).

Es liegen Angaben von $N = 212$ Schülerinnen und Schülern vor, deren Motivationswerte zwischen $Min = 7$ und $Max = 25{,}21$ liegen, mit einem Mittelwert von $M = 16{,}37$ ($SD = 3{,}68$) (vgl. Abb. A3 im Anhang). Die Verteilung entspricht einer Normalverteilung, es gibt keinen signifikanten Unterschied zwischen Jungen und Mädchen in der mittleren Motivation.

### Schulnoten

Im Anschluss an den Motivationsfragebogen wurden die Noten auf dem letzten Zeugnis in den naturwissenschaftlichen Fächern und Mathematik abgefragt. Die Angaben der Schülerinnen und Schüler wurden nicht weiter validiert. Die sich ergebende Verteilung für jede Note entspricht aber den Erwartungen, dass die Noten 1 und 5 sehr selten, die Noten 2 und 4 eher selten und 3 meistens vergeben werden (vgl. Abb. A9 im Anhang). Dies ist auch in Übereinstimmung mit gängigen Verfahren der Notengebung (vgl. Häußler, 2006). Im Allgemeinen aber sind Noten nur schlechte Schätzer für die Schulleistung, weil eine große Anzahl weiterer Faktoren die Notengebung beeinflusst und auch beeinflussen soll. Dies ist einer der Gründe, warum Schulnoten zwischen den einzelnen Klassen verschiedene Bedeutungen haben können.

Sie sind aber ein Maß dafür, wie die jeweilige Schülerin oder der jeweilige Schüler von der Lehrerin oder dem Lehrer im Hinblick auf physikalische „Kompetenz“ im eingeschätzt wird. „Kompetenz“ wird in diesem Fall in Abgrenzung zur wissenschaftlichen Operationalisierung eher diffus und ganzheitlich benutzt, also nicht allein auf kognitiv erbrachte Fachleistung beschränkt. Im Hinblick auf Objektivität, Reliabilität und letztlich auch Validität lassen sich über die Noten keine statistische Aussagen machen.

Für die Stichprobe liegen folgende Stichprobengrößen für die jeweiligen Noten vor: $N_{Mathe} = 211$, $N_{Chemie} = 209$, $N_{Biologie} = 196$, $N_{Physik} = 212$. Für die beiden Geschlechter lässt sich mit einem Mann-Whitney-U-Test kein statistisch signifikanter Unterschied in den Noten nachweisen.

## Leistungstest

Die Abhängigen Variablen *Itemparameter* und *Personenparameter* werden durch den für diese Arbeit neu entwickelten Leistungstest erfasst. Dem Itemparameter kommt dabei eine doppelte Bedeutung zu. Zum einen ist er die Abhängige Variable, die von den in der Aufgaben-Konstruktion berücksichtigten Variablen abhängen soll; zum anderen ist der Itemparameter jeder Aufgabe ein wichtiger Kennwert für den Test, vergleichbar mit dem Schwierigkeitsindex in der klassischen Testtheorie. Im Folgenden wird der Itemparameter als Kennwert für den Test verwendet. Bei den weiteren Analysen im zweiten Teil der Ergebnisdarstellung wird der Itemparameter dann als Abhängige Variable behandelt. Um dies vorzubereiten wird hier bereits seine Verteilung beschrieben.

Der Test besteht aus 120 Items, die zunächst auf vier Testhefte aufgeteilt wurden, in einer zweiten Phase wurden ausgewählte Items auf zwei neue Testhefte verteilt. Die Verteilung der Items auf die Testhefte wird bereits im Abschnitt über die Testdurchführung (siehe oben) beschrieben. Grundsätzliche werden die Samples für die Testgütekriterien gemeinsam skaliert, die zweite Phase ist daher als eine Samplevergrößerung gedacht. Da nur für das zweite Sample Daten zum Vorwissen, zur Intelligenz und zur Motivation vorliegen, kann die externe, konvergente und diskriminante Validierung des Tests nur anhand des zweiten Samples vorgenommen werden. Damit dieses Sample möglichst verlässliche Daten im Leistungstest liefert, werden die Aufgaben nach der Skalierung des ersten Samples unter anderem (siehe oben) anhand der dort gewonnenen Kennwerte ausgewählt. Es wird daher zunächst über die Passung des Raschmodells in der ersten Phase – der Pilotierung – berichtet, wobei hier das Ziel in der Auswahl der Aufgaben für die zweite Phase liegt. Im Anschluss wird die Passung des Raschmodells auf die Daten beider Phasen dargestellt.

### *Verwendete Gütekriterien*

Für das Raschmodell sind zwei Parameter besonders wichtig: Der Itemparameter und der Fit-Parameter (MNSQ). Zu dem Fit-Parameter gehört ein T-Wert, der über eine $\chi^2$-Verteilung eine Signifikanzprüfung ermöglicht. Im Rahmen dieser Arbeit werden für den Fit-Parameter Werte zwischen $0{,}9 < MNSQ < 1{,}1$ als akzeptabel angesehen, für den T-Wert verweisen bei einem 5%-Signifikanzniveau Werte zwischen $-2 < T < +2$ auf eine *nicht* signifikante Abweichung des Items von dem Raschmodell. Für die Beschreibung der Testgüte gibt es noch zwei weitere – eher visuell-qualitative – Merkmale: Die Überdeckung zwischen der Personenparameter-Verteilung und der Itemparameter-Verteilung sowie eine Split-Half-Analyse, bei der das Sample zufällig halbiert wird, dann einzeln Rasch-skaliert wird und anschließend die Itemparameter gegeneinander abgetragen werden. Eine große Überdeckung der Item- und Personenparameter-Verteilungen ist ein Hinweis darauf, dass die Schwierigkeit des Tests gut an die Fähigkeit der Schülerinnen und Schüler angepasst ist. Mit der Split-Half-Analyse kann die Passung des Raschmodells grafisch gezeigt werden, da bei optimaler Passung die Itemparameter aus beiden Skalierungen eine Gerade bilden sollten.

*Itemanalyse der ersten Pilotierung*

Die erste Testdurchführung lieferte Daten von N = 317 Schülerinnen und Schülern. Jede Aufgabe wurde von wenigstens Min = 68 Schülerinnen und Schülern bearbeitet, das Maximum an Bearbeitungen beträgt Max = 317. 12 Aufgaben (entspricht 10% des Itemsamples) wurden von keiner Schülerin und keinem Schüler richtig gelöst, sie haben daher eine Varianz von Null und es gab keine Aufgabe, die von allen Schülerinnen und Schülern richtig gelöst wurde. Diese Aufgaben müssen von der Raschanalyse ausgeschlossen werden.

Die Auswerte-Objektivität ist bei 41 der 52 untersuchten Aufgaben mit freien Antwortformaten im akzeptablen bis hervorragenden Bereich ($0{,}7 < \kappa < 1$). Bei 11 Aufgaben ist $\kappa < 0{,}7$, davon sind zwei Aufgaben nicht objektiv auswertbar, da ihr $\kappa$ nicht akzeptabel ist ($\kappa < 0{,}5$). Bei einigen Aufgaben konnte kein $\kappa$ bestimmt werden, da nur einer der Kodierer eine bestimmte Ausprägung gewählt hat und somit keine vollständige Kreuztabelle gegeben ist. Auf einer Grundmenge von jeweils 10 bis 13 Kodierungen lassen sich dabei zwischen 1 und 3 Abweichungen feststellen, in einem Fall 5 Abweichung bei 8 Fällen. Dieser letzte Fall ist ebenfalls inakzeptabel und nicht objektiv auswertbar.

*„Reduzierte“ Aufgaben*

Für 25 Aufgaben wurde ein „reduzierter Wert“ ermittelt, indem auch weniger komplexe Antworten als richtig gewertet wurden. Schülerinnen und Schüler, die bereits die vollständige komplexere Antwort gegeben haben, erhielten in der reduzierten Aufgabe ebenfalls einen Punkt. Bei einer vollständig komplexen, aber falschen Lösung werden weder in der vollständigen Aufgabe noch in der reduzierten Aufgabe Punkte vergeben. Nur wenn die Antwort richtig, aber die Komplexität geringer als gefordert ist, wird in einer reduzierten Aufgabe ein Punkt vergeben, aber keiner in der vollständigen Aufgabe. Am Beispiel einer Multiple-Select-Aufgabe mit zwei richtigen Alternativen sieht dies wie folgt aus: Sind beide Alternativen ausgewählt, erhält der Schüler einen Punkt für die Aufgabe und einen Punkt für die reduzierte Aufgabe; ist nur eine Alternative ausgewählt und keine weitere, so erhält er für die vollständige Aufgabe keinen Punkt, für die reduzierte aber erhält er einen Punkt. Hat er aber zu einer richtigen Alternative noch einen falschen Distraktor gewählt, so erhält er weder in der vollständigen noch in der reduzierten Aufgabe einen Punkt.

Mit diesem Vorgehen werden in der Raschanalyse möglichst viele Informationen berücksichtigt, ohne die fachliche Richtigkeit und die theoretische Einordnung der Aufgabe zu beinträchtigen. Die reduzierte Aufgabe zählt dann als Aufgabe auf einem entsprechend geringeren Komplexitätsniveau. An diesen Aufgaben lässt sich zudem der Effekt der Komplexität unter Konstanthaltung aller weiteren Faktoren der Aufgabe beobachten. Als Nachteil dieses Verfahrens ergibt sich eine Abhängigkeit zwischen den Informationen der vollständigen und der reduzierten Aufgabe, da sie durch doppelte Interpretation derselben Daten zustande kommen. Dies ist nur zu rechtfertigen, wenn sich über alle Aufgaben – wobei die reduzierten unberücksichtigt bleiben – der theoretisch vermutete Effekt der hierarchischen Anordnung der Komplexitätsniveaus nachweisen lässt. Lässt sich dieser Effekt nachweisen, so ist die Annahme gerechtfertigt, dass Schülerinnen und Schüler die die vollständige Antwort geben auch die Teilantwort mit hinreichender Wahrscheinlichkeit einzeln gegeben hätten.

Die reduzierten Aufgaben wurden zusätzlich zu den Aufgaben mit der vollständig komplexen Antwort in die Rasch-Skalierung aufgenommen. Von diesen Aufgaben wies eine Aufgabe eine Varianz von Null auf. Die reduzierten Aufgaben bleiben zunächst in der dargestellten Auswertung unberücksichtigt.

*Ergebnisse der Raschskalierung*

Für die Raschskalierung werden die 108 Items mit einer Varianz größer als Null berücksichtigt. 16 Items (13,3% von 108) genügen nicht dem Raschmodell nach den genannten Fit-Kriterien. Der Mittelwert der Itemparameter ist auf Null festgelegt, Aufgaben mit positivem Itemparameter sind daher schwierigere Aufgaben, solche mit negativem Itemparameter sind einfachere Aufgaben bezogen auf das Itemsample. Die Verteilung der Itemparameter (vgl. Tabelle A6 und Abb. A5 im Anhang) weicht nicht signifikant von einer Normalverteilung ab.

Die Personenparameter weisen eine sehr geringe Varianz auf und sind deutlich in den negativen Bereich verschoben (vgl. Abbildung A5 im Anhang). Das bedeutet, dass die Items mit mittlerer Schwierigkeit nur von wenigen Personen erfolgreich bearbeitet wurden, der Test also insgesamt für dieses Sample zu schwierig ist. Der maximale Personenparameter $\Phi = 0{,}71$ bedeutet, dass kein Schüler Aufgaben mit einem Itemparameter $\sigma > 0{,}71$ mit mehr als 50% Wahrscheinlichkeit lösen kann. Es gibt insgesamt 39 Items mit einem Itemparameter $\sigma > 0{,}71$. Wie man dem Vergleich der Item- mit der Personenparameter-Verteilung entnehmen kann, sind die Personenparameter am negativen Ende der Itemparameter-Verteilung lokalisiert. Dies deutet in Verbindung mit der geringen Varianz auf einen Bodeneffekt hin. Entsprechend ist die Überlappung der Verteilungen nur gering (vgl. Abb. A5 im Anhang). Auf eine Split-Half-Analyse wird verzichtet, da die Stichprobengröße zu gering ist, wenn das Sample geteilt wird.

*Vergleich zu Klassischen Kennwerten*

Um ein umfassendes Bild der Datenlage zu bieten, soll hier kurz über die klassischen Kennwerte berichtet werden, die mit bestimmten Gütekriterien der probabilistischen Testtheorie korrespondieren.

Für die einzelnen Testhefte ergeben sich Werte für Cronbachs Alpha als Maß für die interne Konsistenz zwischen $0{,}527 < \alpha < 0{,}698$ ($34 < \#\text{Items} < 38$). ConQuest schätzt dagegen die Reliabilität des gesamten Tests. Für die ersten vier Testhefte ergibt sich eine Reliabilität von $\alpha = 0{,}712$ (108 Items). Der Wert für die Reliabilität nach der klassischen Testtheorie korrespondiert mit der Gesamt-Passung des Raschmodells zu den empirischen Daten, die sich aus der Anzahl der Items mit ausreichendem Fit-Parameter ablesen lässt.

Die klassische Trennschärfe der Items ist – wie die große Schwierigkeit der Items bereits vermuten lässt – überwiegend gering. Da die Trennschärfe nach dem klassischen Verfahren nur für die einzelnen Testhefte bestimmt werden kann, werden die Ankeritems in die folgende Statistik mehrfach eingerechnet, einige Items fehlen wegen einer Varianz $S^2 = 0$ in der Analyse. Insgesamt beziehen sich die Daten daher auf eine Gesamtheit von 143 Aufgaben. Nur 22,38% dieser Aufgaben haben eine ausreichend große Trennschärfe ($r_{itc} > 0{,}3$); 37,06% der Aufgaben haben eine Trennschärfe unter $r_{itc} < 0{,}1$, 15,38% sogar eine negative Trennschärfe. Die Trennschärfe ist das klassische Pendant zum T-Wert, der zur Signifikanzprüfung des Itemsfits genutzt wird.

*Auswahl der Items für die Pilotierung im zweiten Sample*

Basierend auf den probabilistischen Itemkennwerten und den weiteren oben beschriebenen Kriterien, werden 46 Items für den Haupttest ausgewählt (vgl. Abb. A6 und Tabelle A4 im Anhang). Dabei wurden 4 Items berücksichtigt, die in der Pilotierung nicht gelöst wurden, um die vorgenommenen Veränderungen an den Items untersuchen zu können. Weitere 8 Items genügten nicht den strikten Kriterien für die Passung, sind aber notwendig, damit die theoretischen Konstrukte in beiden Testheften in ausreichender Anzahl vertreten sind. Die Itemparameter der Aufgabenauswahl spiegeln die Verteilung für alle Aufgaben wider. Die Auswahl legt aber ein stärkeres Gewicht auf mittelschwere Aufgaben, um eine bessere Differenzierung der Schülerinnen und Schüler mit mittlerer Fähigkeit zu erreichen. Im Hinblick auf die im DFG-Projekt notwendige Unterscheidung zwischen oberen und unteren Extremklassen ist dies der besonders interessierende Bereich.

*Gesamtsample-Itemanalyse*

Im Gesamtsample sind die Daten der Schülerinnen und Schüler des ersten Samples und die Daten aus dem Sample zusammengefasst, das die ausgewählten Aufgaben bearbeitet hat (N = 535[3]). Auch in diesem Sample bleiben 12 Aufgaben ohne richtige Lösung und können daher nicht mit Rasch-skaliert werden. Die Raschanalyse erfolgt analog zu der bereits beschriebenen Analyse des ersten Samples. Wiederum wird der Mittelwert der Itemparameter auf Null festgelegt. Es ergibt sich eine Standardabweichung der Itemparameter von $SD_\sigma = 1{,}631$, das Minimum beträgt $Min_\sigma = -4{,}66$, das Maximum liegt bei $Max_\sigma = 3{,}71$. Die Verteilung entspricht einer Normalverteilung. Insgesamt weisen 7 der 108 skalierten Aufgaben eine nicht genügende Passung auf.

[3] Für N = 59 von 394 Schülerinnen und Schüler lagen zwar Informationen zu den anderen Tests, nicht aber für den Leistungstest vor.

Die Überlappung der Verteilungen ist auch im Gesamtsample gering (vgl. Abb. A7 im Anhang). Der maximale Personenparameter beträgt $Max_{\Phi} = 0{,}92$. Damit werden 35 Items von keiner Schülerin und keinem Schüler mit mehr als 50% Wahrscheinlichkeit gelöst, 3 Personen lösen alle Items mit weniger als 50% Wahrscheinlichkeit.

Die Split-Half-Analyse zerlegt das gesamte Personen-Sample zufällig in zwei etwa gleich große Teile ($N_{1.Teil} = 260$; $N_{2.Teil} = 275$). Beide Teile werden einzeln Rasch-skaliert und für jede Aufgabe wird jeweils ein Itemparameter berechnet ($\sigma_1$ und $\sigma_2$). Die Itemparameter werden in einem Streudiagramm gegeneinander aufgetragen (Abb. A8 im Anhang). Die Korrelation zwischen beiden Itemparametern beträgt $r_{\sigma 1, \sigma 2} = 0{,}92$ ($p < 0{,}001$), wobei alle Items – auch solche mit schlechter Passung zum Raschmodell und reduzierter Lösung – berücksichtigt werden.

Als Ergebnis der Raschanalyse wird jeder Schülerin und jedem Schüler ein Personenparameter zugewiesen, der das individuelle Testergebnis darstellt. Die Personenparameter sind normalverteilt ($M = -1{,}669$, $SD = 0{,}821$). Jede Schülerin und jeder Schüler bearbeitetet zwischen 31 und 46 Aufgaben – wobei Aufgaben mit reduzierter Lösung eingeschlossen sind – und löst zwischen 0 und 24 Aufgaben richtig (Median = 10). Die Verteilung der richtigen Lösungen weicht im Kolmogorov-Smirnov-Test signifikant von einer Normalverteilung ab (Kolmogorov-Smirnov-$Z = -1{,}749$, $p = 0{,}004$). Die Reliabilität des gesamten Tests ergibt sich zu $\alpha = 0{,}718$.

### Zusammenfassung

Da es mehrere Testzeitpunkte für jede Schülerin und jeden Schüler gab, liegen nur für N = 129 Schülerinnen und Schüler vollständige Datensätze, d. h. Werte aus allen Instrumenten, vor. Je nach betrachteter Kombination von Tests und Fragebögen ist die Anzahl der verwendbaren Datensätzen aber größer. Tabelle 4.1 gibt einen Überblick über die wichtigsten Kennwerte der Verteilungen in den einzelnen Tests, einschließlich der Reliabilitäten und der Anzahl der Items, die die jeweiligen Normen für die Itemkennwerte nicht erfüllen.

| Test/ Variable | $N_{Personen}$/ $N_{Items}$ | Items, die die Norm *nicht* erfüllen (%)[1)] | Reliabilität | Mittelwert/SD | Normal-Normalverteilung |
|---|---|---|---|---|---|
| **Leistungstest** Personen- bzw. Itemparameter | 535/ 120 | 19 (15%) | 0,718 | -1,669/ 0,821 | Ja, aber Bodeneffekt |
| **TIMSS-Prä** Personenparameter | 236/ 44 | 2 (4%) | 0,71 | 1,425/ 0,765 | Ja, aber Deckeneffekt |
| **TIMSS-Prä-Post** Residuen/Diff | 186/ je 44 | 2 (4%)[2)] | 0,71[2)] | 0,137/ 0,769 | Ja |
| **KFT** Summenwert | 197/ 2x65[3)] | 36 bzw. 29 (55%, 44%) | 0,86 | 42,731/ 8,538 | Ja |
| **Motivation** Summe der Mittelwerte | 212/ 38 | 11 (28%) | 0,72 | 16,371/ 3,680 | Ja |

1) Für die nach klassischer Testtheorie ausgewerteten Tests und Fragebögen sind die Normen Schwierigkeitsindex und Trennschärfe. Für die nach probabilistischer Testtheorie ausgewerteten Tests sind die Normen Infit und T-Wert.
2) Die beiden TIMSS-Tests wurden gemeinsam skaliert, so dass die Reliabilität und die Anzahl der nicht passenden Items gleich sind.
3) Es wurden zwei Testhefte verwendet.

**Tab. 4.1: Übersicht über die deskriptiven Ergebnisse der Tests und Fragebögen.**

## Hypothesenprüfung

Nachdem die Datenlage für die einzelnen Erhebungsinstrumente dargelegt ist, werden nun die Hypothesen überprüft. Dazu werden die einzelnen Teilhypothesen und die verwendeten Instrumente noch einmal dargestellt, sowie die Vorraussetzungen der verwendeten statistischen Verfahren überprüft und schließlich die ermittelten Kenngrößen berichtet.

### Interne Konsistenz (H1.1)

Die interne Konsistenz drückt aus, ob der Test ein gemeinsames – inhaltlich nicht weiter spezifiziertes – Konstrukt abbildet. Der Test bildet genau dann dieses einheitliche Konstrukt ab, wenn das Raschmodell auf die Daten passt. Diese Passung ist für den vorliegenden neu entwickelten Leistungstest zu zeigen.

Wie bereits erläutert, wird die Passung mit Hilfe der Fit-Parameter MNSQ und T-Wert bestimmt. Die große Anzahl Aufgaben, die die strikten Kriterien erfüllen, lassen den Schluss zu, dass die interne Konsistenz gegeben ist. Ein weiterer Hinweis darauf ist die ausreichende Reliabilität von $\alpha = 0{,}71$. Die split-half-Analyse mit $r = 0{,}92$ (vgl. Abb. A8 im Anhang) stützt ebenfalls die Annahme interner Konsistenz.

### Konvergente Validierung (H1.2)

Durch eine mindestens mittlere Korrelation zwischen dem Personenparameter des entwickelten Leistungstests und den Werten zu weiteren Teilaspekten physikalischer Kompetenz soll der Nachweis erbracht werden, dass der Test Physikkompetenz abbildet. Die berücksichtigten Teilaspekte werden durch den KFT, den Motivationsfragebogen, den TIMSS-Prä-Test, die Residuen des TIMSS-Post-Tests und die Note in Physik operationalisiert. Die ersten beiden Instrumente erfassen Vorraussetzungen der Kompetenz, die restlichen von der Kompetenz beeinflusste Konzepte (Physikwissen, Wissenszuwachs und Schulerfolg in Physik). Für den KFT liegt ein Summenwert der richtigen Antworten vor, für den Motivationsfragebogen ein Summenwert über die Skalenmittelwerte. Der TIMSS-Prä-Test liefert einen Personenparameter, aus dem TIMSS-Post-Test werden die Residuen des Personenparameters verwendet, die sich aus einer Regression mit dem Prädiktor TIMSS-Prä-Personenparameter zur Vorhersage des TIMSS-Post-Personenparameter ergeben.

Die Korrelationen zwischen dem Personenparameter und diesen Werten können somit sinnvoll untersucht werden. Zur Dokumentation der Kollinearität der fünf Werte werden ihre Korrelationen errechnet (vgl. Tabelle 4.2), die $\alpha$-Fehler-Kumulierung ist jedoch bei der Signifikanzangabe nicht berücksichtigt. Die Korrelation zwischen der Note und den übrigen Werten ist negativ, da ein hoher Wert in der Variable Note eine niedrige Ausprägung des Schulerfolgs bedeutet (6 = niedriger Schulerfolg, 1 = hoher Schulerfolg).

| | | Personenparameter (Sample1&2) [Itemzentriert, WLE] | Personenparameter im 1. TIMSS-Test (WLE) | Roh-Summenwert im KFT nach Heller & Perleth | Motivation Gesamtskalenwert | Physiknote letztes Zeugnis |
|---|---|---|---|---|---|---|
| Personenparameter im 1. TIMSS-Test (WLE) | Korrelation nach Pearson | ,604** | | | | |
| | N | 204 | | | | |
| Roh-Summenwert im kognitiven Fähigkeitstest nach Heller & Perleth | Korrelation nach Pearson | ,431** | ,416** | | | |
| | N | 197 | 183 | | | |
| Motivation (Gesamtskalenwert) | Korrelation nach Pearson | ,318** | ,241** | ,065 | | |
| | N | 181 | 179 | 160 | | |
| Physiknote letztes Zeugnis[1)] | Korrelation nach Pearson | -,479** | -,347** | -,321** | -,489** | |
| | N | 181 | 179 | 160 | 212 | |
| Residuen für Personenparameter TIMSS_post | Korrelation nach Pearson | ,510** | ,556** | ,405** | ,253** | -,344** |
| | N | 179 | 186 | 159 | 157 | 157 |

** Die Korrelation ist auf dem Niveau von 0,01 (2-seitig) signifikant.
1) Die Noten sind nicht umkodiert, negative Korrelationen bedeuten daher einen positiven Zusammenhang mit den anderen Merkmalen.

**Tab. 4.2 Korrelationstabelle zur konvergenten Validierung.**

## Diskriminante Validierung (H1.3)

Analog zur konvergenten Validierung werden Korrelationen zwischen dem Personenparameter des Leistungstests und Instrumenten bzw. Werten untersucht, die von Physikkompetenz unterscheidbare Konstrukte messen. Hierbei wird erwartet, dass diese Korrelationen schwächer sind als die Korrelationen mit den Instrumenten bzw. Werten der konvergenten Validierung.

Die Noten der Fächer Mathematik, Biologie und Chemie werden als von Physikkompetenz klar verschiedene Konstrukte angesehen. Zum Vergleich wird die Note in Physik herangezogen, da sie mit den anderen Noten im Hinblick auf Validität vergleichbar erscheint. Wiederum sind – ohne Korrekturen – sowohl die Korrelationen zwischen Physiknote und den jeweils anderen Noten und die Korrelationen *zwischen* den Noten angegeben, um die Kollinearität zu dokumentieren. Die Korrelationen sind in Tabelle 4.3 angegeben. Es zeigt sich, dass sich die Korrelation zwischen der Physiknote und dem Personenparameter überwiegend signifikant von den Korrelationen zwischen den anderen Noten und dem Personenparameter unterscheidet (vgl. Tabelle 4.3). Die einzige Ausnahme stellen die Korrelationen zwischen Mathematiknote/Personenparameter und Physiknoten/Personenparameter dar. Vernachlässigt man diese Korrelation bei der diskriminanten Validierung – was auch aufgrund der engen inhaltlichen Beziehung der beiden Noten gerechtfertigt erscheint – so bleiben die beiden Korrelationen $r_1$(Personenparameter; Note Chemie) und $r_2$(Personenparameter; Note Biologie), die mit der Korrelation $r_0$(Personenparameter; Note Physik) verglichen werden. Da die beiden Vergleiche nur einzeln durchgeführt werden können, werden also zwei einzelne Tests benötigt, um eine Hypothese (H0: $r_0$ ist gleich $r_1$ und $r_0$ ist gleich $r_2$) zu überprüfen. Dies erfordert eine $\alpha$-Fehler-Korrektur, die nach Bortz (1999) mit Formel (1) berechnet wird:

$$\alpha' = 1 - (1 - \alpha)^{\frac{1}{m}} \qquad (1)$$

mit $\alpha'$ als Signifikanzniveau für die m Einzeltests, um das gewünschte Gesamtniveau von $\alpha$ zu erhalten.

Es ergibt sich für jeden einzelnen der beiden Tests ein Signifikanzniveau von $\alpha' = 0{,}025$, um die H0 mit $\alpha = 0{,}05$ testen zu können. Der Vergleich von $r_0$ mit $r_1$ verfehlt dieses Niveau um $\Delta p = 0{,}009$, der Vergleich von $r_0$ mit $r_2$ erfüllt die Bedingung; insgesamt muss die H0 also bei einem 5%-Signifikanzniveau angenommen werden, da $p = 0{,}066$ beträgt.

Derselbe Korrelations-Vergleich ist zwischen den Noten und dem KFT-Ergebnis möglich. Hierbei ist zu erwarten, dass alle Noten gleichermaßen mit dem KFT-Ergebnis korrelieren, d. h. die Korrelationen unterscheiden sich nicht signifikant. Tabelle 4.3c zeigt zunächst, dass die Korrelationen etwas geringer sind, als die Korrelationen zwischen Personenparameter und den Noten (Tab. 4.3a). Sie sind zudem überwiegend *nicht* signifikant von der Korrelation zwischen Physiknote und KFT verschieden, mit Ausnahme der Korrelation zwischen Biologie und KFT. Ein Vergleich der Korrelation zwischen Physiknote und Personenparameter mit der Korrelation zwischen Physiknote und KFT zeigt, dass die Physiknote signifikant stärker mit dem Personenparameter aus dem Leistungstest als mit der durch den KFT gemessenen Intelligenz zusammenhängt (letzte Zeile in Tab. 4.3d).

| | | Physiknote letztes Zeugnis | Mathematiknote letztes Zeugnis | Chemienote letztes Zeugnis | Biologienote letztes Zeugnis |
|---|---|---|---|---|---|
| Personenparameter (Sample1&2) [Item-zentriert, WLE] | Korrelation nach Pearson | -,474(**) | -,413(**) | -,337(**) | -,179(*) |
| | Signifikanz (2-seitig) | ,000 | ,000 | ,000 | ,020 |

**Tab. 4.3a: Korrelationen zwischen Personenparameter und Note.** Dargestellt werden die Korrelationen für die listenweise vollständig vorliegenden N = 170 Fälle.

**Vergleich der Korrelationen**

| $r_1$ | $r_2$ | $T_{r1, r2}$ | df | p |
|---|---|---|---|---|
| Korrelation Physik-Note mit Personenparameter | Korrelation Biologie-Note mit Personenparameter | 3,968 | 167 | < 0,001 |
| Korrelation Physik-Note mit Personenparameter | Korrelation Chemie-Note mit Personenparameter | 2,140 | 167 | 0,034 |
| Korrelation Physik-Note mit Personenparameter | Korrelation Mathematik-Note mit Personenparameter | 0,935 | 167 | 0,351 |

**Tab. 4.3b: Prüfung der Korrelationen zwischen Personenparameter und Note auf signifikante Unterschiede.** Mit Hilfe des T-Werts wird überprüft, mit welcher Irrtumswahrscheinlichkeit die Korrelation zwischen der Physik-Note und dem Personenparameter mit den jeweiligen Korrelationen zwischen den anderen Noten und dem Personenparameter gleich ist. Aufgrund der $\alpha$-Fehler-Korrektur liegt für die Gesamttestung auf dem 5%-Signifikanzniveau die zulässige Irrtumswahrscheinlichkeit für jeden Test bei p = 0,025.

| | | Personenparameter (Sample1&2) | Physiknote letztes Zeugnis | Biologienote letztes Zeugnis | Chemienote letztes Zeugnis | Mathematiknote letztes Zeugnis |
|---|---|---|---|---|---|---|
| Roh-Summenwert im kognitiven Fähigkeitstest nach Heller et al. | Korrelation | ,428(**) | -,313(**) | -,087 | -,206(*) | -,309(**) |
| | Signifikanz (2-seitig) | ,000 | ,000 | ,291 | ,012 | ,000 |

**Tab. 4.3c: Korrelation zwischen KFT und Note.** Dargestellt werden die listenweise vollständig vorliegenden N=149 Fälle.

**Vergleich der Korrelationen**

| $r_1$ | $r_2$ | $T_{r1, r2}$ | df | p |
|---|---|---|---|---|
| Korrelation Physik-Note mit KFT | Korrelation Biologie-Note mit KFT | 2,690 | 146 | 0,008 |
| Korrelation Physik-Note mit KFT | Korrelation Chemie-Note mit KFT | 1,499 | 146 | 0,136 |
| Korrelation Physik-Note mit KFT | Korrelation Mathematik-Note mit KFT | 0,055 | 146 | 0,957 |
| Korrelation Physik-Note mit KFT | Korrelation Physik-Note mit Personenparameter | 2,090 | 146 | 0,038 |

**Tab. 4.3d: Prüfung der Korrelation zwischen KFT und Note auf signifikante Unterschiede.**

**Tab. 4.3 Tabellen zur diskriminanten Validierung.** Die Korrelation zwischen Physiknote und Personenparameter ist größer als die Korrelationen zwischen den anderen Noten und dem Personenparameter und größer als die Korrelation zwischen KFT-Ergebnis und Physiknote.

## Varianzaufklärung der konkurrierenden Modelle (H2.1)

Die beiden Schwierigkeits-Modelle in dieser Arbeit, das Inhaltsstrukturmodell und das Aufgabendesignmodell, bestehen beide aus je drei diskreten Variablen, die zu Unterschieden in der metrischen Variable Itemparameter führen sollen. Alle Variablen in den Modellen sind Aufgaben zugeordnet, die in diesem Fall die Untersuchungseinheit bilden. Die Zuordnung der diskreten Variablen geschieht durch die Konstruktion bzw. das Expertenrating, die Zuordnung des Itemparameters durch die Raschskalierung der Aufgaben.

Aus der Zuordnung der Aufgaben zu den Ausprägungen der diskreten Variablen resultieren Untergruppen, d. h. für jedes Komplexitätsniveau, jede kognitive Aktivitäten und jede Leitidee gibt es je eine Untergruppe aus der Menge aller Items, zusätzlich bilden die Kombinationen aus den Ausprägungen von Komplexität und kognitiver Aktivität sowie Komplexität und Leitidee weitere Untergruppen. Analoges gilt für die Variablen aus dem Aufgabendesign-Modell. Untersucht wird, ob es Unterschiede in der zentralen Tendenz (Mittelwert) der Itemparameter-Verteilung zwischen diesen Untergruppen gibt. Die Untersuchung wird mit Hilfe einer mehrfaktoriellen univariaten Varianzanalyse nach dem Allgemeinen Linearen Modell durchgeführt.

*Varianzanalyse des Inhaltsstruktur-Modells*

Theoriegemäß werden für das Inhaltsstrukturmodell die Haupteffekte für Komplexität, Leitidee und kognitive Aktivität berücksichtigt, sowie die Interaktionseffekte Komplexität*Leitidee und Komplexität*kognitive Aktivität. Die Zellbesetzung ist in etwa gleich groß, es kann also von einem orthogonalen Design ausgegangen werden (Tabelle A1 im Anhang gibt eine Übersicht über die Anzahl der Items für jeden Term). Die Kennwerte der Itemparameter-Verteilung sind in Abb. A9 im Anhang angegeben, die Itemparameter sind hinreichend normalverteilt. Die Fehlervarianz ist dem Levene-Test zur Folge in den Gruppen homogen. Die Stichproben sind – da die Aufgaben für jede Variable nur einer Ausprägung zugeordnet wurden – unabhängig, so dass insgesamt die Voraussetzungen für die Varianzanalyse erfüllt sind.

Das so spezifizierte Modell wird in der Analyse insgesamt nicht signifikant ($F(47, 60) = 1{,}406$, $p = 0{,}106$, $R^2 = 0{,}524$, korrigiertes $R^2 = 0{,}151$), es lassen sich also nicht für alle Haupteffekte und Interaktionen Unterschiede zwischen den Gruppen finden. Wie Tabelle 4.4 entnommen werden kann, werden lediglich die Haupteffekte Komplexität und Leitidee signifikant, wobei Komplexität ca. 29% der Varianz erklärt und der Faktor Leitidee etwa 17%. Passt man das Modell an und berücksichtigt nur noch die signifikanten Haupteffekte Komplexität und Leitidee, so wird dieses Modell signifikant ($F(10, 97) = 4{,}322$, $p < 0{,}001$, $R^2 = 0{,}308$, korrigiertes $R^2 = 0{,}237$). Für Leitidee und Komplexität lassen sich wie erwartet die signifikanten Effekte feststellen, wobei die Komplexität mit einem partiellen Eta-Quadrat = 0,228 einen größeren Effekt hat als die Leitideen (Eta-Quadrat = 0,117) (vgl. Tabelle 4.4).

| Quelle | F | df | Signifikanz | Partielles Eta-Quadrat |
|---|---|---|---|---|
| Korrigiertes Modell | 1,406 | 47 | ,106 | ,524 |
| Konstanter Term | ,564 | 1 | ,456 | ,009 |
| Komplexität | 4,944 | 5 | ,001 | ,292 |
| Leitidee | 2,400 | 5 | ,047 | ,167 |
| KognitiveAktivität | ,101 | 2 | ,904 | ,003 |
| Komplexität * Leitidee | ,741 | 25 | ,793 | ,236 |
| Komplexität * KognitiveAktivität | ,905 | 10 | ,534 | ,131 |

**Tab. 4.4a: Vollständiges Inhaltsstruktur-Modell.** Abhängige Variable: Itemparameter (Sample1&2);
R-Quadrat = ,524 (korrigiertes R-Quadrat = ,151); $df_{gesamt}$ = 108

| Quelle | F | df | Signifikanz | Partielles Eta-Quadrat |
|---|---|---|---|---|
| Korrigiertes Modell | 4,322 | 10 | ,000 | ,308 |
| Konstanter Term | ,698 | 1 | ,406 | ,007 |
| Komplexität | 5,744 | 5 | ,000 | ,228 |
| Leitidee | 2,569 | 5 | ,032 | ,117 |

**Tab.4.4b: Angepasstes Inhaltsstruktur-Modell.** Abhängige Variable: Itemparameter (Sample1&2);
R-Quadrat = ,308 (korrigiertes R-Quadrat = ,237) ; $df_{gesamt}$ = 108

**Tab. 4.4: Varianzaufklärung durch das Inhaltsstruktur-Modell.** Das vollständige Modell wird nicht signifikant. Berücksichtigt man lediglich die signifikanten Haupteffekte Komplexität und Leitidee, so erhält man eine interpretierbare Varianzzerlegung.

*Varianzanalyse des Aufgabendesign-Modells*

Die gleiche Analyse wird mit den diskreten Variablen Antwortformat, Abstand Lern-Test-Zeitpunkt und Position im Testheft durchgeführt. Da hier nach der Theorie keine Interaktionsterme angenommen werden, spielt die unterschiedlich starke Besetzung der einzelnen Gruppen keine Rolle. Lediglich das halboffene und das grafische Antwortformat sind mit ungenügend vielen Aufgaben besetzt. Im Levene-Test zeigt sich aber kein signifikanter Unterschied in den Fehlervarianzen, so dass die Vorraussetzungen für die Varianzanalyse dennoch erfüllt sind.

Das Gesamtmodell wird zwar signifikant ($F(8, 93) = 3{,}098$, $p = 0{,}004$, $R^2 = 0{,}21$, korrigiertes $R^2 = 0{,}143$), jedoch keiner der Haupteffekte (vgl. Tabelle 4.5). Passt man das Modell an, indem man das Antwortformat nicht als Faktor berücksichtigt, so wird dieses Modell ebenfalls signifikant ($F(4, 97) = 4{,}378$, $p = 0{,}003$, $R^2 = 0{,}153$, korrigiertes $R^2 = 0{,}118$). Die beiden verbleibenden Haupteffekte Position ($Eta^2 = 0{,}074$) und Abstand Lern-Test-Zeitpunkt ($Eta^2 = 0{,}061$) werden jeweils signifikant (vgl. Tabelle 4.5). Eine alternative Anpassung besteht darin, ausschließlich das Antwortformat als Faktor zu verwenden. Auch dieses Modell wird signifikant

($F(4, 97) = 2{,}786$, $p = 0{,}031$, $R^2 = 0{,}103$, korrigiertes $R^2 = 0{,}066$), das Antwortformat klärt demnach 10,3% der Varianz auf.

| Quelle | F | df | Signifikanz | Partielles Eta-Quadrat |
|---|---|---|---|---|
| Korrigiertes Modell | 3,098 | 8 | ,004 | ,210 |
| Konstanter Term | ,180 | 1 | ,672 | ,002 |
| Antwortformat | 1,693 | 4 | ,158 | ,068 |
| Jahrgangsstufe | 2,372 | 2 | ,099 | ,049 |
| PositionSample1 | 2,918 | 2 | ,059 | ,059 |

**Tab. 4.5a: Vollständiges Aufgabendesign-Modell.** Abhängige Variable: Itemparameter (Sample1&2); R-Quadrat = ,210 (korrigiertes R-Quadrat = ,143); $df_{gesamt}$ = 102.

| Quelle | F | df | Signifikanz | Partielles Eta-Quadrat |
|---|---|---|---|---|
| Korrigiertes Modell | 4,378 | 4 | ,003 | ,153 |
| Konstanter Term | ,096 | 1 | ,758 | ,001 |
| Jahrgangsstufe | 3,172 | 2 | ,046 | ,061 |
| PositionSample1 | 3,861 | 2 | ,024 | ,074 |

**Tab. 4.5b: Erstes angepasstes Aufgabendesign-Modell.** Abhängige Variable: Itemparameter;
R-Quadrat = ,153 (korrigiertes R-Quadrat = ,118); $df_{gesamt}$ = 102.

| Quelle | F | df | Signifikanz | Partielles Eta-Quadrat |
|---|---|---|---|---|
| Korrigiertes Modell | 2,786 | 4 | ,031 | ,103 |
| Konstanter Term | 1,320 | 1 | ,253 | ,013 |
| Antwortformat | 2,786 | 4 | ,031 | ,103 |

**Tab. 4.5c: Zweites angepasstes Aufgabendesign-Modell.** Abhängige Variable: Itemparameter;
R-Quadrat = ,103 (korrigiertes R-Quadrat = ,066); $df_{gesamt}$ = 102.

**Tab. 4.5 Ergebnis der Varianzanalyse des Aufgabendesign-Modells.** Da keiner der Haupteffekte des vollständigen Aufgabendesign-Modells signifikant wird, werden zwei angepasste Varianten getestet: Ohne Berücksichtigung des Antwortformats und nur das Antwortformat.

Tabelle 4.6 zeigt einen Vergleich der fünf Modelle. Das angepasste Inhaltsstruktur-Modell klärt etwa 31% der Varianz der Itemparameter-Verteilung auf, die verschiedenen Varianten des alternativen Aufgabendesign-Modells klären jeweils weniger als 21% der Varianz auf. Zwar ist auch das vollständige Inhaltsstruktur-Modell den Aufgabendesign-Modellen überlegen; da das vollständige Inhaltsstruktur-Modell aber insgesamt nicht signifikant ist, wäre demnach das angepasste Inhaltsstruktur-Modell zu bevorzugen.

| | | Kennwerte Inhaltsstruktur-Modell | | | | | **Aufgabendesign-Modelle...** | | |
|---|---|---|---|---|---|---|---|---|---|
| | | F[1] | df | p | R² | QS[2] | ...vollständig | ...**ohne** Antwortformat | ...**nur** Antwortformat |
| Kennwerte Aufgabendesign-Model | F[1] | | | | | | 3,098 | 4,378 | 2,786 |
| | df | | | | | | 8 | 4 | 4 |
| | p | | | | | | 0,004 | 0,003 | 0,031 |
| | R² | | | | | | 0,210 | 0,153 | 0,103 |
| | QS | | | | | | 232,443 | 246,191 | 258,402 |
| **Inhaltsstruktur-Modelle...** | ...vollständig | 1,406 | 47 | 0,106 | 0,524 | 135,52 | Δ[3]QS = 96,92<br>Δdf = 39 | ΔQS = 110,67<br>Δdf = 43 | ΔQS = 112,88<br>Δdf = 43 |
| | ...Komplexität und Leitidee | 4,322 | 10 | 0,000 | 0,308 | 196,98 | ΔQS = 35,45<br>Δdf = 2 | ΔQS =49,20<br>Δdf = 6 | ΔQS = 61,42<br>Δdf = 6 |

1) $df_{gesamt}$ = 108
2) Quadrat-Summe der Fehler
3) Berechnet wird jeweils die Differenz: Inhaltsstruktur-Modell – Aufgabendesign-Modell

**Tab. 4.6: Vergleich der Modelle nach Varianzanalyse.**

## Empirische Dimensionalität des Inhaltsstruktur-Modells (H3.1)

Für das Inhaltsstruktur-Modell sind drei diskrete Variablen als mögliche Gründe für die Schwierigkeit von Aufgaben angenommen worden: Komplexität, kognitive Aktivität und Leitidee. Während Komplexität auf einer ordinalen Skale gemessen wird, sind die beiden anderen Variablen auf nominalem Skalenniveau messbar. Die kognitiven Aktivitäten werden mit drei Ausprägungen erfasst: Erinnern, Strukturieren und Explorieren. Im theoretischen Teil ist ausführlich erläutert worden, warum ein bestimmter Schwierigkeitswert (Itemparameter) beispielsweise für eine Erinnern-Aufgabe eine andere Bedeutung hat, als der gleiche Wert für eine Strukturieren-Aufgabe oder Explorieren-Aufgabe.

Die damit verbundene Frage an die Daten lautet daher: Zeigt sich auch in den empirischen Daten eine solche Struktur? Aufgrund theoretischer Überlegungen können die Aufgaben nach einer Unabhängigen Variable (zum Beispiel: Leitidee) gemäß ihrer verschiedenen Ausprägungen (Energie, Materie, etc.) gruppiert werden. Es muss dann gezeigt werden, dass sich die Ausprägungen auch empirisch im Hinblick auf die Schwierigkeit unterscheiden. Gibt es in den empirischen Daten eine solche

Struktur, so ist diese Gruppierung statistisch gesehen lohnenswerter als keine Gruppierung.

In die Sprache des Raschmodells übersetzt bedeutet dies: Es ist zu entscheiden, ob ein eindimensionales oder mehrdimensionales Raschmodell besser passt. Für die kognitiven Aktivitäten wäre dies ein 3-dimensionales Raschmodell, für die Leitideen wäre ein 6-dimensionales Raschmodell zu berechnen. In einem mehrdimensionalen Modell wird für jede Skala ein eigenes Raschmodell spezifiziert, das möglichst gut an die Aufgaben dieser Skala angepasst ist. Gute Passung eines (mehrdimensionalen) Modells bedeutet in diesem Fall, dass die *deviance*, die zusammengenommene Abweichung der Daten von den jeweils geschätzten Modellen jeder Skala, möglichst klein wird.

Auf der gleichen Itemstichprobe können so zwei Raschmodelle anhand der *deviance* verglichen werden. Je kleiner die *deviance*, desto besser ist das Modell. Je mehr Skalen zugelassen werden, desto besser passt das Modell, denn im Extremfall könnte schließlich für jede Aufgabe eine eigene Skala ermittelt werden, die dann zu 100% auf die Daten passt. Dem Prinzip der Sparsamkeit nach ist das Modell also umso besser, je weniger Skalen nötig sind, um eine kleine *deviance*, also eine hohe Passung, zu erreichen.

*Berechnung der Freiheitsgrade pro Modell*

Der notwendige Rechenaufwand ist direkt mit der Anzahl der Skalen verbunden, da jede Skala zu einem weiteren Freiheitsgrad führt. Hinzu kommt pro Skala je ein Freiheitsgrad für die Festlegung des Skalenmittelwerts auf Null. Dabei wird für das letzte Item einer Skala der Itemparameter nicht geschätzt, sondern so gewählt, dass der Mittelwert der Skala Null ergibt (vgl. Adam, Wu & Wilson, 1998). Des Weiteren gibt es für jede Skala einen Freiheitsgrad für die Varianz der Skala und für jedes Skalenpaar einen Freiheitsgrad für die Kovarianz. Jede Aufgabe, für die ein Itemparameter geschätzt wird, führt ebenfalls zu einem Freiheitsgrad. Die Anzahl der Freiheitsgrade ergibt sich daher nach der Formel:

$$df = i + s + \sum_{n=1}^{s-1} n \qquad \textit{mit } i = \textit{Anzahl Items} \quad \textit{und} \quad s = \textit{Anzahl Skalen}$$

$$\Leftrightarrow \quad df = i + \frac{1}{2}\left(s + s^2\right) \tag{2}$$

Durch die Annahme weiterer Skalen wächst die Anzahl der Freiheitsgrade nach (2) quadratisch an. Für die kognitiven Aktivitäten werden drei Skalen angenommen und mit 132 Items ergibt dies df = 138. Für die Leitideen müssen sechs Raschskalen angenommen werden, woraus sich aufgrund der gleichen Itemmenge nach Formel (2) df = 153 Freiheitsgrade ergeben. Das Eindimensionale Modell hat dagegen df = 133 Freiheitsgrade. In Tabelle 4.7 ist eine Übersicht über die drei Modelle und ihr Vergleich dargestellt.

*Likelihood-Quotienten-Test und optimales empirisches Modell*

Die beiden Kriterien „geringe *deviance*" und „Anzahl der Freiheitsgrade", die ein Modell empirisch charakterisieren, bedingen sich gegenseitig: Je höher das eine, desto höher das andere. Das normative Kriterium für ein gutes Modell ist aber eine hohe Erklärungsmächtigkeit und eine geringe Anzahl Freiheitsgrade (Sparsamkeit). Aus diesem Widerspruch ergibt sich also ein Optimierungsproblem für das Verhältnis aus *deviance* und Anzahl der Freiheitsgrade. Daher wird für die inhaltlich bereits begründeten Skalen ermittelt, ob sie zu Modellen mit geringerer *deviance* führen als das Modell mit nur einer einzelnen Skala.

Als Kriterium wird dabei die folgende Bedingung verwendet: Die Differenz der *deviance* zwischen den Modellen tritt nur mit 1% Wahrscheinlichkeit zufällig auf, wenn sich die *deviance* in Wirklichkeit nicht unterscheidet. Diese Bedingung prüft der Likelihood-Quotienten-Test mit folgender Nullhypothese H0: Die Differenz zwischen der *deviance* im eindimensionalen Modell und der im mehrdimensionalen Modell mit drei bzw. sechs Skalen ist Null. Gegen diese H0 wird auf dem 1%-Signifikanzniveau getestet. Damit die Prüfgröße in eine $\chi^2$-Prüfgröße umgewandelt werden kann, müssen drei Bedingungen erfüllt sein. Erstens muss das Mehrdimensionale Modell ein echtes Obermodell des eindimensionalen Modells sein und darf zweitens nicht durch Nullsetzen von Parametern aus ihm hervorgehen. Beides ist nach erfüllt, wenn ein mehrdimensionales und das eindimensionale Modell auf der gleichen Datengrundlage verglichen werden. Drittens muss die Modellgültigkeit nachgewiesen sein, was für alle hier berichteten Modelle der Fall ist. Eine Signifikanzprüfung kann daher mit Hilfe einer $\chi^2$-Verteilung erfolgen.

Der Vergleich des Modells mit drei Skalen, die jeweils eine der drei kognitiven Aktivitäten abbilden, mit dem Modell, das für alle Aufgaben eine gemeinsame Skala annimmt, zeigt keinen als statistisch signifikant zu wertenden Unterschied. Das aus den sechs verschiedenen Leitideen abgeleitete Sechs-Skalen-Raschmodell dagegen bildet die Struktur der Daten signifikant besser ab als das Ein-Skalen-Modell. Damit ist das Sechs-Skalen-Modell, das für die Leitideen einzelne Skalen annimmt, zu bevorzugen.

| | deviance | df | | Eine Skala | 3 Skalen (Kognitive Aktivitäten) |
|---|---|---|---|---|---|
| eine Skala | 18346,673 | 133 | | | |
| 3 Skalen (Kognitive Aktivitäten) | 18340,325 | 138 | $\Delta$deviance | 6,348 | |
| | | | $\Delta$df | 6 | |
| | | | p = | 0,25 | |
| 6 Skalen (Leitideen) | 18288,274 | 153 | $\Delta$deviance | 58,399 | 52,051 |
| | | | $\Delta$df | 20 | 15 |
| | | | p < | 0,001 | |

**Tab. 4.7: Vergleich der mehrdimensionalen Raschmodelle.** Die Signifikanzprüfung erfolgt über den Likelihood-Quotienten-Test. Da das 6-Skalen-Modell kein echtes Obermodell des 3-Skalen-Modells ist, kann die Signifikanzprüfung nicht mit einer $\chi^2$-Verteilung erfolgen und wird hier nicht dargestellt.

## Unabhängigkeit der Skalen in den mehrdimensionalen Raschmodellen (H3.2)

Die Personenparameter repräsentieren die verschiedenen Konstrukte, die hinter den Skalen stehen und miteinander verglichen werden sollen. Nimmt man mehrere Skalen an, so erhält jede Schülerin und jeder Schüler einen Personenparameter pro Skala, jedes Item gehört zu genau einer Skala und hat daher nach wie vor nur einen Itemparameter. Um die Skalen vergleichen zu können, müssen also die Personenparameter jeder Skala von jeder Schülerin und jedem Schüler miteinander verglichen werden. Da der Nullpunkt jeder Skala eine andere Bedeutung hat, sind aber Vergleiche der Verteilungskennwerte nicht möglich.

Es kann lediglich mit Hilfe von Korrelationen das Ausmaß des gemeinsamen Variierens gemessen werden. Wenn eine hohe Ausprägung auf einer Skala auch immer eine hohe Ausprägung auf der anderen nach sich zieht, so wäre die Korrelation besonders hoch. Für das Sechs-Skalen-Modell des vorigen Abschnitts bedeutet dies, dass es zwischen je zwei Skalen unterschiedlich große Korrelationen geben kann. Wenn zwei Skalen stark korreliert sind, dann lassen sie sich nicht unterscheiden. Würde man beide zusammenlegen, würde das Modell genauso viel Varianz aufklären aber sparsamer sein. Konkret bedeutet dies, das Sechs-Skalen-Modell würde zwar besser passen als das Ein-Skalen-Modell, aber bereits mehr Skalen annehmen als nötig.

Diese Überlegung führt zur Frage, ob und wie stark die Skalen im inhaltlich spezifizierten Sechs-Skalen-Modell miteinander korreliert sind. Dies kann durch eine paarweise Korrelation der Personenparameter überprüft werden. Tabelle 4.8 zeigt eine Übersicht der Korrelation für das Drei-Skalen-Modell, das inhaltlich die drei kognitiven Aktivitäten unterscheidet, und das Sechs-Skalen-Modell, das die sechs Leitideen unterscheidet. Für die Personenparameter zu den drei Skalen der kognitiven

Aktivität zeigen sich Korrelationen, die die Grenze von r = 0,3 überschreiten. Insbesondere lassen sich die beiden Skalen Erinnern und Explorieren nicht ausreichend unterscheiden (r = 0,431, p < 0,001). Die Leitideen dagegen lassen sich überwiegend ausreichend deutlich unterscheiden, lediglich zwischen Naturwissenschaftlichen Arbeitsweisen (NWA) und der Leitidee Wechselwirkung liegt eine Korrelation von r = 0,374 (p < 0,001) vor.

| | Erinnern | Strukturieren |
|---|---|---|
| Personenparameter (Sample1&2) [Itemzentriert, WLE, {3-dimensional: **Strukturieren**}] | ,302(**) | |
| Personenparameter (Sample1&2) [Itemzentriert, WLE, {3-dimensional: **Explorieren**}] | ,431(**) | ,339(**) |

**Tab. 4.8a: Korrelation zwischen den 3 Skalen der kognitiven Aktivität.**

| | Energie | Materie | System | Wechsel-wirkung | NWA |
|---|---|---|---|---|---|
| Personenparameter (Sample1&2) [Itemzentriert, WLE, {6-dimensional: **Materie**}] | ,177(**) | | | | |
| Personenparameter (Sample1&2) [Itemzentriert, WLE, {6-dimensional: **System**}] | ,148(**) | ,148(**) | | | |
| Personenparameter (Sample1&2) [Itemzentriert, WLE, {6-dimensional: **Wechsel-wirkung**}] | ,182(**) | ,279(**) | ,162(**) | | |
| Personenparameter (Sample1&2) [Itemzentriert, WLE, {6-dimensional: **NWA**}] | ,238(**) | ,289(**) | ,208(**) | ,374(**) | |
| Personenparameter (Sample1&2) [Itemzentriert, WLE, {6-dimensional: **Formalis-mus**}] | ,206(**) | ,256(**) | ,184(**) | ,245(**) | ,287(**) |

**Tab. 4.8b: Korrelation zwischen den 6 Skalen der Leitidee.**

**Tab. 4.8: Korrelation zwischen den Skalen.** Alle Korrelationen sind mit N = 535 Personen berechnet. Mit (**) gekennzeichnete Korrelationen sind auf 1%-Niveau (zweiseitig) signifikant.

## Komplexitätsniveaus sind im Mittel unterschiedlich schwierig (H4.1)

Im theoretischen Teil der Arbeit wird eine Schwierigkeitsverteilung von Inhaltselementen als Ausgangspunkt, um den Zusammenhang zwischen inhaltlicher Komplexität in der verwendeten Definition und der empirischen Schwierigkeit von Aufgaben zu erklären. Wenn dieser Zusammenhang besteht, so sind die Aufgaben, je nach Komplexität der Lösung, im Mittel unterschiedlich oft gelöst worden. Da dieser Zusammenhang über alle Leitideen und kognitiven Aktivitäten bestehen sollte, kann der Itemparameter aus dem eindimensionalen Raschmodell als Wert für die Schwierigkeit der Aufgaben verwendet werden. Dies stellt zudem sicher, dass für jedes Komplexitätsniveau die Mindestanzahl von Werten für die statistischen Verfahren vorliegt. Die Komplexität ist durch die Konstruktion der Aufgabe bestimmt und durch ein erstes Expertenrating abgesichert.

Zur Prüfung von Mittelwertsunterschieden zwischen mehr als zwei Gruppen wird die einfaktorielle univariate Varianzanalyse verwendet (ANOVA). Sie prüft, ob alle Mittelwerte gleich sind. Wird diese Nullhypothese aufgrund der Signifikanzprüfung abgelehnt, so ist mindestens ein Mittelwert signifikant verschieden von einem der anderen. Dies ist eine notwendige Bedingung dafür, dass ein möglicher Zusammenhang zwischen Komplexität und Schwierigkeit besteht.

Wie bereits in den Ergebnissen zur H2 berichtet, wird für den Haupteffekt „Komplexität" in der Varianzanalyse ein signifikanter Effekt beobachtet ($\eta^2 = 0{,}228$). Dies wird auch in der ANOVA bestätigt, in der allein durch die Komplexität als unabhängige Variable die Itemparameter-Varianz zerlegt wird ($F(5, 102) = 5{,}641$, $R^2 = 0{,}217$, $p < 0{,}001$, $\eta^2 = 0{,}217$). Abbildung 4.1 zeigt die Mittelwerte der einzelnen Komplexitätsniveaus und das zugehörige Konfidenzintervall. Zu erkennen ist die Überlappung der Konfidenzintervalle, die zeigt, dass sich mehrere Stufen signifikant unterscheiden.

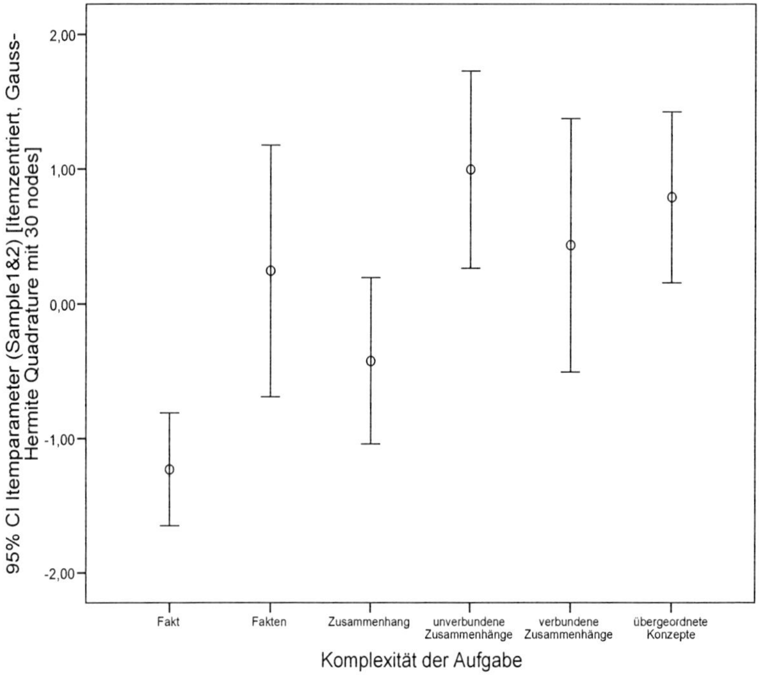


**Abb. 4.1: Itemparameter-Mittelwerte der Komplexitätsniveaus mit 95%-Konfidenzintervall (CI).**

## Die Niveaus ordnen sich empirisch in der erwarteten Reihenfolge an (H4.2)

Durch die Überlegungen im ersten Teil der Arbeit wird nicht nur ein Unterschied zwischen den einzelnen Komplexitätsniveaus vorhergesagt, sondern auch eine Erwartung an die Reihenfolge der Niveaus begründet. Erwartet wird dabei eine Zunahme der mittleren Schwierigkeit mit jedem höheren Komplexitätsniveau.

Die Prüfung dieser Hypothese erfolgt über Einzelvergleiche (Kontraste). Da es sich um a priori formulierte und begründete Unterschiedhypothesen handelt, muss nach Bortz (1999) keine Alpha-Fehler-Korrektur vorgenommen werden. Der Vergleich der einzelnen Komplexitätsniveaus erfolgt durch die Differenz der Itemparameter-Mittelwerte jedes Komplexitätsniveaus, wobei erwartungskonforme Ergebnisse positiv, erwartungswidrige negativ sind (vgl. Tabelle 4.9). Vor allem das erste Niveau (Fakt) unterscheidet sich – mit Ausnahme vom dritten Niveau (Zusammenhang) – signifikant von den anderen Niveaus, ansonsten sind nur das dritte Niveau und das vierte marginal signifikant voneinander unterscheidbar ($p = 0,06$). Die Differenz zwischen benachbarten Niveaus ist mit Ausnahme des ersten und zweiten Niveaus nicht signifikant von Null verschieden. Die Differenzen zeigen tendenziell, dass sich die Niveaus in der Reihenfolge 1, 3, 2, 5, 6, 4 anordnen lassen. Damit sind die Niveaus 2 und 4 nicht an dem erwarteten Rangplatz. Diese Rangfolge ist aber nicht vollständig statistisch abgesichert.

| | Fakt | Fakten | Zusammen-hang | unverbundene Zusammen-hänge | verbundene Zusammen-hänge |
|---|---|---|---|---|---|
| Fakten | **$\Delta M_{2,1}$ = 1,47*** | | | | |
| Zusammenhang | $\Delta M_{3,1}$ = 0,81 | **$\Delta M_{3,2}$ = - 0,67** | | | |
| unverbundene Zusammen-hänge | $\Delta M_{4,1}$ = 2,23* | $\Delta M_{4,2}$ = 0,75 | **$\Delta M_{4,3}$ = 1,42** | | |
| verbundene Zusammen-hänge | $\Delta M_{5,1}$ = 1,67* | $\Delta M_{5,2}$ = 0,19 | $\Delta M_{5,3}$ = 0,86 | **$\Delta M_{5,4}$ = - 0,56** | |
| Übergeordnete Konzepte | $\Delta M_{6,1}$ = 2,02* | $\Delta M_{6,2}$ = 0,55 | $\Delta M_{6,3}$ = 1,21 | $\Delta M_{6,4}$ = - 0,21 | **$\Delta M_{6,5}$ = 0,36** |

Mit * gekennzeichnete Unterschiede sind auf 5%-Niveau signifikant.

**Tab. 4.9: Abstände der Itemparameter-Mittelwerte zwischen Komplexitätsniveaus.**

### Korrelation zwischen Komplexitätsniveaus und der Schwierigkeitsskala (H4.3)

Aus den Überlegungen zum Zusammenhang von inhaltlicher Komplexität und empirischer Schwierigkeit ergibt sich die Vermutung, dass die höheren Komplexitätsniveaus zu größerer Aufgaben-Schwierigkeit führen. Dieser Zusammenhang eröffnet in der späteren Anwendung des Tests die Option über das Komplexitätsniveau Fördermöglichkeiten aufzuzeigen. Als Beispiel sei dazu die Passung von Lern-Aufgaben zur gemessenen Leistung im Sinne der Zone der proximalen Entwicklung nach Wygotski genannt (1964). Die Passung zu bestimmen setzt voraus, dass die Differenz zwischen Kompetenzstufe des Ist-Zustandes und des Soll-Zustandes gebildet werden kann und diese Differenz einem entsprechenden Schwierigkeitsabstand entspricht (vgl. Lau et al., 2007).

Mit Hilfe der Spearman-Rang-Korrelation wird die Stärke des Zusammenhangs zwischen der Komplexität und dem Itemparameter bewertet. Da die in der Hypothese angenommene Rangfolge nicht der empirisch gefunden entspricht, fällt die Korrelation entsprechend gering aus ($\rho = 0{,}36$, $p < 0{,}001$). Berücksichtigt man nur die „passenden" Rangplätze 1, 3, 5 und 6 ergibt sich $\rho = 0{,}51$ ($p < 0{,}001$). Nimmt man die empirisch gefundene Reihenfolge an (1, 3, 2, 5, 6, 4), so ergibt sich $\rho = 0{,}46$ ($p < 0{,}001$). Die Berücksichtigung der passenden Rangplätze führt als einzige Variante zu einer ausreichenden Korrelation $\rho > 0{,}5$.

# 11. Kapitel: Diskussion der Ergebnisse

Im folgenden Kapitel soll diskutiert werden, inwiefern die im vorherigen Kapitel gefundenen Ergebnisse die Annahme oder Ablehnung der Hypothesen stützen. Dazu werden die empirischen Werte mit den ebenfalls bereits erläuterten Normen verglichen, Abweichungen mit möglichen Ursachen in Verbindung gebracht und abschließend beurteilt, ob und unter welchen Einschränkungen die Hypothese Gültigkeit besitzt.

## Bewertung der Ergebnisse zu den Hypothesen

### Validität des Tests (H1)

In den Hypothesen H1.1 bis H1.3 wird die interne Konsistenz, der Zusammenhang mit Kompetenz bedingenden und bedingten Konstrukten sowie die Abgrenzung von Physikkompetenz fernen Konstrukten untersucht. Da die meisten Aufgaben des Leistungstests die strikten Kriterien der Passung erfüllen, kann von einer guten internen Konsistenz ausgegangen werden. Problematisch ist in diesem Zusammenhang der deutliche Mismatch zwischen den Anforderungen des Tests und dem Potential der Schülerinnen und Schülern, der sich zum Beispiel in der geringen Überlappung der Itemparameter- und Personenparameter-Verteilungen zeigt. Dieser Befund deckt sich jedoch mit den Befunden von Schabram (2006), Tiemann, Rumann, et al. (2006), Glemnitz (2006) und auch Sumfleth et al. (2006), in denen jeweils eine große Diskrepanz zwischen den im Unterricht von der Lehrperson gestellten Anforderungen und deren Erfüllung durch die Schülerinnen und Schüler festzustellen ist. Dabei wurden in den einzelnen Studien unterschiedliche Kriterien zur Erfassung der Anforderungen und des Nutzens und verschiedene Verfahren eingesetzt, mit denen die Reaktion der Schülerinnen und Schüler untersucht wurde. Die auch im vorliegenden Test berücksichtigten normativen Forderungen aus Bildungsstandards und Lehrplänen verfehlen demnach offenbar deutlich das derzeit vorhandene Potential der Schülerinnen und Schüler.

Durch diese Fehlpassung zwischen Kriterium und Schülerfähigkeiten sind die Informationen über die extremen Aufgaben-Schwierigkeiten am oberen Rand nicht besonders zuverlässig. Zwar führt das probabilistische Testmodell auch hier zu Aussagen, aber diese sind mit einem erheblichen Fehler behaftet. Dieser Fehler verbietet auf jeden Fall eine Individualdiagnostik und erfordert große Substichproben, um Aussagen in diesem Bereich rechtfertigen zu können.

Die sehr gute Passung des Raschmodells zu den Daten deutet aber darauf hin, dass mit dem Test ein einheitliches Konstrukt gemessen wurde. Dieses Konstrukt zeigt deutliche Zusammenhänge zur Kompetenz im Sinne von TIMSS, zum Wissenszuwachs über ein Schulhalbjahr und zur Physiknote. Zur Intelligenz und zur Motivation lassen sich ebenfalls mittlere Zusammenhänge nachweisen.

Intelligenz ist eine wichtige Vorraussetzung für hohe Physikkompetenz, da sie die allgemeine Problemlösefähigkeit beschreibt, Motivation ist sowohl Vorraussetzung als auch Ergebnis hoher Kompetenz. Der Zusammenhang zwischen Kompetenz und Motivation wird aber vermutlich von weiteren Faktoren moderiert, die in einer rein gymnasialen Stichprobe nicht in der nötigen Varianz vorliegen, z. B. bestimmte Peer-Group-Merkmale (vgl. Kessels & Hannover, 2006).

Der deutliche Zusammenhang zwischen dem relativ unscharfen, aber allgemein anerkannten Kompetenzbegriff nach TIMSS und dem vorliegenden Konstrukt weist darauf hin, dass das hier operationalisierte Konstrukt die verbreitete normative Kompetenzauffassung in ausreichendem Maße repräsentiert. Bei der Korrelation muss zudem beachtet werden, dass der Bodeneffekt in der Verteilung des Personenparameters dessen Varianz einschränkt und den Wert der Korrelation dadurch verringert. Tendenziell wird die Stärke des Zusammenhangs eher unterschätzt, die vorgenommene Beurteilung ist also konservativ.

Auch der Zusammenhang zwischen Wissenszuwachs und dem vorliegenden Konstrukt wird durch die verringerte Varianz des Personenparameters beeinträchtigt. Physikalische Kompetenz wird – der hier verwendeten Definition nach – erworben, indem die verfügbare Inhaltsstruktur kumulativ durch Vergrößern der Komplexität erweitert wird. Nach Baumert et al. (1997) sollte kumulatives Lernen dazu führen, dass leistungsstarke Gruppen einen größeren Wissenszuwachs haben als leistungsschwächere Gruppen. Unter Kontrolle der Leistung zu Beginn des Schulhalbjahres stellen die hier berichteten Residuen den relativen über- oder unterdurchschnittlichen Wissenszuwachs dar. Da die Korrelation zwischen dem vorliegenden Konstrukt und dem relativen Wissenszuwachs deutlich positiv ist, erfüllt das Konstrukt die zugrunde gelegte Definition von Kompetenz.

Das hier verwendete Konstrukt soll letztendlich ein Gesamtbild der Schülerinnen und Schüler für das Fach Physik liefern und in einer überschaubaren Zahl von Werten Stärken und Defizite einer Schüler-Gruppe feststellen. Die Intention der Notenspiegel einer Klasse und die Verteilung der hier ermittelten Werte entsprechen sich demnach. Zwar sind Noten nicht in gleicher Weise systematisiert wie das vorliegende Konstrukt, sie sind aber sehr viel präziser auf das Individuum angepasst. Die Note einer Schülerin oder eines Schülers stellt deshalb ein auf andere Weise als mit dem hier entwickelten Konstrukt ermitteltes Gesamtbild der Person für das Fach Physik dar. Das entwickelte Konstrukt darf zwar davon abweichen, muss aber tendenziell in die gleiche Richtung deuten. Die berichtete Korrelation zeigt, dass dies gut gelungen ist. Das vorliegende Konstrukt gibt also ein Gesamtbild der Fähigkeiten in Physik für die Schule wieder.

Zusammengenommen zeigen diese Korrelationen, dass das vorliegende Konstrukt der wahren Kompetenz sehr nahe kommt. Damit ist der entwickelte Test ein Kompetenztest, seine Aussagen beziehen sich also auf das, was normativ unter Physikkompetenz verstanden wird und für die Schule relevant ist. Nicht geklärt ist aber, ob dies *ausschließlich* physikbezogene Kompetenz ist. Wie ein Blick in die Korrelationstabelle 4.2 zeigt, würden die gemachten Aussagen auch für den KFT-Rohsummenwert gelten können, der ein allgemeines, keineswegs nur auf Physik bezogenes Konstrukt misst. Es ist also zu zeigen, dass der Zusammenhang zwischen Physikfähigkeit und dem hier gemessenen Konstrukt stärker ist als zwischen anderen Fähigkeiten und dem gemessenen Konstrukt.

Dies wird durch den Vergleich des Zusammenhangs der Schulnoten anderer Fächer mit dem Konstrukt und dem Zusammenhang zwischen Physiknote und dem Konstrukt gezeigt. Der Zusammenhang zwischen Physiknote und dem Personenparameter ist signifikant stärker als sein Zusammenhang mit den Noten der anderen Naturwissenschaften. Dass sich der Zusammenhang mit der Note in Mathematik nicht signifikant unterscheidet, kann mit dem nicht unerheblichen mathematischen Anteil in Physik erklärt werden, der im vorliegenden Konstrukt sogar mit einer eigenen Leitidee (Formalismus) berücksichtigt wird.

Das durch den Personenparameter repräsentierte Konstrukt ist zudem physikspezifisch und keine allgemeine Intelligenz. Die Korrelationen zwischen den Noten und dem KFT-Ergebnis sind mit Ausnahme der Biologienote nicht verschieden. Erwartungsgemäß hängt also nicht nur die Physiknote mit der Intelligenz zusammen, auch die anderen Noten weisen einen gleich starken Zusammenhang zur Intelligenz auf. Dies stellt einen wichtigen Unterschied zur Korrelation zwischen Personenparameter und Physiknote dar, die signifikant von den anderen Korrelationen verschieden ist. Die Korrelation zwischen Personenparameter und Physiknote ist zudem auch signifikant größer als die zwischen KFT-Ergebnis und Physiknote. Insgesamt lässt sich schließen, dass das Testergebnis nicht allein durch Intelligenz auf die Physiknote wirkt, sondern einen eigenen physikspezifischen Anteil misst.

Diese Ergebnisse belegen, dass der Test *Physik*kompetenz misst. Alle Aussagen, die auf Ergebnissen dieses Tests beruhen, sind daher Aussagen zu Physikkompetenz im Sinne der Definition aus der Einleitung dieser Arbeit. Die Aussagen sind zudem durch die Auswahl des Samples beschränkt auf die 10. Jahrgangsstufe und das Gymnasium in Nordrhein-Westfalen. Es ist anzunehmen, dass eine Verallgemeinerung über Nordrhein-Westfalen hinaus möglich ist, da im Sample ländliche und städtische Regionen zu gleichen Anteilen vertreten sind, zudem die berücksichtigten theoretisch-normativen Einflüsse länderübergreifend sind, wie beispielsweise die KMK-Bildungsstandards. Eine Verallgemeinerung über die Schulform Gymnasium hinaus ist der Theorie nach möglich, aber da sich bereits im Gymnasium ein deutlicher Bodeneffekt zeigt, ließen sich die Zusammenhänge in Schulformen mit geringerer mittlerer Leistungsfähigkeit im vorliegenden Test sehr wahrscheinlich nicht mehr nachweisen. Notarp (2006) konnte aber in seiner Staatsexamensarbeit nachweisen, dass sich in der sechsten Klasse am Gymnasium mit einem angepassten analog konstruierten Test ebenfalls die berichteten Zusammenhänge zeigen. Mit entsprechenden Tests könnten demnach voraussichtlich in weiteren Schulformen und Klassenstufen vergleichbare Ergebnisse erzielt werden.

### Das Inhaltsstrukturmodell ist dem Aufgabendesignmodell überlegen (H2)

Die zentrale Idee im empirischen Teil dieser Arbeit ist es, das theoretische Inhaltsstrukturmodell und das theoretische Aufgabendesignmodell gegeneinander zu testen. Dazu werden Aufgaben konstruiert, die den beiden Modellen eindeutig zugeordnet werden und mit denen ein Test zusammengestellt wird. Die Ergebnisse ermöglichen es, jede Aufgabe durch einen Itemparameter als Kennwert für ihre Schwierigkeit zu charakterisieren. Für alle Aufgaben zusammen ergibt sich eine Itemparameter-Verteilung mit einer bestimmten Varianz. Die beiden theoretischen Modelle konkurrieren darum, diese Varianz durch ihre Variablen aufzuklären. Je größer die aufgeklärte Varianz, desto besser ist das Modell.

Die Ergebnisse zeigen, dass das Inhaltsstrukturmodell dem Aufgabendesignmodell überlegen ist. Aufgrund der mangelnden Signifikanz des vollständigen Inhaltsstrukturmodells muss dieses angepasst werden, der Faktor „kognitive Aktivität“ spielt bei der Varianzaufklärung keine Rolle. Das Aufgabendesignmodell wird zwar insgesamt signifikant, die erwarteten Haupteffekte zeigen sich aber überraschender Weise nicht. Insbesondere der Faktor „Antwortformat“ erweist sich als vernachlässigbar. Auch bei den reduzierten Modellen, bei denen also „kognitive Aktivität“ bzw. „Antwortformat“ unberücksichtigt bleibt, zeigt sich eine deutliche Überlegenheit des Inhaltsstrukturmodells.

Diese deutliche Überlegenheit des Inhaltstrukturmodells wirft die Frage nach einem systematischen Fehler auf. Denn ebenso wie das Inhaltsstrukturmodell ist das Aufgabendesignmodell theoretisch fundiert, es wären also durchaus Effekte durch die Aufgabendesignmerkmale bei der Varianzerklärung zu erwarten. Mögliche systematische Ursachen wären also in der Operationalisierung zu erwarten.

Bei der Operationalisierung ist das Inhaltsstrukturmodell dem Aufgabendesignmodell gegenüber im Nachteil. Beide Modelle werden durch die Konstruktionsanleitung für Testaufgaben operationalisiert, wobei davon auszugehen ist, dass die Aufgabendesign-Merkmale niedrig-inferenter sind als die Inhaltsstruktur-Merkmale, d. h. sie können mit geringerer Fehlerwahrscheinlichkeit umgesetzt werden. Durch zufällige Fehler wäre also zu erwarten, dass die Varianzaufklärung durch die Inhaltsstruktur-Variablen geringer ausfällt als durch die Aufgabendesignmerkmale. Eine systematische Verzerrung wäre daher eher in die andere als die gefundene Richtung zu erwarten.

Für eine systematische Verzerrung in die gefundene Richtung können jedoch bei der Konstruktion unkontrollierte Aufgabenmerkmale verantwortlich sein. Diese können ebenfalls einen Zusammenhang zur Schwierigkeit haben. Durch eine Konfundierung mit einem der durch die Konstruktionsanleitung kontrollierten Aufgabenmerkmale können sie zu einer Über- oder Unterschätzung bestehender Zusammenhänge zwischen kontrolliertem Aufgabenmerkmal und Aufgabenschwierigkeit führen. Es ist jedoch nicht möglich alle Aufgabenmerkmale zu kontrollieren, da es beliebig viele Möglichkeiten gibt Aufgabenmerkmale zu definieren. Auch aus pragmatischen Gründen muss die Anzahl von Merkmalen in der Konstruktionsanleitung begrenzt werden.

Eine Beeinflussung durch unkontrollierte Aufgabenmerkmale wird unwahrscheinlicher, wenn pro Ausprägung jedes Aufgabenmerkmals möglichst viele Aufgaben vorhanden sind. Schließt man eine systematische Verzerrung durch den Aufgabenkonstrukteur aus, so lässt sich auf diese Weise eine zufällige Verteilung unkontrollierter Aufgabenmerkmale in jeder Ausprägung der bei der Konstruktion berücksichtigten Merkmale gewährleisten. Sind in jeder theoretisch begründeten Ausprägung gleich viele unkontrollierte Merkmalsausprägungen, so mittelt sich deren Einfluss auf die Schwierigkeit heraus.

In der vorliegenden Untersuchung ist – wie am Anfang dieses empirischen Teils beschrieben – lediglich die Mindestanzahl von Aufgaben entwickelt und getestet worden. Die Befunde sind daher anfällig für eine Konfundierung mit unkontrollierten, unbekannten Aufgabenmerkmalen. Zwar wird versucht, durch die Konstruktionsanleitung möglichst einheitliche Aufgaben zu erzeugen, dennoch ist Vorsicht bei der Verallgemeinerbarkeit der Ergebnisse geboten. Die Aussage: „Das Inhaltsstrukturmodell ist dem Aufgabendesignmodell überlegen" gilt daher zunächst nur für die vom Autor in dieser Studie entwickelten Aufgaben. Durch die Operationalisierung mit Hilfe der Konstruktionsanleitung kann der Entwicklungsprozess der Aufgaben jedoch nachvollzogen werden und eine entsprechende Verallgemeinerung auf weitere Aufgaben-Stichproben kann getestet werden, indem weitere Aufgaben – ggf. auch von anderen Personen konstruiert – nach der Anleitung entwickelt, getestet und mit den vorliegenden Daten zusammengeführt werden.

### Teilkompetenzen durch Leitideen und kognitive Aktivitäten (H3)

Das Inhaltsstrukturmodell bildet – wie in Hypothese H1 gezeigt – Physikkompetenz ab und ist dem Aufgabendesignmodell an Varianzaufklärung – wie in Hypothese H2 gezeigt – überlegen. Das Modell ist daher in den aufgezeigten Grenzen ein Kompetenzmodell für Physikkompetenz. Ziel der dritten Hypothese ist es daher, die innere Struktur daraufhin zu überprüfen, ob die theoretisch entwickelten Dimensionen in der erwarteten Weise zwischen den Schülerinnen und Schülern differenzieren. Im Rahmen dieser Arbeit wird zur Validierung das eindimensionale Modell verwendet, da für die Mehr-Skalen-Modelle die Anzahl der Items pro Skala für zuverlässige korrelative Aussagen zu gering ist.

In der Hypothese H3.1 wird zunächst gezeigt, dass das Sechs-Skalen-Modell, das die sechs Leitideen als unabhängige Skalen annimmt, signifikant besser an die Daten angepasst ist als das auf den kognitiven Aktivitäten basierende Drei-Skalen- und das einfache Ein-Skalen-Modell. Diesen Befunden nach wäre das Sechs-Skalen-Modell zu bevorzugen, das Drei-Skalen-Modell dagegen abzulehnen. Das Ein-Skalen-Modell beschreibt Physikkompetenz als eindimensionales Konstrukt. Es nimmt an, dass eine Schülerin oder ein Schüler grundsätzlich in Physik kompetent ist oder nicht. Eine eindimensionale Betrachtung ist jedoch vom physikdidaktischen Standpunkt aus wenig hilfreich und nutzt zudem die empirisch vorhandene Information nicht optimal. Tatsächlich zeigt sich, dass Schülerinnen und Schüler in Physik je nach Leitidee unterschiedlich kompetent sein können, beispielsweise können einige Schülerinnen und Schüler sehr kompetent Aufgaben zur Leitidee Energie bearbeiten, dagegen mit der Leitidee Materie noch Probleme haben.

*Machen Kognitive Aktivitäten Teilkompetenzen notwendig?*

Das empirische „Scheitern" der kognitiven Aktivitäten bedeutet nicht, dass aus fachdidaktischer Sicht die kognitiven Aktivitäten für die Kompetenzbeschreibung überflüssig sind. Zum einen haben die kognitiven Aktivitäten eine gute theoretische Fundierung. Sie charakterisieren die Inhaltsstruktur in Abhängigkeit davon, ob die Konzepte und Operatoren den Schülerinnen und Schülern bekannt sein können. Auch wenn sich diese Unterscheidung offenbar nicht zur Diagnose eignet, so hilft sie dennoch zur Charakterisierung der zur Aufgabenlösung nötigen kognitiven Prozesse. Zum anderen sind auch hier systematische Fehler bei der Operationalisierung möglich. So führt unter Umständen der Bezug auf das Curriculum zu einer unzureichenden Abschätzung, welche Konzepte und Operatoren den Schülerinnen und Schülern bekannt sind.

Die Ergebnisse zeigen zunächst, dass die Schwierigkeit von Aufgaben offenbar keine unterschiedliche Qualität beim Erinnern, Strukturieren und Explorieren hat. Alle drei Kognitive Aktivitäten enthalten bekannte Inhaltselemente: Erinnern beinhaltet bekannte Konzepte und Operatoren, Strukturieren nur bekannte Operatoren und Explorieren nur bekannte Konzepte. Offenbar ist die Unterscheidung nach Konzepten und Operatoren daher nicht relevant für die Schwierigkeit von Aufgaben im Leistungstest. Für die Planung von Lernsituationen und Lernaufgaben jedoch kann diese Unterteilung hilfreich sein.

So stellt sich neben der Frage der statistischen Signifikanz, also der Irrtumswahrscheinlichkeit, auch die Frage nach der inhaltlichen Bedeutsamkeit für den Kompetenzerwerb im Unterricht. Die im Rahmen der Hypothese H3.2 untersuchten Korrelationen der drei kognitiven Aktivitäten untereinander deuten darauf hin, dass sie zwar stark voneinander abhängen, aber durchaus auch jeweils eigene Anteile an Information enthalten. Zwar sind Schülerinnen oder Schüler, wenn sie gut Erinnern, auch in Strukturieren und Explorieren besser, trotzdem gibt es Spielraum für Unterschiede, der für differenzierte Lernwegsgestaltung genutzt werden kann. Für die Planung von Lernwegen könnte beispielsweise die folgende Hypothese geprüft werden: Eine Lernaufgabe, in der neue Konzepte mit bekannten Operatoren kombiniert werden, auf die eine Aufgabe folgt, in der neue Operatoren mit neuen Konzepten kombiniert sind, stellt eine sinnvolle Lernaufgaben-Abfolge dar, da die Schwierigkeit der Aufgaben – nach Erkenntnissen dieser Arbeit – nahezu gleich bleibt, was nach der Zone der proximalen Entwicklung (Wygotski, 1964) eine optimale Entwicklung fördert. Zudem sind die Aufgaben inhaltlich unterschiedlich, was zum Beispiel einen Einfluss auf die Motivation bei der Bearbeitung haben kann. Eine solche Abwägung der inhaltlichen Bedeutsamkeit kann im Rahmen dieser Arbeit nicht sinnvoll und daher auch nicht abschließend vorgenommen werden, da die verwendeten Modelle ausschließlich im Hinblick auf die Diagnose und damit auf die Schwierigkeit von Physik-*Test*aufgaben untersucht werden.

*Fehlerquellen bei der Operationalisierung der kognitiven Aktivitäten*

Aufgrund verschiedener potentieller Fehlerquellen kann aber auch eine unterschiedliche Qualität der kognitiven Aktivitäten bei der Aufgaben-Schwierigkeit nicht mit Sicherheit ausgeschlossen werden. Denkbar ist zum Beispiel eine unzulängliche Operationalisierung, mit der eine empirisch scharf voneinander abgrenzbare Unterteilung des Inhalts in erinnerbaren, strukturierbaren und explorierbaren Inhalt nicht möglich war. Das mögliche Problem könnte in zwei Bereichen liegen:

- Die Umsetzung der kognitiven Aktivitäten in Aufgaben mit Hilfe der Konstruktionsanleitung oder
- die Auswahl des inhaltlichen Bezugs für die Bekanntheit der Inhalte, in diesem Fall das Curriculums.

Die Umsetzung in Aufgaben basiert auf validen Indikatoren aus Videobeobachtungen und zeigte sich auch für die eingesetzten Aufgaben in ersten Probe-Expertenratings als ausreichend valide. Der Problembereich aus a) kann damit als unwahrscheinlich angesehen werden.

Die Zuordnung der Inhalte zum Curriculum ist aber eventuell ein zu ungenauer Schätzer für die Art der Bekanntheit des Inhalts. Für einzelne Schüler ist diese Zuordnung ohnehin nicht valide, aber auch für die untersuchte Population insgesamt kann nicht ausgeschlossen werden, dass curriculare Inhalte und tatsächlich Gelerntes stark differieren. Da die Inhalte des Tests an dem bis zum Testzeitpunkt gültigen Curriculum orientiert sind und – wie die 50 Videostunden zeigen – in zahlreichen Fällen auch tatsächlich so unterrichtet wurden, scheint die Annahme zulässig, dass die Behaltensleistung der Schülerinnen und Schüler stark unterschiedlich ist und das, was behalten wird, von Schüler zu Schüler sehr verschieden ist. Dadurch gibt es für alle drei Kognitiven Aktivitäten Aufgaben, die für einige Schülerinnen und Schüler vollständig bekannten Inhalt enthielten, in denen also weder Konzepte noch Operatoren bekannt sind.

Durch Wahl eines anderen Bezugs für die kognitiven Aktivitäten, z. B. das verwendete Lehrbuch oder Schülermitschriften, könnte zukünftig auch ihre empirische Unterscheidung gelingen. Die Operationalisierung der drei kognitiven Aktivitäten ist grundsätzlich ausreichend valide, daher ist die *theoretische* Unterscheidung sehr gut. Die mangelnde *empirische* Trennung der drei kognitiven Aktivitäten lässt sich – wie oben argumentiert – möglicherweise auf den Bezug um Curriculum zurückführen. Lohnenswert erscheinen weitere Untersuchungen dazu vor allem, weil für die Unterscheidung der Aufgaben nach komplexeren kognitiven Prozessen in der Literatur bisher *keine* ausreichend klare theoretische Trennung dieser Prozesse gelingt – wie beispielsweise in der PISA-E-Untersuchung von Senkbeil et al. (2005). Die Operationalisierung komplexer kognitiver Prozesse ist nur hoch-inferent möglich und daher sehr fehleranfällig, was zu verringerter Validität der Kompetenztests führt. Das Kernproblem ist dabei die beliebige Erweiterbarkeit der Liste von kognitiven Prozessen. Zurzeit gibt es weder einen Konsens über die relevanten Prozesse, noch eine allgemein gültige theoretische Grundlage. Die hier vorgestellte Unterscheidung des Inhalts nach kognitiven Aktivitäten wäre eine inhaltlich-theoretisch fundierte Möglichkeit, einer Liste kognitiver Prozesse eine gemeinsame inhaltsbezogene Basis zu geben.

*Machen Leitideen Teilkompetenzen notwendig?*

Das Ergebnis der Hypothesen H3.1 und H3.2 in Bezug auf die Leitideen (das Sechs-Skalen-Modell) lässt den Schluss zu, dass für die Leitideen tatsächlich unterschiedliche Qualitäten der Physikkompetenz erforderlich sind. Zwar kann mit der berichteten Analyse nicht gezeigt werden, dass dies der aus empirischer Sicht vollständige Satz an Qualitäten von Physikkompetenz ist, es lassen sich aber bereits eine große Anzahl verschiedener Schüler-Profile daraus ableiten. Anhand der Leitideen ist es also gelungen, typische Denkweisen der Physik in Aufgaben abprüfbar zu machen und in Verbindung mit den Komplexitätsniveaus aufzuzeigen wie die hochkomplexe inhaltliche Struktur, die die Leitideen ausmacht, schrittweise aufgebaut ist.

Die Leitideen sind die konkrete Ausarbeitung der in den KMK-Bildungsstandards definierten Basiskonzepte. Der Nachweis, dass Leitideen und mit ihnen die Basiskonzepte Teilkompetenzen für die Physik abbilden, unterstützt empirisch diese zunächst normativ gefundene inhaltliche Strukturierung, die in den Bildungsstandards dargestellt wird. Werden Basiskonzepte als Leitideen für Physik verstanden, so führen sie zu voneinander unterscheidbaren Teilkompetenzen, die zur Profilbeschreibung der Schülerinnen und Schüler geeignet sind. Kompetenz von Schülerinnen und Schülern kann damit gezielt im Hinblick auf die verschiedenen physikalischen Denkweisen diagnostiziert werden. Darauf aufbauend können auf spezielle Kompetenz-Profile zugeschnittene Lernwege entwickelt werden.

Aufgrund des Bodeneffekts in der Verteilung der Personenparameter erscheint es nicht sinnvoll die verschiedenen Profile auf Basis des vorliegenden Tests näher zu untersuchen. Durch eine bessere Anpassung des Tests an die mittlere Populations-

Fähigkeit wird es aber möglich sein die verschiedenen Typen zu identifizieren, zu beschreiben und die Häufigkeit ihres Auftretens festzustellen.

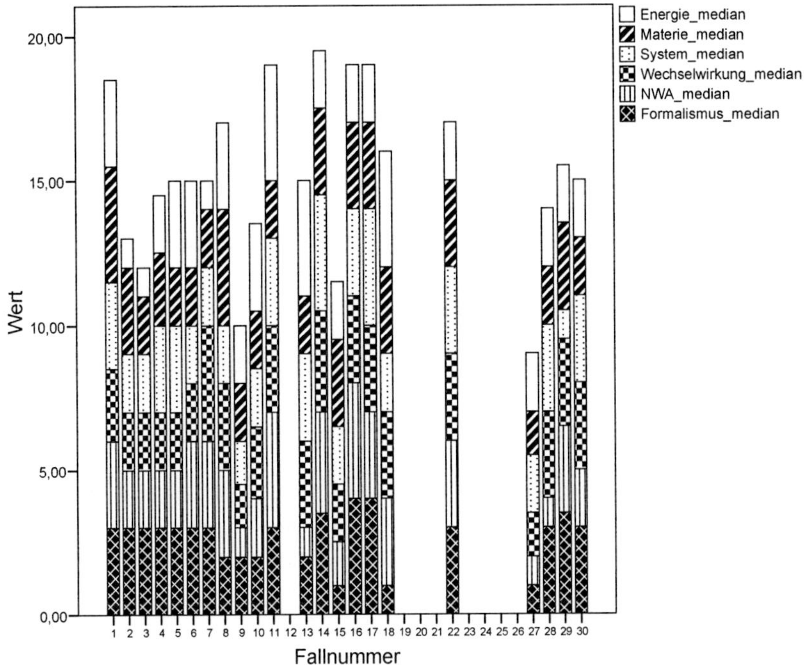


**Abb. 5.1: Klassen-Profile auf Basis der Leitidee-Quartile.** Für jede Schülerin und jeden Schüler wird zunächst in der Gesamtstichprobe die Quartilszugehörigkeit in jeder Leitidee bestimmt. Pro Klasse wird der Median der Quartilszugehörigkeit der Schülerinnen und Schüler ermittelt. Die Abbildung zeigt eine Zufallsauswahl von Klassen.

*Exemplarische Profilanalyse*

Abbildung 5.1 zeigt exemplarisch, wie eine solche Profiluntersuchung aussehen kann. Zunächst wird für die Schülerinnen und Schüler aus der vorliegenden Stichprobe bestimmt, in welchem Quartil ihre Werte für jede Leitidee liegen. Dann werden diese Quartilszugehörigkeiten für die einzelnen Leitidee-Skalen aggregiert, in diesem Fall als Median der Klasse. Es ist zu erkennen (in Abb. 5.1 eine zufällige Auswahl von Klassen), dass eine große Vielfalt an möglichen Profilen vorliegt. So gibt es „gute Klassen", die insgesamt eine hohe Säule im Diagramm haben, aber trotzdem in einer bestimmten Leitidee zum untersten Quartil gehören – zum Beispiel Klasse Nummer 13, die insgesamt relativ gut abschneidet: Ihre Schülerinnen und Schüler gehören in der Leitidee Energie meist zum obersten Quartil, in zwei weiteren zum dritten, aber in der Leitidee Naturwissenschaftliche Arbeitsweisen (NWA) überwiegend nur zum ersten Quartil. Hier lassen sich somit klassenspezifische Fördermöglichkeiten und Stärken ablesen und im Rahmen der Messgenauigkeit des Tests auch rechtfertigen. Denkbar ist es, diese Ergebnisse mit klassenspezifischen Merkmalen oder dem erteilten Unterricht in Zusammenhang zu bringen. Der Zusammenhang zum Unterricht ist auch auf theoretischer Ebene durch die enge Kopplung des für den Test verwendeten Kompetenz-Modells mit dem für Videobeobachtungen von Unterricht entwickelten Modell vertikaler Vernetzung abgesichert. Damit lassen sich, anders als durch bisherige Large-Scale-Assessments, Wirkungsketten vom Unterricht bis zur Schülerleistung modellieren. Auf a-posteriori-Interpretationen von Korrelationen zwischen Leistung und anderen erhobenen Merkmalen kann damit verzichtet werden. Stattdessen dienen diese Korrelationen der Validierung beider Modelle und des möglichen Modells der Wirkungskette. Auf diese Weise können die Testergebnisse sinnvoll zur Effizienzsteigerung des Unterrichts beitragen.

### Komplexitätsniveaus als Kompetenzstufen (H4)

Die Komplexität der Inhaltsstruktur ist als wesentliche Ursache für die Schwierigkeit von Aufgaben theoretisch beschrieben worden. Es wird dabei angenommen, dass ein höheres Komplexitätsniveau zu einer höheren Schwierigkeit führt, die wiederum eine größere Physikkompetenz erfordert um die Aufgabe richtig zu lösen. Daher begründen die Komplexitätsniveaus auch Kompetenzstufen, die sich entsprechend in dem Test nachweisen lassen müssten. Dabei bleibt die Hierarchie der Komplexitätsniveaus erhalten und führt zu hierarchischen Kompetenzstufen, die sich in ihren Aufgaben-Schwierigkeits-Mittelwerten voneinander auch statistisch signifikant unterscheiden lassen müssten.

Durch die ANOVA mit dem Itemparameter aus der eindimensionalen Raschskalierung als Abhängiger Variable und der Komplexität als einziger Unabhängiger Variable konnte gezeigt werden, dass sich die Komplexitätsniveaus in den empirischen Daten grundsätzlich nachweisen lassen. Wie aus den Daten zur H4.2 zu entnehmen ist, sind die Unterschiede zwischen den Aufgaben der einzelnen Komplexitätsniveaus teilweise nicht in der erwarteten Richtung bzw. nur in einem Fall überhaupt mit akzeptabler statistischer Sicherheit nachweisbar. Dieses Ergebnis bedeutet, dass sich die Komplexitätsniveaus nicht in der erwarteten Reihenfolge als Kompetenzstufen ergeben. Die für H4.3 vorgenommene Untersuchung des Trends zeigt aber, dass die Prinzipien, die der Komplexitätsabstufung zugrunde liegen, tatsächlich positiv mit der empirischen Schwierigkeit zusammenhängen: Wenn sich die Qualität oder Quantität der Inhaltselemente ändert, nimmt die Schwierigkeit der Aufgabe zu. Diese Zunahme der Schwierigkeit geschieht aber nicht in der Abfolge der angenommenen Niveaus. Vielmehr scheint die Quantität der Inhaltselemente gegenüber einer qualitativen Änderung der Komplexität (zum Beispiel von Fakten auf Zusammenhang) zu überwiegen.

*Ursachen und Konsequenzen des Befundes*

Ursache dieses Befundes könnte sein, dass die Anzahl der unverbundenen Inhaltselemente in einzelnen Aufgaben sehr groß ist. Das Ergebnis ist daher fachdidaktisch nicht besonders überraschend und deckt sich mit der Annahme, dass eine Aufgabe mit einer großen Menge unverbundener Elemente, solange sie groß genug ist, schwieriger ist als eine Aufgabe mit der selben Menge an Informationen in verbundenen Form. Dies wird durch den entscheidenden Vorteil kumulativen Lernens erklärbar, bei dem durch vertikale Vernetzung der Inhaltselemente ein größeres Wissen erzielt wird als durch additives Lernen (vgl. Fischer et al., 2006). Additives Lernen dagegen bietet dem Lerner eine große Menge unverknüpfter Inhalte, die dieser nur unstrukturiert und deshalb unter großen Schwierigkeiten seiner Wissensstruktur hinzufügen kann.

Als Konsequenz dieses Befundes müsste die Anzahl der für die Lösung erwarteten Inhaltselemente differenzierter erfasst werden als in dieser Arbeit geschehen. So sollte die genaue Anzahl von Inhaltselementen, die eine Lösung enthalten soll, berücksichtigt werden. Dies eröffnet die Möglichkeit, das qualitative und das quantitative Prinzip der Komplexitätsabstufung im Hinblick auf Aufgabenschwierigkeit zu vergleichen. Für die vorliegenden Aufgaben erfordert dies ein niedrig-inferentes Expertenrating, um die Anzahl der Inhaltselemente in Aufgaben auf den beiden Niveaus „Fakten" und „unverbundene Zusammenhänge" abzuzählen. Eine weitere statistische Untersuchung mit der vorhandenen Anzahl Aufgaben erscheint jedoch wenig aussichtsreich, da die Substichproben auf den beiden Niveaus zu klein sind, um sie mit einer ANOVA zu untersuchen. Es können aber gezielt mit Hilfe der Konstruktionsanleitung weitere Aufgaben erzeugt werden, um die notwendige Anzahl Aufgaben mit zwei, drei, vier usw. Fakten oder Zusammenhängen als Lösung zu erzeugen.

Eine weitere Möglichkeit die Stufung der Schwierigkeit mit Hilfe der Komplexitätsniveaus zu differenzieren, eröffnen die „reduzierten" Aufgaben. In ihnen wurde die erwartete Komplexität der Lösung zusätzlich um ein Komplexitätsniveau herabgesetzt. Dadurch werden die Informationen zweifach verwendet, denn eine Person, die die ursprüngliche Aufgabe auf höherem Niveau korrekt gelöst hat, erhielt sowohl für die ursprüngliche Aufgabe als auch für die reduzierte Aufgabe je einen Punkt. Auf diese Weise erhält man ein implizites Partial-Credit-Modell. Der Vorteil liegt in der Vergrößerung des Aufgabensamples ohne mehr Aufgaben zur Bearbeitung ausgegeben zu haben. Zudem kann anhand dieser Aufgaben überprüft werden, welchen Unterschied in der Schwierigkeit das quantitative Prinzip der Komplexitätsabstufung verursacht, bei in allen anderen Merkmalen – auch den zufälligen – vollkommen konstanten Aufgaben. Der Nachteil dieses Vorgehens liegt in der designbedingten Abhängigkeit der Aufgaben, denn die Anzahl richtiger Bearbeitungen der reduzierten Aufgabe wird größer sein als die der nicht reduzierten Variante. Damit ist die Anzahl der Lösungen der ursprünglichen und der reduzierten Aufgabe nicht mehr unabhängig voneinander. Es wird also bereits angenommen, dass sich die Komplexitätsniveaus in der angenommenen Reihenfolge auf der Schwierigkeitsskala anordnen lassen. Da dies in dieser Arbeit geprüft werden soll, verbietet sich in diesem Fall die Verwendung dieser reduzierten Aufgaben zur Schwierigkeitsanalyse.

Über den Effekt auf die Kompetenzstufen, der durch die Hinzunahme dieser reduzierten Aufgaben entsteht, berichten Kauertz und Fischer (2006a). Zudem wurden für die dort veröffentlichten Ergebnisse ausschließlich optimal zum Raschmodell passende Aufgaben berücksichtigt. Das dort zugrunde liegende Konstrukt ist daher sehr viel schärfer eingegrenzt als das in dieser Arbeit benutzte, basiert aber auch auf den künstlich erzeugten, „reduzierten" Aufgaben. Insgesamt stehen dadurch $N_{Aufgaben} = 147$ Aufgaben zur Verfügung. Dort zeigt sich deutlicher die a priori erwartete Abfolge fast aller Kompetenzstufen, wobei das fünfte Komplexitätsniveau dort nicht der Erwartung folgt. Die Niveaus konnten aber ebenfalls nicht mit ausreichender statistischer Sicherheit unterschieden werden.

Der Vergleich dieser Ergebnisse legt nahe, dass die Anzahl der Aufgaben möglicherweise nicht ausreicht, um die Reihenfolge statistisch abzusichern. Pro Komplexitätsniveau gibt es in der vorliegenden Arbeit etwa 20 Aufgaben, was die untere Grenze für die Interpretation einer ANOVA ist (vgl. Bortz, 1999). Bei dieser Anzahl der Aufgaben hätte der Effekt der unterschiedlichen Komplexitätsniveaus groß sein müssen, mittlere Effekte könnten nicht nachgewiesen werden. Eine größere Anzahl Aufgaben könnte daher den Unterschied zwischen den Mittelwerten der Aufgabenschwierigkeit der Komplexitätsniveaus statistisch absichern und Klarheit über die Reihenfolge der Kompetenzstufen bringen.

## Einschränkungen und mögliche Aussagen der Studie

Das Inhaltsstrukturmodell beschreibt die Schwierigkeit von Leistungstestaufgaben erfolgreicher als ein alternatives Modell, das Designmerkmale mit bekanntem Einfluss auf die Schwierigkeit aber ohne kompetenzdiagnostische Relevanz berücksichtigt. Durch dieses Inhaltsstrukturmodell wird daher ein – noch weiter zu spezifizierendes – Kompetenzmodell angenommen. Es müssen zukünftig bestimmte kognitive Prozesse mit den Merkmalen des Inhaltsstrukturmodells in Verbindung gebracht werden. Daher bleibt beispielsweise die Frage, welche kognitiven Operationen nötig sind um Aufgaben zur Leitidee Energie auf Komplexitätsniveau Zusammenhang zu bearbeiten, zunächst unbeantwortet.

Noch aber sind auch die Merkmale der Inhaltsstruktur selbst nicht hinreichend abgesichert. Zwar konnte nachgewiesen werden, dass für die Leitideen offenbar unterschiedliche Teilkompetenzen angenommen werden müssen, auch die Stufung der Kompetenz gelingt mit den Komplexitätsniveaus, aber die genaue Abfolge und Unterscheidbarkeit muss noch näher untersucht werden. Zudem sind die kognitiven Aktivitäten weiter zu untersuchen und es ist zu klären, ob sie Teilkompetenzen notwendig machen.

Im Hinblick auf den Zweck der Studie als Pilot-Studie ist dieses Ergebnis sehr nützlich: Insgesamt ist eine Untersuchung von Kompetenz mit dem Inhaltsstrukturmodell empirisch möglich und zielführend. Gleichzeitig konnten bestimmte „Schwachstellen“ eingegrenzt werden, die damit in einer größeren Untersuchung von Anfang an entsprechend berücksichtigt werden können. Wesentliche kritische Punkte sind dabei:

- Die Aufgaben müssen nach der konkreten Anzahl der unverbundenen Inhaltselemente unterschieden werden.
- Als Bezugsmaß für die Einteilung der Inhalte in „Erinnern“, „Strukturieren“ und „Explorieren“ sollten statt des Curriculums besser die verwendeten Lehrbücher oder sogar Schüleraufzeichnungen verwendet werden.
- Der Bodeneffekt des konstruierten Tests lässt sich möglicherweise auf eine mangelnde Passung der normativen Anforderungen an das realisierbare Potential der Schülerinnen und Schüler zurückführen, weshalb eine stärkere Orientierung an der sozialen Bezugnorm empfehlenswert scheint.
- Die Anzahl konstruierter Aufgaben ist zu gering, um differenziertere Analysen vorzunehmen. Es müssten mindestes genug Aufgaben vorhanden sein, um die sechs Skalen der Leitideen einzeln validieren zu können.

Im Rahmen dieser Arbeit ist – mit der bereits diskutierten Einschränkung der Generalisierbarkeit – gezeigt worden, dass das Inhaltsstrukturmodell folgende Vorteile hat:

- Es ist eine Basis für ein wenigstens sechsstufiges Kompetenzstufen-Modell.
- Kompetenz kann direkt an inhaltlichen Merkmalen festgemacht werden und beschreibt damit – wie in Anlehnung an Weinert (2001) definiert – physikspezifische Fähigkeiten und Fertigkeiten.
- Die Basiskonzepte der KMK-Bildungsstandards sind in ihrer Idee als strukturgebende Leitideen empirisch unterscheidbar, hängen mit Physikkompetenz zusammen und erfordern unterschiedliche Teilkompetenzen.
- Aufgaben können durch ihre inhaltliche Komplexität, die gezielt in Aufgaben berücksichtigt werden kann, unterschiedlich schwierig gestaltet werden. Dies ermöglicht eine sparsamere Testkonstruktion.
- Im Rahmen adaptiver Tests oder auch im Unterricht bei der Konzeptentwicklung können „Wege durch den Inhalt“ entlang wachsender Komplexität gefunden werden, die zu einem übergeordneten Konzept im Sinne einer Leitidee der Physik führen. Die Passung zwischen Angebot und Nutzen (vgl. Lau et al., 2006) trägt in Lernsituationen offenbar zum Lernerfolg bei. Sie kann mit Hilfe der Komplexität relativ schnell objektiv, valide und reliabel eingeschätzt werden.

# Bewertung im Hinblick auf die Ziele der Arbeit

Leistungstests sind im Rahmen von Kompetenzdiagnose wichtige Hilfsmittel. Ihre Konstruktion ist aufwändig und ihre Aussagekraft hängt entscheidend davon ab, wie valide ein Kompetenzmodell und der entsprechende Test sind. Die Rolle der Fachinhalte ist dabei häufig unklar, ihre Berücksichtigung im Leistungstest stellt Fachdidaktikerinnen und Fachdidaktiker sowie Lehrerinnen und Lehrer oft nicht zufrieden. Dies betrifft zum einen die Auswahl von Inhalten, zum anderen aber finden die Inhalte bei der Interpretation der Ergebnisse kaum Beachtung. Im Rahmen von Kompetenzdiagnose wird jedoch der Struktur von Fachinhalten normativ große Bedeutung zugemessen, weshalb eine Berücksichtigung in entsprechenden Leistungstests unumgänglich ist. Daraus ergeben sich für die Kompetenzdiagnose sowohl methodische Fragen als auch Fragen nach lern- und leistungsrelevanten Aspekten der physikalischen Inhaltsstruktur. Diese Arbeit soll zur Aufklärung dieser Fragen beitragen und drei Ziele klären:

- Die Rolle der Aufgaben-Schwierigkeit für Leistungstestaufgaben zur Kompetenzmessung in der Physik soll systematisch dargestellt werden.
- Die für Aufgaben-Schwierigkeit relevanten Aufgabenmerkmale sollen identifiziert werden und ihr Zusammenhang zur physikalischen Inhaltsstruktur geklärt werden.
- Die Aufgaben-Schwierigkeit von Leistungstestaufgaben in der Physik soll gezielt variiert werden, indem inhaltliche Merkmale der Aufgaben verändert werden.

Nach der theoretischen Vorbereitung im ersten Teil sind diese Ziele im zweiten Teil empirisch untersucht. Das Erreichen der Ziele wird im Folgenden diskutiert.

## Die Rolle der Aufgaben-Schwierigkeit

Wie bei der theoretischen Betrachtung verschiedener Aufgabenmerkmals-Typen deutlich wird und mit Hypothese H1 gezeigt werden konnte, ist die Aufgaben-Schwierigkeit ein, wenn nicht sogar *das* zentrale Element bei der Konstruktion und Validierung von Kompetenztests. Kompetenztests unterscheiden sich, betrachtet man sie in der Systematik des Rahmenmodells, vor allem durch die angenommenen Aufgaben-Merkmale, für die jeweils ein Zusammenhang zur Aufgabenschwierigkeit nachzuweisen ist. Auch der hier verwendete Test ist aus Merkmalen der Inhaltsstruktur, wie sie zuvor im Unterricht beobachtet wurde, konstruiert worden, für die sich direkte theoretische Zusammenhänge zur Lösungshäufigkeit – also der empirischen Aufgaben-Schwierigkeit – ergeben.

Mit Hilfe des zunächst nicht explizit als Kompetenztest konstruierten Tests lässt sich die gängige Vorstellung von Kompetenz, wie sie TIMSS oder PISA zugrunde liegt, sehr gut erfassen. Der Aufgaben-Schwierigkeit und ihrem Zusammenhang zu Aufgaben-Merkmalen – und insbesondere den Inhaltsstruktur-Merkmalen – kommt bei der

Konstruktion valider Kompetenztests demnach eine zentrale, physikdidaktisch bedeutsame Rolle zu.

### Aufgaben-Schwierigkeit und Aufgaben-Merkmale

Im theoretischen Teil der Arbeit werden zwei Klassen von objektiven Merkmalen identifiziert, die einen Einfluss auf die Aufgaben-Schwierigkeit haben könnten: Die Inhaltsstruktur-Merkmale und die Aufgabendesign-Merkmale. Bereits theoretisch wurde dabei die Überlegenheit der Inhaltsstruktur-Merkmale begründet, da diese über die unvermeidlichen formalen Aufgabendesign-Merkmale hinaus eine anspruchsvolle kognitive Verarbeitung erfordern. Durch Hypothese H2 im empirischen Teil konnte diese Vermutung empirisch abgesichert werden; wie dort gezeigt, tragen die Inhaltsstruktur-Merkmale zusätzlich zu den Aufgabendesign-Merkmalen deutlich zur Varianzaufklärung an der Aufgaben-Schwierigkeit bei. Gleichzeitig werden dazu gemessen an der zusätzlich aufgeklärten Varianz wenige Freiheitsgrade benötigt. Das Inhaltsstruktur-Modell ist damit ein ökonomisches, erklärungsmächtiges Modell, das die Aufgabenschwierigkeit vorhersagen kann.

Über die dabei tatsächlich stattfindenden kognitiven Prozesse sind keine Aussagen gemacht. Es ist ebenfalls keine Aussage darüber möglich, ob weitere Merkmale von Aufgaben noch bedeutsamere Anteile an Aufgaben-Schwierigkeits-Varianz binden können. Die beiden verglichenen Merkmals-Klassen decken jedoch bereits jene Merkmale ab, die mit verhältnismäßig geringem Aufwand zuverlässig in Aufgaben zu identifizieren und implementieren sind.

Aus der Überlegenheit der Inhaltsstruktur-Merkmale kann somit der Vorschlag gerechtfertigt werden, in Leistungstest-Konstruktionen zur Diagnose von Physikkompetenz die Inhaltstruktur der Lösung im Hinblick auf Leitidee und Komplexität zu analysieren und gezielt zu implementieren. Die dabei gewonnen Erkenntnisse dienen im Rahmen der Testung als gute Richtlinie für die dadurch zu erwartende Schwierigkeit. Die Testergebnisse der Personen stellen Messwerte für Physikkompetenz dar. Soll bei dem Test eigentlich ein anderes Merkmal getestet werden, so empfiehlt es sich die durch Leitidee und Komplexität hervorgerufene Varianz im Vorhinein, durch Konstanthalten beider Merkmale, festzulegen oder sie a posteriori herauszurechnen.

### Steuerung der Aufgaben-Schwierigkeit

Wie in den Hypothesen H3 und H4 gezeigt werden konnte, sind die theoretisch angenommenen Veränderungen der Aufgaben-Schwierigkeit tatsächlich durch die Merkmale Komplexität und Leitidee bestimmt. Aufgaben-Schwierigkeit lässt sich demnach nicht für alle Leitideen gleich beschreiben, sondern hat in jeder Leitidee eine andere Qualität. Diese andere Qualität ergibt sich, wie im theoretischen Teil diskutiert, aus einer für die Leitidee spezifischen Kombination von Inhaltselementen. Die Basiskonzepte aus den Standards für den mittleren Schulabschluss der KMK

(2004) können also tatsächlich unterschiedliche Qualitäten von Kompetenz bilden, wenn sie, wie in dieser Arbeit geschehen, als Leitideen verstanden werden.

Durch Auswahl einer speziellen Leitidee wird nach Hypothese H3 eine besondere Aufgaben-Schwierigkeit erfasst, die nicht auf die anderen Leitideen übertragbar ist. Fähigkeiten, die bei Lösungen, die der Leitidee Energie folgen, benötigt werden, sind demnach nicht fair mit Fähigkeiten vergleichbar, die zur Lösung von Aufgaben der Leitidee Materie benötigt werden. Die Auswahl der Leitidee ist somit eine Steuerungsmöglichkeit für die Aufgaben-Schwierigkeit, da mit ihr eine Entscheidung für einen fähigkeitsspezifischen Vergleich von Schülerinnen und Schülern oder Aufgaben getroffen wird. Eine zweite Steuerungsmöglichkeit ist durch das Merkmal Komplexität gegeben. Mit der Komplexität kann generell die Aufgaben-Schwierigkeit vergrößert oder verringert werden.

## Erträge aus dieser Arbeit

Aufgrund der empirischen Ergebnisse kann nachgewiesen werden, dass mit zunehmender Komplexität auch die Aufgaben-Schwierigkeit anwächst, im Einzelnen aber ist die Vorhersage gegenwärtig nicht ausreichend zuverlässig, um unmittelbare praktische Implikationen zu haben. Sollten sich aber mit größerer Stichprobe die Komplexitätsniveaus auch empirisch unterscheiden lassen, so kann dies die valide Diagnose von Schülerleistungen für alle Betroffenen vereinfachen und als Hilfestellung für die zeitnahe Diagnose im Unterricht dienen. Daraus kann dann – wiederum durch Leitidee und Komplexität gesteuert – eine Förder-Aufgabe angeboten werden, die in Aufgaben-Schwierigkeits-Art (Leitidee) und Schwierigkeit (Komplexität) an den diagnostizierten Stand angepasst ist.

Zum gegenwärtigen Erkenntnisstand aber müsste die Interpretation von beobachteter Physik-Kompetenz eine Diskussion der Leitidee einschließen, der die Aufgaben folgen, da durch die Leitideen verschiedene Teil-Kompetenzen beschrieben sind. Im Rahmen der Large-Scale-Assessments ist dadurch eine engere Anbindung an den Physik-Unterricht und die normativen Anforderungen der KMK möglich. Das bedeutet nicht, dass die Large-Scale-Ergebnisse eine direkte Aussage über den einzelnen Unterricht zuließen, wenn sie im Hinblick auf die Leitideen interpretiert werden. Ihre große Stärke, eine sehr differenzierte Strukturierung der Gesellschaft mit Leistungsverteilungen zu verbinden, könnte aber auf diese Weise mit dem Aggregat einer unterrichtsrelevanten Größe zusammenkommen, nämlich der hier beschriebenen inhaltlichen Strukturierung (Leitidee und Komplexität) als Ausgangspunkt für Kompetenz. Auf diese Weise bleibt nicht als Resultat einer Large-Scale-Untersuchung, *dass* die Lehrerinnen und Lehrer bestimmte Gruppen besser fördern müssen sondern auch eine Aussage darüber *wie* sie fördern können, weil sie erfahren *was* das Ziel ihrer Bemühungen sein soll, wie weit sie davon entfernt sind und was der nächste Schritt ist.

Durch die Berücksichtigung von Kompetenzstufen, wie sie sich aus den Komplexitätsniveaus ergeben, und den Teilkompetenzen, wie sie sich aus den Leitideen ergeben, können die Bildungsstandards leichter adjustiert werden. Zunächst kann geprüft werden, wie viele Schülerinnen und Schüler in welcher Teilkompetenz auf einer Kompetenzstufe sind, um dann entweder Mindeststandards (welche Kompetenzstufe muss in welcher Teilkompetenz erreicht werden) oder Regelstandards festzulegen, die eine Verteilung der Schülerinnen und Schüler um die mittlere Kompetenzstufe annehmen. Durch die Verankerung in der Inhaltsstruktur lassen sich dann gezielt Entwicklungsmöglichkeiten aufzeigen, die den Übergang zwischen den Stufen ermöglichen sollen und so langfristig eine Anhebung der mittleren Leistung bewirken können. Die Verwendung von Komplexitätsniveaus als Kompetenzstufen bietet dabei einen festen, von der empirischen Verteilung unabhängigen Referenzrahmen, der auch langfristige Entwicklungen sichtbar werden lässt.

Auch praktische Erträge für die Testentwicklung ergeben sich aus dieser Arbeit. So objektiviert die Aufgaben-Konstruktionsanleitung die Erzeugung oder Auswahl der Aufgaben für den Test, indem sie notwendige Merkmale der Aufgaben im Vorhinein festlegt und ihr Einbringen in den Aufgabentext durch Indikatoren festschreibt. Die so systematisierte Aufgabenkonstruktion führt schneller zu brauchbaren Aufgaben als eine unsystematisierte, da mehrere Personen sehr ähnliche Aufgaben erzeugen können, und sie ist zudem systematisch erweiterbar, indem zum Beispiel themenbezogene Textbausteine für die Aufgabenkonstruktion zur Verfügung gestellt werden können. Zudem können die Aufgaben-Merkmale, deren Einfluss auf die Aufgaben-Schwierigkeit nachgewiesen ist, systematisch für die Erzeugung unterschiedlich schwierige Aufgaben genutzt werden.

Darüber hinaus trägt diese Arbeit zur theoretischen Modellierung von Physik-Kompetenz bei, indem sie aus den Basiskonzepten Teilkompetenzen ableitet. Sie entwickelt zudem aus physik-didaktischer Sicht die Methodik der Kompetenzmessung weiter, da sie die Berücksichtigung inhaltlicher Strukturen bei der Konstruktion von Leistungstestaufgaben systematisiert und empirisch begründet. Zudem resultiert aus der Arbeit ein curricular valider standardorientierter Leistungstest für das Ende der 10. Jahrgangstufe, der die formulierten Ansprüche mit der Wirklichkeit vergleichen kann und damit einen Betrag zur Optimierung von Unterricht liefert.

# Literatur

Adams, R. J., Wu, M. L., Macaskill, G. (1997). Scaling Methodology and Procedures for the Mathematics and Science Scales. In: TIMSS Technical Report. Volume II: Implementation and Analysis, Primary and Middle School Years (Population 1 and Population 2). M. O. Martin & D. L. Kelly (Hrsg.). Massachusetts USA: Boston College.

Aebli, H. (1980). Denken - das Ordnen des Tuns: Bd. 1. Kognitive Aspekte der Handlungstheorie. Stuttgart: Klett.

Anderson, L. W. & Krathwohl, D. R. (2001). A Taxonomy for Learning, Teaching, and Assessing: A Revision of Bloom's Taxonomy of Educational. New York: Longman.

Atkinson, R. C. & Shiffrin, R. M. (1968). Human memory: A proposed system and its control processes. (2 ed.) New York: Academic Press.

Aufschnaiter, S. v. & Welzel, M. (1997). Wissensvermittlung durch Wissensentwicklung. Das Bremer Komplexitätsmodell zur quantitativen Beschreibung von Bedeutungsentwicklung und Lernen. In: Zeitschrift für Didaktik der Naturwissenschaften, 3(2), 43-58.

Ausubel, D. P. (1960). The use of advance organizers in the learning and retention of meaningful verbal material. Journal of Educational Psychology, 51, S. 267-272.

Ausubel, D. P. (1963). The psychology of meaningful verbal learning. New York:

Baumert, J., Bos, W., & Lehmann, R. (2000). TIMSS/III Dritte Internationale Mathematik- und Naturwissenschaftsstudie Mathematik und naturwissenschaftliche Bildung am Ende der Schullaufbahn. Band 2: Mathematische und physikalische Kompetenzen am Ende der gymnasialen Oberstufe. Opladen: Leske + Budrich.

Baumert, J., Klieme, E., Neubrand, M., Prenzel, M., Schiefele, U., Schneider, W. et al. (2003). PISA 2000. Ein differenzierter Blick auf die Länder der Bundesrepublik Deutschland. Opladen: Leske + Budrich.

Baumert, J.; Lehmann, R.; et al. (1997). TIMSS – Mathematisch-naturwissenschaftlicher Unterricht im internationalen Vergleich. Opladen: Leske + Budrich.

Beaton, A. E., Martin, M. O., Mullis, I. V. S., Gonzalez, E. J., Smith, T. A., & Kelly, D. L. (1996). Sciene achievement in the middle school years: IEA's Third International Mathematics and Science Study (TIMSS) Chestnut Hill/MA: TIMSS International Study Center, Boston College.

Bloom, B. S. (1956). Taxonomy of Educational Objectives: Cognitive Domain. New York: McKay.

Bloom, B. S. (1965). Taxonomy of educational objectives I: cognitive domain. New York: Longman Green.

Bonato, M. (1990). Wissensstrukturierung mittels Struktur-Lege-Techniken: eine graphentheoretische Analyse von Wissensnetzen. Frankfurt am Main ; New York: Lang.

Bond, T. G., & Fox, C. M. (2001). Applying the Rasch Model: Fundamental measurement in the human sciences. Mahwah, NJ: Erlbaum.

Bortz, J. & Döring, N. (2003). Forschungsmethoden und Evaluation für Human- und Sozialwissenschaftler. Nachdruck der dritten überarbeiteten Auflage. Berlin: Springer.

Bortz, J. (1999). Statistik für Sozialwissenschaftler. Fünfte, vollständig überarbeitete und aktualisierte Auflage. Berlin: Springer.

Bos, W. , Lankes E. M., Prenzel, M., Schwippert, K., Walther, G., Valtin, R. (Hrsg., 2003). Erste Ergebnisse aus IGLU. Schülerleistungen am Ende der vierten Jahrgangsstufe im internationalen Vergleich. Münster: Waxmann.

Bromme, R., Seeger, F. & Steinbring, H. (1990). Aufgaben als Anforderungen an Lehrer und Schüler. Köln: Aulis.

Brückmann, M. & Kauertz, A. (2005). Cumulative Versus Additive Learning - Methods to Investigate the Linkages between Knowledge Elements Provided in Instruction. In: R. Pintó & D. Couso (Eds.), Proceedings of the Fifth International ESERA Conference on Contributions of Research to Enhancing Students' Interests in Learning Science (pp. 839-842 [CD-ROM]). Barcelona: UAB; Univ. Pomeu Fabra.

Bruner, J. S. (1974). Entwurf einer Unterrichtstheorie Düsseldorf : Pädagogischer Verlag Schwann.

Bühner, M. (2004). Einführung in die Test- und Fragebogenkonstruktion. München: Harlow: Pearson Studium.

Bybee, R. W. (1997). Toward an Understanding of Scientific Literacy. In: W. Gräber & C. Bolte (Hrsg.), Scientific Literacy – An International Symposium. S. 37 – 68. Kiel: Institut für Pädagogik der Naturwissenschaften.

Chomsky, N. (1969). Aspekte der Syntaxtheorie. Frankfurt a. M.: Suhrkamp/Akademie-Verlag.

Coll, R., & Treagust, D.F. (2002). Learners' use of analogy and alternative conceptions for chemical bonding: A cross age study. Australian Science Teachers' Journal, 48(1), 24-32.

Cornelsen (1991). Physik für Gymnasien. Sekundarstufe I, Länderausgabe N, Gesamtband. Berlin: Cornelsen-Verlag.

Dorn Bader (2001). Physik. Gymnasium Sek I. F. Bader & H.-W. Oberholz (Hrsg.). Hannover: Schroedel-Verlag.

Dörner D., & Schölkopf, J. (1991). Controlling complex systems; or Expertise as "grandmother's know-how". In: K. A. Ericsson, & J. Smith (Eds.), Toward a general theory of expertise: Prospects and limits. NY: Cambridge University Press.

Draxler, D. (2006). Aufgabendesign und basismodellorientierter Unterricht. Dissertation an der Universität Duisburg-Essen, elektronisch verfügbar unter: http://duepublico.uni-duisburg-essen.de/servlets/DocumentServlet?id=14098 (Stand 03.04.2007).

Dreyer, H. P. (Hrsg.) (1999). Phänomena. Aspekte der Realität in Physikaufgaben. Zürich: Sabe.

Einhaus, E., Schecker, H. (2006) Erstellung eines Testinventars für den Themenbereich Wärmelehre/Thermodynamik. In: CD zur Frühjahrstagung des Fachverbandes Didaktik der Physik in der Deutschen Physikalischen Gesellschaft - Kassel 2006, Redaktion: Nordmeier, V., Oberländer, A., Berlin.

Espinoza, F. (2004). Enhancing mechanics learning through cognitively appropriate instruction. In: Physical Education, 39, S. 181–187.

Euler, M., Duit, R., Mikelskis-Seifert, S., Müller, C. T., Friege, G., Bell, T., Komorek, M., Reinholtz, A. (2007). Physik im Kontext. Ein Programm zur Förderung der naturwissenschaftlichen Grundbildung durch Physikunterricht. Kiel: IPN.

Eye, A. v., Soerensen, S., Lerner, J. V. & Lerner, R. M. (1998). Die kognitive Komplexität und ihre Entwicklung: Querschnittliche und längsschnittliche Befunde. In: Zeitschrift für Entwicklungspsychologie und pädagogische Psychologie, 30 (3), 139-148. Göttingen: Hogrefe-Verlag.

Faul, F. & Erdfelder, E. (1992). GPOWER: A priori, post-hoc, and compromise power analyses for MS-DOS [Computer Program]. Version 2.0. Bonn: Bonn University, Dep. of Psychology.

Feyerabend, P. K. (1976). Wider den Methodenzwang. Skizze einer anarchistischen Erkenntnistheorie. Frankfurt a. M.: Suhrkamp.

Fischer, H. E. & Draxler, D. (2006). Konstruktion und Bewertung von Physikaufgaben. In E. Kircher, R. Girwidz & P. Häußler (Hrsg.), Physikdidaktik. Theorie und Praxis. 639–655. Berlin: Springer.

Fischer, H. E., Glemnitz, I., Kauertz, A. und Sumfleth, E. (2006). Auf Wissen aufbauen – kumulatives Lernen in Chemie und Physik, E. Kircher, R. Girwidz und P. Häußler (Hrsg.): Physikdidaktik – Theorie und Praxis, Berlin, Heidelberg: Springer.

Fischer, H.E. (1994). Physiklernen: Eine Herausforderung für Unterrichtsforschung. In Nachtigall, D. (Hrsg.): Didaktik und Naturwissenschaften, Band 3. Frankfurt: Lang.

Fisseni, H. J. (1997). Lehrbuch der psychologischen Diagnostik. 2. Auflage. Göttingen: Hogrefe-Verlag.

Friege, G. & Lind, G. (2004). Leistungsmessung im Leistungskurs. MNU, 57, Heft 5, 259-265.

Glasersfeld, E. v. (1997). Wege des Wissens : konstruktivistische Erkundungen durch unser Denken. Heidelberg : Carl-Auer-Systeme.

Glemnitz, I. (2006). Vergleich vertikaler Vernetzung im herkömmlichen Chemieunterricht mit Unterricht nach der Konzeption Chemie im Kontext (ChiK). Zwischenberichte 2003-2006 des Graduiertenkollegs nwu-essen. Sumfleth, E. (Hsg.). Essen.

Graf, M. (2002). Methodische Überlegungen zur Umfrageforschung: Die Konstruktion von Fragebogeninstrumenten unter Berücksichtigung von Response-Effekten. Literaturarbeit am Psychologischen Institut der Universität Zürich, Abteilung Sozialpsychologie, Lic. phil. H. R. Schelling.

Hamaker, C. (1986). The effekts of adjunct question on prose learning. In: Review of Educational Research, 56 (2), S. 212-242.

Hambleton, R. K. & Swaminathan, H. (1985). Item Response Theory Principles and Applications. Boston: Kluwer-Nijhoff Publishing.

Harlow, A. & Jones, A. (2004). Why Students Answer TIMSS Science Test Items the Way They Do. In: Research In Science Education, 34, S. 221–238.

Harms, U. & Bünder, W. (1999). Zuwachs von Kompetenz erfahrbar machen: Kumulatives Lernen. Erläuterungen zum Modul 5 des Modellversuchs der Bund-Länder-Kommission Steigerung der Effizienz des mathematisch-naturwissenschaftlichen Unterrichts. IPN: Kiel.

Häußler, P. (2006). Wie lässt sich Lernerfolg messen? In E. Kircher, R. Girwitz & P. Häußler (Hrsg.), Physikdidaktik. Theorie und Praxis. 249–294. Berlin: Springer.

Heller, K. A. & Perleth, C. (2000). Kognitiver Fähigkeits-Test für 5.-12./13. Klassen, Revision – Materialien-Manual-Koffer. Göttingen: Beltz Test.

Helmke, A. & Hosenfeld, I. (2004). Vergleichsarbeiten - Kompetenzmodelle - Standards. In M. Wosnitza, A. Frey & R. S. Jäger (Hrsg.), Lernprozesse, Lernumgebungen und Lerndiagnostik. Wissenschaftliche Beiträge zum Lernen im 21. Jahrhundert (S. 56-75). Landau: Verlag Empirische Pädagogik.

Hestenes, G., Wells, M., & Swackhammer, G. (1992). Force Concept Inventory. In: TPT, 30, 141-151.

Hucke, L. & Fischer, H. E. (2000). Begriffsnetze zur Analyse der Wissensänderung im physikalischen Anfängerpraktikum. Berlin, Logos.

IEA (1999a). TIMSS Mathematics Items: Released Set for Eighth Grade. Boston College: ISC. Abgerufen unter: http://timss.bc.edu/timss1999i/pdf/t99math_items.pdf [05.04.2007]

IEA (1999b). TIMSS Science Items: Released Set for Eighth Grade. Boston College: ISC. Abgerufen unter: http://timss.bc.edu/timss1999i/pdf/t99science_items.pdf [05.04.2007]

Kauertz, A. & Fischer, H. E. (2006a). Assessing Students' Level of Knowledge and Analysing the Reasons for Learning Difficulties in Physics by Rasch Analysis. In: Liu, X. & Boone, J. (Hrsg.), Applications of Rasch Measurement in Science Education. 212 – 246. Minnesota: Maple Grove.

Kauertz, A. und Fischer, H.E. (2006b). Leistungstest zur Erfassung kumulativ erworbenen Wissens in Physik. In: A. Pitton (Hrsg.): Gesellschaft für Didaktik der Chemie und Physik: Lehren und Lernen mit neuen Medien. Münster: Lit.

Kessels, U. & Hannover, B. (2004). Entwicklung schulischer Interessen als Identitätsregulation. In: J. Doll & M. Prenzel (Hrsg.), Schulische und außerschulische Ansätze zur Verbesserung der Bildungsqualität (S. 345-359). Münster: Waxmann

Klauer, K.-J. (1987). Kriteriumsorientierte Tests. Lehrbuch der Theorie und Praxis lehrzielorientierten Messens. Göttingen, Toronto, Zürich: Hogrefe.

Klieme, E. & Leutner, D. (2006). Kompetenzmodelle zur Erfassung individueller Lernergebnisse und zur Bilanzierung von Bildungsprozessen. Überarbeitete Fassung des Antrags an die DFG auf Einrichtung eines Schwerpunktprogramms.

Klieme, E. (1989). Mathematisches Problemlösen als Testleistung. Frankfurt am Main; New York: P. Lang.

Klieme, E. (2000). Fachleistungen im voruniversitären Mathematik- und Physikunterricht: Theoretische Grundlagen, Kompetenzstufen und Unterrichtsschwerpunkte. In: J. Baumert, W. Bos & R. Lehmann (Hrsg.), TIMSS III Dritte Internationale Mathematik- und Naturwissenschaftsstudie – Mathematische und naturwissenschaftliche Bildung am Ende der Schullaufbahn. Band 2: Mathematische und physikalische Kompetenzen am Ende der gymnasialen Oberstufe. S. 57 – 117. Opladen: Leske und Budrich.

Klieme, E., Avenarius, H., Blum, W., Döbrich, P., Gruber, H., Prenzel, M., Reiss, K., Riquarts, K., Rost, J., Tenorth, H.-E., Vollmer, H. J. (2003). Expertise Zur Entwicklung nationaler Bildungsstandards. Bundesministerium für Bildung und Forschung (BMBF) (Hrsg.)

KMK [Ständige Konferenz der Kultusminister der Länder der Bundesrepublik Deutschland] (2004). Bildungsstandards im Fach Physik für den mittleren Schulabschluss. Abgerufen am 11.02.2006 unter http://www.kmk.org/schul/Bildungsstandards/Physik_MSA16-12-04.pdf

Köller, O., Watermann, R. & Baumert, J. (2001). Skalierung der Leistungsdaten in PISA. In: PISA 2000. Basiskompetenzen von Schülerinnen und Schülern im internationalen Vergleich. Deutsches PISA-Konsortium (Hrsg.). Opladen: Leske und Budrich.

Korossy, K. (1993). Modellierung von Wissen als Kompetenz und Performanz: eine Erweiterung der Wissensstruktur-Theorie von Doignon & Falmagne. Heidelberg, Univ., Diss. : 1993.

Kuhn (Hrsg., 1996). Physik 1. Ausgabe in einem Band. 2. Auflage. Braunschweig: Westermann.

Kuhn, T. S.(1973). Die Struktur wissenschaftlicher Revolutionen. Frankfurt/Main: Suhrkamp Verlag.

Künsting, J. (2006). Effekte von exploratorischen und situationalen Zielvorgaben auf die Lernprozessregulation und den cognitive load. Zwischenberichte 2003-2006 des Graduiertenkollegs nwu-essen. Sumfleth, E. (Hsg.). Essen.

Lau, A., Fischer, H. E. & Sumfleth, E. (2007). Die Auswirkung von vertikaler Vernetzung auf kumulatives Lernen im Chemie und Physikunterricht. Lehrerexpertise und Schulqualität. 4. Tagung der Sektion Empirische Bildungsforschung der Deutschen Gesellschaft für Erziehungswissenschaft (DGfE). Wuppertal.

Lederman, N. G. (1992). Students' and teachers' conceptions of the nature of science: A review of research. Journal of Research in Science Teaching, 29 (4), S. 331-359.

Lienert, G. & Raatz, U. (1998). Testaufbau und Testanalyse (6. Auflage). Weinheim: Psychologie Verlags Union.

Lind, G. & Friege, G. (2003). Wissen und Problemlösen – Eine Untersuchung zur Frage des trägen Wissens. Empirische Pädagogik 17/03.

Liu, X. (2006). Mapping out Students' Matter Concept Developement from Elementary to High School. In: Liu, X. & Boone, J. (Hrsg.), Applications of Rasch Measurement in Science Education. 165 – 188. Minnesota: Maple Grove.

Liu, X., & McKeough, A. (2005). Developmental growth in students' concept of energy: An analysis of selected items from the TIMSS database. In: Journal of Research in Science Teaching, 42(5). 493-517.

Lüdke, O., Köller, O., Bundt, S., Gomolka, J. & Watermann, R. (2004). Durchführung und methodische Grundlagen der TOSCA-Studie. In: Wege zur Hochschulreife in Baden-Württemberg: TOSCA - eine Untersuchung an allgemein bildenden und beruflichen Gymnasien. O. Köller (Hrsg.). Opladen: Leske und Budrich.

March, A. (1964). Die physikalische Erkenntnis und ihre Grenzen. Braunschweig: F. Vieweg.

Martinez, M. E. (1999). Cognition and the question of test item format. In: Educational Psychologist, 34 (4), 207-218.

Mayer, R. E. (2001). Multimedia learning. Cambridge: Cambridge University Press.

Mayr, E. (2002). Die Autonomie der Biologie. Naturwissenschaftliche Rundschau, 55, S. 23–29

McDermott, L. C., Rosenquist, M. L. & van Zee, E. H. (1987). Student difficulties in connecting graphs and physics: Examples from kinematics. In: American Journal of Physics, 55 (1987), Heft 6, S. 503-513.

Miller, G. A. (1951). Language and communication. New York: McGraw-Hill.

Ministerium für Schule und Weiterbildung, Wissenschaft und Forschung des Landes Nordrhein-Westfalen [KM] (1999). Sekundarstufe 1 – Gymnasium - Richtlinien und Lehrpläne – Physik. Frechen: Ritterbach. Erstausgabe 1993.

Misgeld, W. (1994). Historisch-genetisches Lernen in den Naturwissenschaften. Deutscher Studien Verlag.

Notarp, H. (2006). Aufgaben im Physikunterricht: Entwicklung und Pilotierung jahrgangsbezogener Aufgaben im Rahmen vertikaler Vernetzung. Schriftliche Hausarbeit im Rahmen der Ersten Staatsprüfung für das Lehramt für die Sekundarstufe I/II. Themensteller: H. E. Fischer, Didaktik der Physik, Universität Duisburg-Essen, Standort Essen. Staatliches Prüfungsamt für die Erste Staatsprüfung für Lehrämter an Schulen - Essen.

OECD [ORGANISATION FOR ECONOMIC CO-OPERATION AND DEVELOPMENT] (1999). Measuring student knowledge and skills. A New Framework for Assessment. Paris: OECD Publication Service.

Parchmann, I., Demuth, R., Ralle, B., Paschmann, H., Huntemann, H. (2001). Chemie im Kontext - Begründung und Realisierung eines Lernens in sinnstiftenden Kontexten. PdN-ChiS 50(1), 2

Penner, I.-K., Reijnen, E. & Opwis, K. (2006). Gedächtnis. In: Leistung und Leistungsdiagnostik. K. Schweizer (Hrsg.). Heidelberg: Springer Medizin Verlag.

Pfund, H. & Duit, R. (1994). Bibiliography, Students´ alternative frameworks and science education. (4 ed.) Kiel: IPN Reports- in Brief.

PISA (2002). PISA 2000 Technical Report. R. Adams & M. Wu (Hrsg.). Paris: OECD.

Prenzel, M., Häußler, P., Rost, J., & Senkbeil, M. (2002). Der PISA Naturwissenschaftstest: Lassen sich die Aufgabenschwierigkeiten vorhersagen? Unterrichtswissenschaft, 30, 120–135.

Puck, A. (2006). Entwicklung und Erprobung eines Expertenratings zur Klassifizierung der Vernetzungsqualität von Physikaufgaben. Schriftliche Hausarbeit im Rahmen der Ersten Staatsprüfung für das Lehramt für die Sekundarstufe I/II. Themensteller: H. E. Fischer, Didaktik der Physik, Universität Duisburg-Essen, Standort Essen. Staatliches Prüfungsamt für die Erste Staatsprüfung für Lehrämter an Schulen - Essen.

Rammert, M. & Webler-Pijahn, K. (2001). Dokumentation der Skalen- und Item-Auswahl für den Kinderfragebogen zur Lernmotivation und zum emotionalen Erleben. Universität Bielefeld, Abteilung für Pädagogische Psychologie.

Renkl, A. (1998): Träges Wissen. In D. H. Rost (Hrsg.): Handwörterbuch Pädagogische Psychologie. Weinheim: Beltz.

Resnick, L. B. (1976). The nature of intelligence. Hillsdale, NJ: Erlbaum.

Reyer, T. (2004). Oberflächenmerkmale und Tiefenstrukturen im Unterricht – exemplarische Analysen im Physikunterricht der gymnasialen Sekundarstufe. Berlin: Logos-Verlag.

Rost, J. (1999). Was ist aus dem Rasch-Modell geworden? Psychologische Rundschau Vol. 50, No. 3, 140-156. Göttingen: Hogrefe-Verlag.

Rost, J. (2003). Zeitgeist und Moden empirischer Analysemethoden [45 Absätze]. Forum Qualitative Sozialforschung / Forum: Qualitative Social Research [On-line Journal], 4(2). Verfügbar über: http://www.qualitative-research.net/fqs-texte/2-03/2-03rost-d.htm [Datum des Zugriffs: 05.04.2007].

Rost, J. (2004). Lehrbuch Testtheorie - Testkonstruktion. Bern: Verlag Hans Huber.

Schabram, K. (2006). Entwicklung und Evaluation einer Methode zur Konstruktion von Lernaufgaben unterschiedlicher Schwierigkeit am Beispiel des Physikunterrichts. Zwischenberichte 2003-2006 des Graduiertenkollegs nwu-essen. Sumfleth, E. (Hsg.). Essen.

Schecker, H. & Gerdes J. (1999). Messung der Konzeptualisierungsfähigkeit in der Mechanik. Zur Aussagekraft des Force Concept Inventory. In Zeitschrift für Didaktik der Naturwissenschaft, Vol. 5, Nr. 1, S. 75-89.

Schecker, H. & Parchmann, I.(2006). Modellierung naturwissenschaftlicher Kompetenz. In: Zeitschrift für Didaktik der Naturwissenschaften 12 (2006), S. 45-66.

Schott, F. & Ghanbari, S. A. (2007). ComTrans ein Ansatz zur Bestimmung, Analyse, Operationalisierung und Messung von Kompetenzen. Lehrerexpertise und Schulqualität. 4. Tagung der Sektion Empirische Bildungsforschung der Deutschen Gesellschaft für Erziehungswissenschaft (DGfE). Wuppertal.

Schott, F. unter Mitarbeit von Wieberg, H.-J. W (1984). Regelgeleitete Itemkonstruktion. Ein Verfahren zur Definition von Itemuniversa und deren kontentvalider Abbildung in Itemmengen für Tests und Treatments. Diagnostica, 30, 46-66.

Schwanitz, D. (2001). Bildung: Alles was man wissen muss. Frankfurt am Main: Eichborn.

Seddon, G. M. (1978). The Properties of Bloom's Taxonomy of Educational Objectives for the Cognitive Domain. In: Review of Educational Research, Vol. 48, No. 2 (Spring, 1978), S. 303-323.

Seel, N. M. (2000). Psychologie des Lernens. Stuttgart: UTB.

Seidel, T. (2003). Lehr-Lernskripts im Unterricht. Freiräume und Einschränkungen für kognitive und motivationale Prozesse beim Lernen - eine Videostudie im Physikunterricht. Münster: Waxmann.

Senkbeil, M., Rost, J., Carstensen, C. H. & Walter, O. (2005). Der nationale Naturwissenschaftstest PISA 2003. Entwicklung und empirische Überprüfung eines zweidimensionalen Facettendesigns. Empirische Pädagogik, 19 (2), 166 – 189.

Simonyi K. (1995). Kulturgeschichte der Physik: Von den Anfängen bis 1990. Deutsch, Thun Frankfurt

Sodian, Beate (1995): Entwicklung bereichsspezifischen Wissens. In: Oerter, Rolf; Montada, Leo (Hg.): Entwicklungspsychologie. Ein Lehrbuch. 3. vollst. überarb. u. erw. Auflage. Psychologie Verlags Union: Weinheim. S. 622- 655.

Sprütten, F. (2006). Staatlich vorgegebene und einzelschulisch gestaltete Rahmenbedingungen für den naturwissenschaftlichen Unterricht an ausgewählten Gymnasien. Zwischenberichte 2003-2006 des Graduiertenkollegs nwu-essen. Sumfleth, E. (Hsg.). Essen.

Stark, R., Graf, M., Renkl, A., Gruber, H., Mandl, H. (1995). Förderung von Handlungskompetenz durch geleitetes Problemlösen und multiple Lernkontexte. Göttingen: Hogrefe.

Sumfleth, E. (1988). Lehr- und Lernprozesse im Chemieunterricht - Das Vorwissen des Schülers in einer kognitionspsychologisch fundierten Unterrichtskonzeption. Bern - Frankfurt - New York: Peter Lang

Sumfleth, E., Fischer, H.E., Glemnitz, I. und Kauertz, A. (2006). Ein Modell vertikaler Vernetzung im naturwissenschaftlichen Unterricht. In: A. Pitton (Hrsg.): Gesellschaft für Didaktik der Chemie und Physik: Lehren und Lernen mit neuen Medien. Münster: Lit.

Sweller, J. (1994). Cognitive load theory, learning difficulty, and instructional design. Learning and Instruction, 4 (1), 295-312.

Tan, D K-W., Treagust, D.F., Goh, N-K., & Chia, L-S. (2002). Development and application of a two-tier multiple choice diagnostic instrument to assess high school students' understanding of inorganic qualitative analysis. Journal of Research in Science Teaching, 39(4), 283-301.

Theyßen, H., Schmidt, M., Einhaus, E. & Schecker, H. (2006). Ein indikatorenbasiertes Verfahren zur Einstufung von Testaufgaben in ein Kompetenzmodell. In: Physik und Didaktik in Schule und Hochschule 2/5, 123-134.

Thurstone, L. L. (1944). A factorial study of perception. Chicago: The University of Chicago press.

Tiemann, R., Rumann, S., Jatzwauk, P. Schabram, K. & Sandmann, A. (2006). Die Bedeutung von Aufgaben aus Lehrersicht. Der Mathematisch Naturwissenschaftliche Unterricht 59 (5).

TIMSS (2000). TIMSS 1999 Technical Report. M. O. Martin, K. D. Gregory & S. E. Stemler (Hrsg.). International Association for the Evaluation of Educational Achievement (IEA). Publisher: International Study Center Lynch School of Education Boston College.

Wadouh, J. (2006). Vertikale Vernetzung und kumulatives Lernen im Biologieunterricht. Zwischenberichte 2003-2006 des Graduiertenkollegs nwu-essen. Sumfleth, E. (Hsg.). Essen.

Wagenschein, M. (1971). Die pädagogische Dimension der Physik. Braunschweig: Westermann.

Walpuski, M. (2005). Optimierung von experimenteller Kleingruppenarbeit durch Strukturierungshilfen und Feedback. Eine empirische Studie. Dissertation, Fachbereich Chemie, Universität Duisburg-Essen, Essen.

Watzlawick, P., Beavin Bavelas, J., Jackson, D. D. (1974). Menschliche Kommunikation: Formen, Störungen, Paradoxien. Bern: Huber.

Webb, N. M. (1979). Content and context variables in problem tasks. In G.A. Goldin & C.E. McClintock (Hrsg.). Task variables in mathematical problem solving (69-102). Columbus, OH: ERIC.

Weber, T. (2003). Kumulatives Lernen im Physikunterricht. Eine vergleichende Untersuchung in Unterrichtsgängen zur geometrischen Optik. Berlin: Logos.

Weinert, F. E.(2001). Vergleichende Leistungsmessung in Schulen – eine umstrittene Selbstverständlichkeit. In F. E. Weinert (Hrsg.), Leistungsmessungen in Schulen. S. 17–31. Weinheim und Basel: Beltz.

Weinstein, C., & Mayer, R. (1986). The teaching of learning strategies. In M.C. Wittrock (Ed.), Handbook of Research on Teaching, 3rd Edition (pp. 315-327). New York: Macmillan.

Williams, G. & Clark, D. (1997). Mathematical task complexity and task selection. In: Clarke et al. (Ed.), Mathematics. Imagine the possibilities (S. 406-415). Brunswick, Victoria: Mathematics Association of Victoria.

Williams, R. G., & Haladyna, T. M. (1982). Logical operations for generating intended questions (LOGIQ): A typology for higher level test items. In: G. H. Roid & T. M. Haladyna, Toward a technology of test-item writing (pp. 161-187). New York: Academic Press.

Wirtz, M. & Caspar, F. (2002). Beurteilerübereinstimmung und Beurteilerreliabilität. Göttingen: Hogrefe.

Wu, M. L., Adams, R. J., & Wilson, M. R. (1998). ACER ConQuest. Generalised Item response Modelling Software. Hill Road, Camberwell, Melbourn, Victoria: Australian Council for Educational Research.

Wunsch, G. (1985). Geschichte der Systemtheorie : dynamische Systeme und Prozesse. München: Oldenbourg.

Wuttke, J. (2006). Fehler, Verzerrungen, Unsicherheiten in der PISA-Auswertung. In: T. Jahnke, W. Meyerhöfer (Hrsg.): PISA & Co - Krítik eines Programms. Hildesheim: Franzbecker Verlag, S. 101-154.

Wygotski, L. S. (1964). Denken und Sprechen. Berlin: Akademie-Verlag.

# Anhang

# Abbildungsübersicht des Anhangs



# Tabellenübersicht des Anhangs



# Dokumentübersicht des Anhangs

**Abb. A1: Passung des Raschmodells für den TIMSS-Test.** Die obere Abbildung zeigt die Verteilung der InFit-Werte aus der gemeinsamen Skalierung des Prä- und Post-Tests. Die untere Abbildung zeigt die Verteilung der Itemparameter der zum Raschmodell passenden Aufgaben aus beiden Tests.

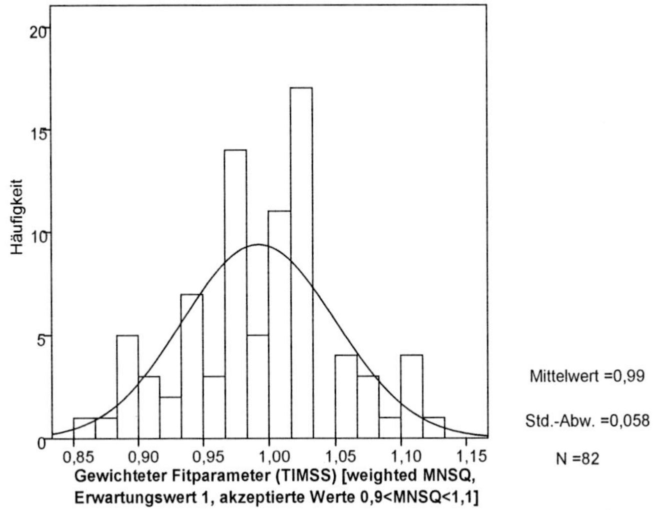


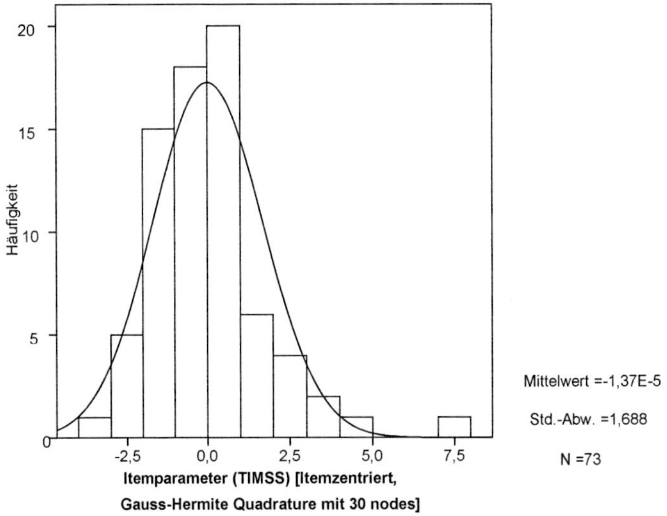

**Abb. A2: Regressionsanalyse zur Bestimmung der Residuen im TIMSS-Prä-Post-Test.** Die obere Tabelle gibt die Parameter der Regressionsanalyse an. Die untere Abbildung zeigt die Verteilung der standardisierten Residuen.

| | | Nicht standardisierte Koeffizienten | | Standardisierte Koeffizienten | T | |
|---|---|---|---|---|---|---|
| Modell | | B | Standardfehler | Beta | Toleranz | Signifikanz |
| 1 | (Konstante) | ,709 | ,115 | | 6,183 | ,000 |
| | Personenparameter im 1. TIMSS-Test (WLE) | ,618 | ,068 | ,556 | 9,065 | ,000 |

a Abhängige Variable: Personenparameter im 2. TIMSS-Test (WLE)

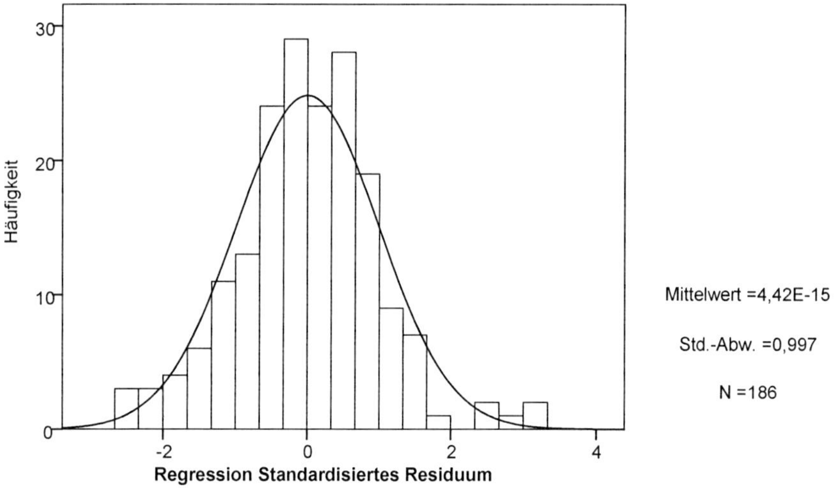


**Abhängige Variable: Personenparameter im 2. TIMSS-Test (WLE)**

**Abb. A3: Verteilung der Motivation.**

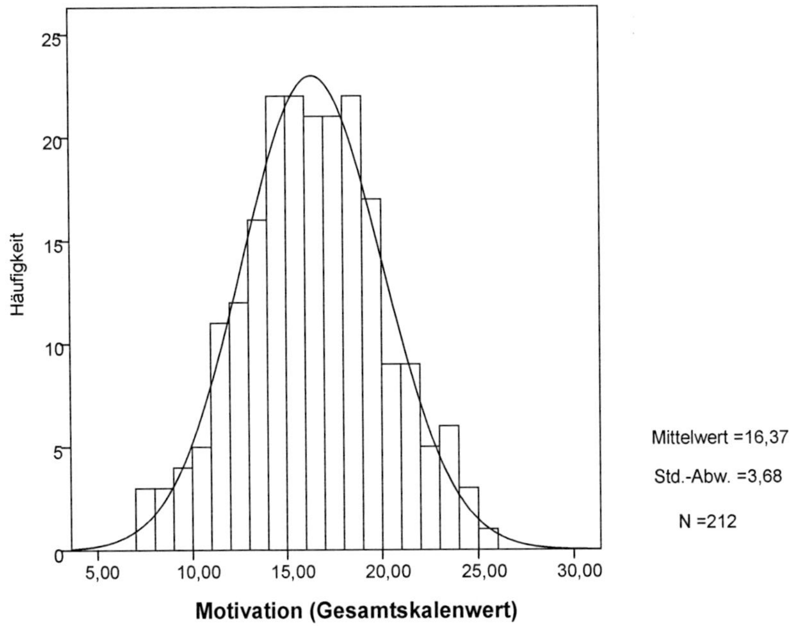

**Abb. A4: Verteilung der Noten in den naturwissenschaftlichen Fächern.**

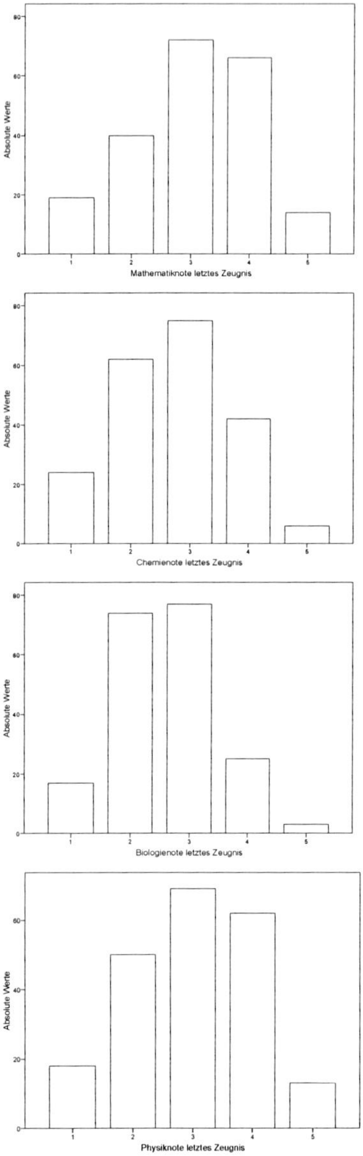

**Abb. A5: Überdeckung der Personenparameter- und Itemparameter-Verteilung im ersten Sample.**

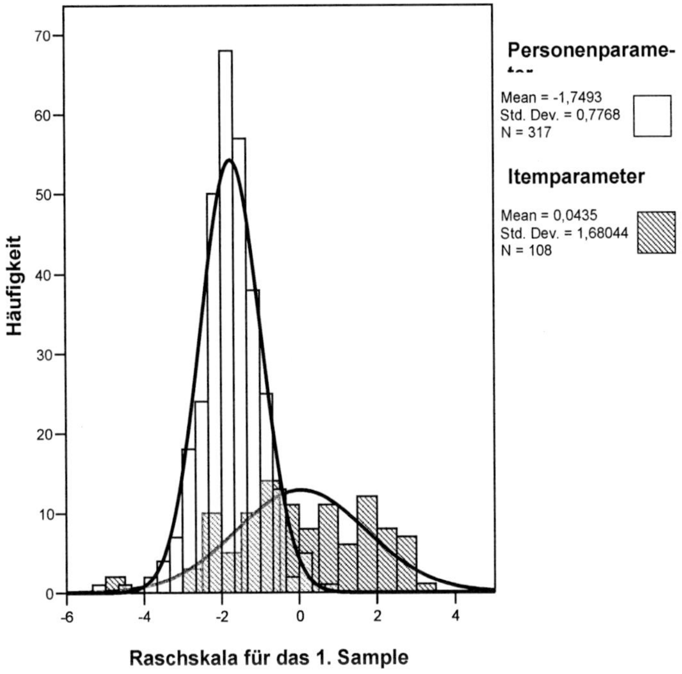

**Abb. A 6: Itemauswahl für das zweite Sample.** Kriterium für die Auswahl ist zunächst die Passung zum Raschmodell des 1. Samples (Kriterium: 0,89<MNSQw1<1,11 und -2<T<+2). Um alle Merkmale gleich häufig zu berücksichtigen werden auch einige Items ohne ausreichende Passung berücksichtigt. Items, die im ersten Sample nicht gelöst wurden, werden im zweiten Sample zur Kontrolle erneut eingesetzt. Die Verteilung der Itemparameter ist so gewählt, dass eher leichtere Items berücksichtigt werden.

| | Häufigkeit | Prozent |
|---|---|---|
| Item weist ausreichende Passung zum Modell auf | 34 | 73,9 |
| Item genügt nicht dem Modell | 8 | 17,4 |
| Item hat Varianz von Null im ersten Sample | 4 | 8,7 |
| Gesamt | 46 | 100,0 |

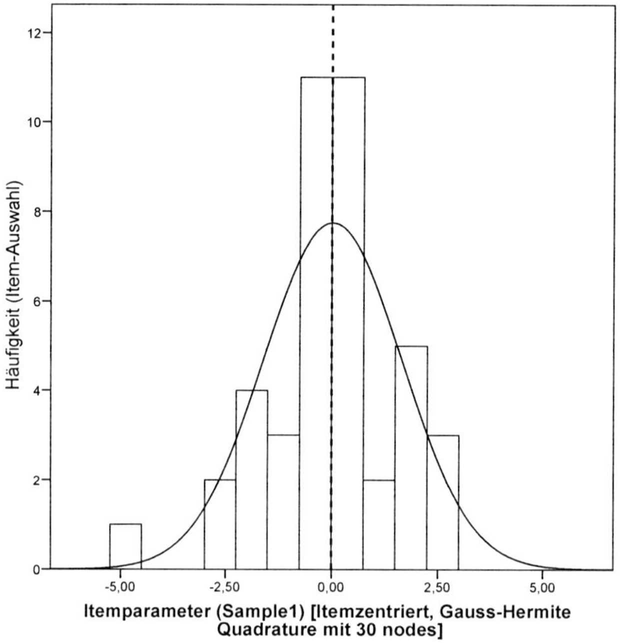

**Abb. A7: Überdeckung der Personenparameter- und Itemparameter-Verteilung im ersten und zweiten Sample.**

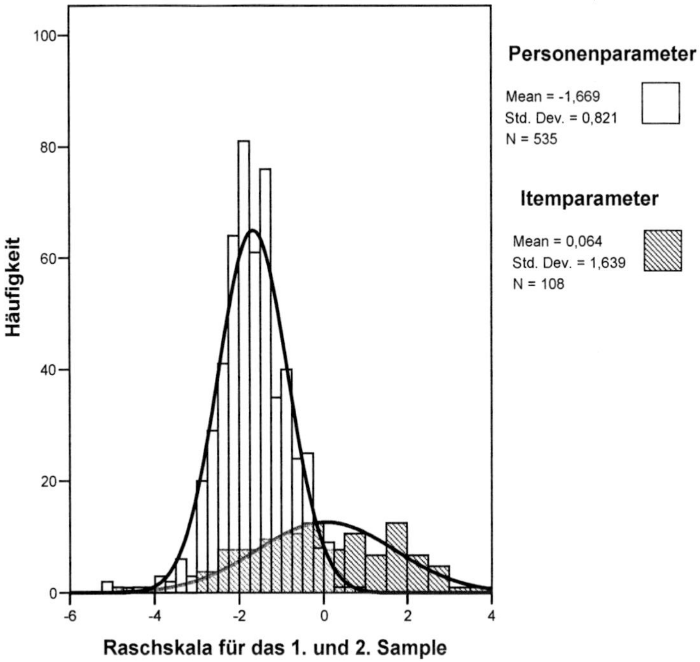

**Abb. A8: Split-Half-Analyse für das Raschmodell (Sample 1 und 2).** Das Personensample wird zufällig (Zufallszuweisung durch SPSS) auf zwei Sub-Sample verteilt. Diese werden einzeln Rasch-skaliert, die resultierenden Itemparameter werden gegeneinander aufgetragen und korreliert. Passt das Raschmodell gut auf die Daten, so liegen die Aufgaben auf einer Gerade im untenstehenden Diagramm. Jeder Punkt entspricht einer Aufgabe; eingezeichnet sind zudem die Regressionsgerade und ihr Konfidenzintervall (95%).

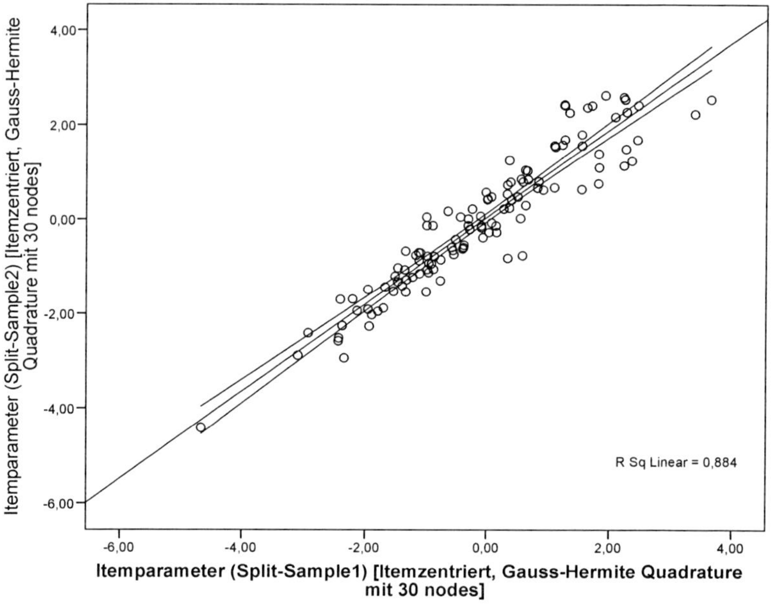

**Abb. A9: Itemparameter-Verteilung in den Zellen der Item-Matrix zum Inhaltsstruktur-Modell.** Die erste Abbildung zeigt die Verteilungen des Itemparameters in der Matrix aus Kognitiver Aktivität und Komplexität. Die zweite zeigt die Verteilung in der Matrix aus Leitidee und Komplexität. Da die Studie als Vorstudie zu verstehen ist, ist die Zellbesetzung für eine abschließende statistische Absicherung unzureichend. Zu erwarten sind aber Hinweise auf die Art der Verteilungsänderung in Abhängigkeit der kognitiven Aktivitäten und der Komplexität, sowie eine Abschätzung der Effektgröße.

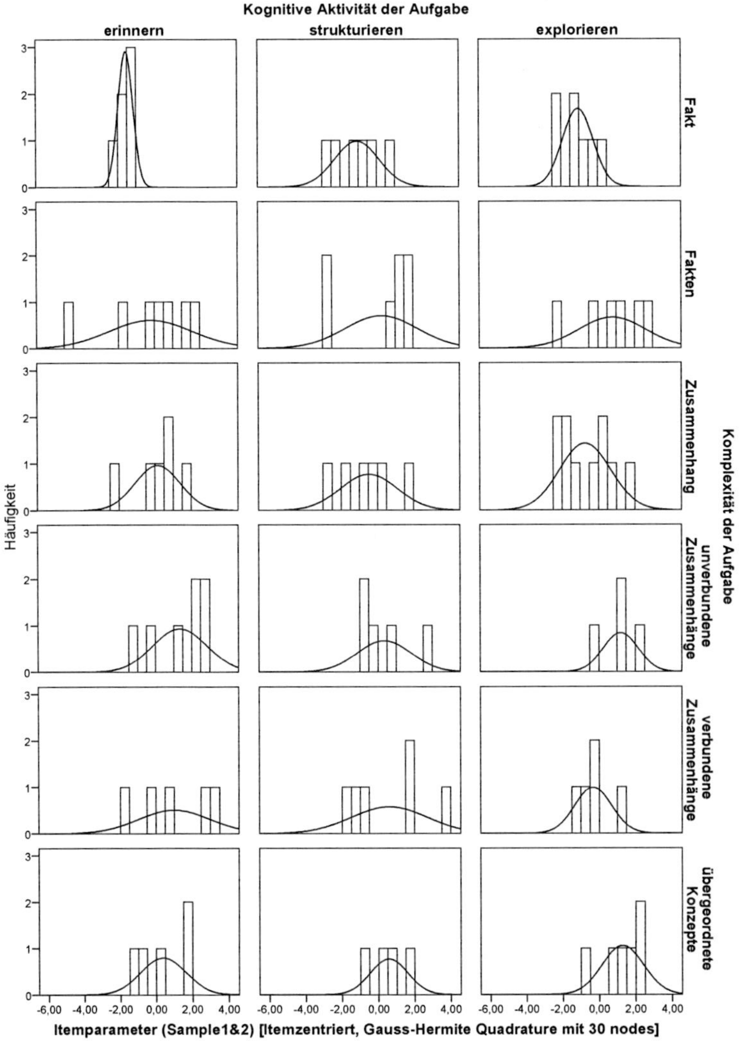

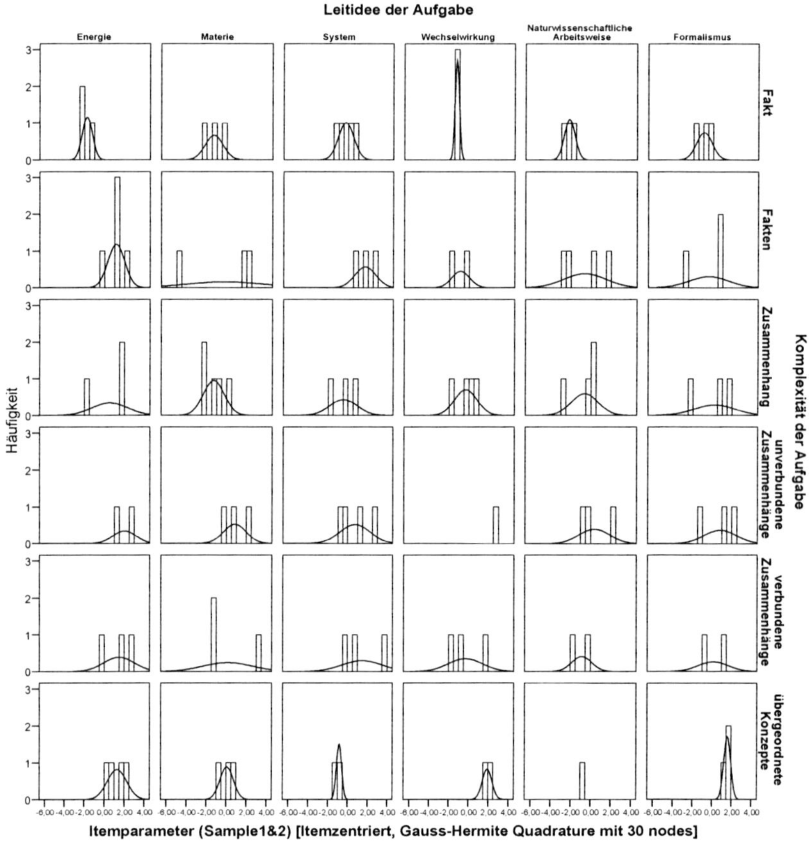
Leitidee der Aufgabe
Energie
Materie
System
Wechselwirkung
Naturwissenschaftliche Arbeitsweise
Formalismus
Fakt
Fakten
Zusammenhang
unverbundene Zusammenhänge
verbundene Zusammenhänge
übergeordnete Konzepte
Komplexität der Aufgabe
Häufigkeit
Itemparameter (Sample1&2) [Itemzentriert, Gauss-Hermite Quadrature mit 30 nodes]

**1. Komplexität der Aufgabe**

Abhängige Variable: Itemparameter (Sample1&2) [Itemzentriert, Gauss-Hermite Quadrature mit 30 nodes]

| Komplexität der Aufgabe | Mittelwert | Standard-fehler | 95% Konfidenzintervall | |
|---|---|---|---|---|
| | | | Untergrenze | Obergrenze |
| Fakt | -1,169 | ,276 | -1,719 | -,619 |
| Fakten | ,138 | ,327 | -,512 | ,789 |
| Zusammenhang | -,250 | ,234 | -,716 | ,217 |
| unverbundene Zusammenhänge | 1,267 | ,415 | ,442 | 2,092 |
| verbundene Zusammenhänge | ,324 | ,360 | -,392 | 1,040 |
| übergeordnete Konzepte | ,525 | ,414 | -,298 | 1,347 |

**2. Leitidee der Aufgabe**

Abhängige Variable: Itemparameter (Sample1&2) [Itemzentriert, Gauss-Hermite Quadrature mit 30 nodes]

| Leitidee der Aufgabe | Mittelwert | Standard-fehler | 95% Konfidenzintervall | |
|---|---|---|---|---|
| | | | Untergrenze | Obergrenze |
| Energie | ,907 | ,309 | ,292 | 1,522 |
| Materie | -,171 | ,309 | -,785 | ,443 |
| System | ,554 | ,312 | -,067 | 1,175 |
| Wechselwirkung | ,253 | ,400 | -,542 | 1,049 |
| Naturwissenschaftliche Arbeitsweise | -,886 | ,391 | -1,664 | -,109 |
| Formalismus | ,179 | ,333 | -,483 | ,841 |

**3. Kognitive Aktivität der Aufgabe**

Abhängige Variable: Itemparameter (Sample1&2) [Itemzentriert, Gauss-Hermite Quadrature mit 30 nodes]

| Kognitive Aktivität der Aufgabe | Mittelwert | Standard-fehler | 95% Konfidenzintervall | |
|---|---|---|---|---|
| | | | Untergrenze | Obergrenze |
| erinnern | ,076 | ,229 | -,380 | ,531 |
| strukturieren | ,100 | ,250 | -,398 | ,597 |
| explorieren | ,243 | ,240 | -,236 | ,721 |

**4. Komplexität der Aufgabe * Leitidee der Aufgabe**

Abhängige Variable: Itemparameter (Sample1&2) [Itemzentriert, Gauss-Hermite Quadrature mit 30 nodes]

| Komplexität der Aufgabe | Leitidee der Aufgabe | Mittelwert | Standardfehler | 95% Konfidenzintervall | |
|---|---|---|---|---|---|
| | | | | Untergrenze | Obergrenze |
| Fakt | Energie | -1,144 | ,634 | -2,403 | ,116 |
| | Materie | -1,019 | ,709 | -2,428 | ,390 |
| | System | -,168 | ,534 | -1,230 | ,893 |
| | Wechselwirkung | -1,480 | ,634 | -2,740 | -,220 |
| | Naturwissenschaftliche Arbeitsweise | -2,186 | ,811 | -3,799 | -,572 |
| | Formalismus | -1,018 | ,710 | -2,429 | ,394 |
| Fakten | Energie | 1,293 | ,635 | ,030 | 2,556 |
| | Materie | -,168 | ,811 | -1,782 | 1,445 |
| | System | 1,709 | ,811 | ,096 | 3,323 |
| | Wechselwirkung | -,934 | 1,021 | -2,965 | 1,096 |
| | Naturwissenschaftliche Arbeitsweise | -,504 | ,712 | -1,920 | ,912 |
| | Formalismus | -,565 | ,855 | -2,266 | 1,136 |
| Zusammenhang | Energie | ,325 | ,632 | -,932 | 1,582 |
| | Materie | -,914 | ,547 | -2,002 | ,174 |
| | System | -,020 | ,574 | -1,161 | 1,121 |
| | Wechselwirkung | -,343 | ,581 | -1,499 | ,812 |
| | Naturwissenschaftliche Arbeitsweise | -,605 | ,583 | -1,763 | ,553 |
| | Formalismus | ,061 | ,533 | -1,000 | 1,121 |
| unverbundene Zusammenhänge | Energie | 2,296 | 1,033 | ,241 | 4,351 |
| | Materie | ,846 | ,811 | -,767 | 2,460 |
| | System | ,921 | ,716 | -,504 | 2,346 |
| | Wechselwirkung | 2,665 | 1,498 | -,314 | 5,645 |
| | Naturwissenschaftliche Arbeitsweise | ,373 | ,811 | -1,241 | 1,986 |
| | Formalismus | ,499 | ,867 | -1,225 | 2,224 |
| verbundene Zusammenhänge | Energie | 1,488 | ,811 | -,126 | 3,101 |
| | Materie | ,153 | ,811 | -1,461 | 1,766 |
| | System | 1,472 | ,811 | -,141 | 3,085 |
| | Wechselwirkung | -,306 | ,811 | -1,919 | 1,308 |
| | Naturwissenschaftliche Arbeitsweise | -1,349 | 1,028 | -3,394 | ,695 |
| | Formalismus | ,489 | 1,028 | -1,556 | 2,534 |
| übergeordnete Konzepte | Energie | 1,183 | ,716 | -,242 | 2,608 |
| | Materie | ,076 | ,811 | -1,537 | 1,690 |
| | System | -,588 | 1,032 | -2,641 | 1,465 |
| | Wechselwirkung | 1,918 | 1,036 | -,142 | 3,977 |
| | Naturwissenschaftliche Arbeitsweise | -1,047 | 1,512 | -4,054 | 1,961 |
| | Formalismus | 1,607 | ,811 | -,006 | 3,221 |

**5. Kognitive Aktivität der Aufgabe * Komplexität der Aufgabe**

Abhängige Variable: Itemparameter (Sample1&2) [Itemzentriert, Gauss-Hermite Quadrature mit 30 nodes]

| Kognitive Aktivität der Aufgabe | Komplexität der Aufgabe | Mittelwert | Standardfehler | 95% Konfidenzintervall | |
|---|---|---|---|---|---|
| | | | | Untergrenze | Obergrenze |
| erinnern | Fakt | -1,570 | ,477 | -2,519 | -,621 |
| | Fakten | -,393 | ,563 | -1,513 | ,728 |
| | Zusammenhang | -,137 | ,392 | -,917 | ,642 |
| | unverbundene Zusammenhänge | 1,455 | ,543 | ,375 | 2,536 |
| | verbundene Zusammenhänge | 1,035 | ,655 | -,267 | 2,338 |
| | übergeordnete Konzepte | ,063 | ,680 | -1,290 | 1,415 |
| strukturieren | Fakt | -1,003 | ,506 | -2,009 | ,003 |
| | Fakten | ,021 | ,575 | -1,124 | 1,165 |
| | Zusammenhang | -,084 | ,449 | -,978 | ,810 |
| | unverbundene Zusammenhänge | ,538 | ,722 | -,898 | 1,973 |
| | verbundene Zusammenhänge | ,604 | ,574 | -,536 | 1,745 |
| | übergeordnete Konzepte | ,523 | ,784 | -1,036 | 2,082 |
| explorieren | Fakt | -,934 | ,436 | -1,800 | -,068 |
| | Fakten | ,787 | ,574 | -,353 | 1,928 |
| | Zusammenhang | -,527 | ,393 | -1,309 | ,254 |
| | unverbundene Zusammenhänge | 1,807 | ,777 | ,262 | 3,353 |
| | verbundene Zusammenhänge | -,667 | ,655 | -1,969 | ,636 |
| | übergeordnete Konzepte | ,989 | ,612 | -,229 | 2,207 |

**Tab. A1: Itemmatrix des Leistungstests bezogen auf das Inhaltsstruktur-Modell. (1/2)**

| Komplexität der Aufgabe | | | Kognitive Aktivität der Aufgabe | | | Gesamt |
|---|---|---|---|---|---|---|
| | | | erinnern | strukturieren | explorieren | erinnern |
| Fakt | Leitidee der Aufgabe | Energie | 1 | 1 | 1 | 3 |
| | | Materie | 1 | 1 | 1 | 3 |
| | | System | 1 | 1 | 2 | 4 |
| | | Wechselwirkung | 1 | 1 | 1 | 3 |
| | | Naturwissenschaftliche Arbeitsweise | 1 | 1 | 1 | 3 |
| | | Formalismus | 1 | 1 | 1 | 3 |
| | Gesamt | | 6 | 6 | 7 | 19 |
| Fakten | Leitidee der Aufgabe | Energie | 2 | 2 | 1 | 5 |
| | | Materie | 1 | 1 | 1 | 3 |
| | | System | 1 | 1 | 1 | 3 |
| | | Wechselwirkung | 1 | 1 | 1 | 3 |
| | | Naturwissenschaftliche Arbeitsweise | 2 | 1 | 1 | 4 |
| | | Formalismus | 1 | 2 | 1 | 4 |
| | Gesamt | | 8 | 8 | 6 | 22 |
| Zusammenhang | Leitidee der Aufgabe | Energie | 1 | 1 | 1 | 3 |
| | | Materie | 1 | 1 | 3 | 5 |
| | | System | 1 | 1 | 1 | 3 |
| | | Wechselwirkung | 2 | 1 | 1 | 4 |
| | | Naturwissenschaftliche Arbeitsweise | 1 | 1 | 2 | 4 |
| | | Formalismus | 0 | 1 | 2 | 3 |
| | Gesamt | | 6 | 6 | 10 | 22 |
| unverbundene Zusammenhänge | Leitidee der Aufgabe | Energie | 1 | 1 | 1 | 3 |
| | | Materie | 1 | 1 | 1 | 3 |
| | | System | 1 | 2 | 1 | 4 |
| | | Wechselwirkung | 1 | 1 | 1 | 3 |
| | | Naturwissenschaftliche Arbeitsweise | 1 | 1 | 1 | 3 |
| | | Formalismus | 2 | 1 | 1 | 4 |
| | Gesamt | | 7 | 7 | 6 | 20 |

**[...]**

**[...]**
**Fortsetzung Tab. A1 (2/2)**

| | | | | | | |
|---|---|---|---|---|---|---|
| verbundene Zusammenhänge | Leitidee der Aufgabe | Energie | 1 | 1 | 1 | 3 |
| | | Materie | 1 | 1 | 1 | 3 |
| | | System | 1 | 1 | 1 | 3 |
| | | Wechselwirkung | 2 | 1 | 1 | 4 |
| | | Naturwissenschaftliche Arbeitsweise | 1 | 1 | 1 | 3 |
| | | Formalismus | 1 | 1 | 1 | 3 |
| | Gesamt | | 7 | 6 | 6 | 19 |
| übergeordnete Konzepte | Leitidee der Aufgabe | Energie | 1 | 1 | 2 | 4 |
| | | Materie | 1 | 1 | 1 | 3 |
| | | System | 1 | 1 | 0 | 2 |
| | | Wechselwirkung | 1 | 1 | 1 | 3 |
| | | Naturwissenschaftliche Arbeitsweise | 1 | 1 | 1 | 3 |
| | | Formalismus | 1 | 1 | 1 | 3 |
| | Gesamt | | 6 | 6 | 6 | 18 |

**Tab. A2: Verteilung der Kategorien auf die Testhefte im ersten Sample. (1/2)**

| | | Testheft bei der 1. Testdurchführung | | | | | |
|---|---|---|---|---|---|---|---|
| | | Testheft 1 | Testheft 2 | Testheft 3 | Testheft 4 | Ankeritems | Gesamt |
| Komplexität der Aufgabe | Fakt | 8 | 8 | 4 | 6 | 2 | 28 |
| | Fakten | 4 | 5 | 6 | 6 | 1 | 22 |
| | Zusammenhang | 9 | 6 | 8 | 8 | 7 | 38 |
| | unverbundene Zusammenhänge | 5 | 3 | 4 | 3 | 5 | 20 |
| | verbundene Zusammenhänge | 4 | 5 | 4 | 5 | 1 | 19 |
| | übergeordnete Konzepte | 4 | 4 | 4 | 5 | 1 | 18 |
| Leitidee der Aufgabe | Energie | 4 | 6 | 5 | 6 | 4 | 25 |
| | Materie | 5 | 4 | 5 | 6 | 3 | 23 |
| | System | 5 | 4 | 7 | 6 | 3 | 25 |
| | Wechselwirkung | 8 | 6 | 3 | 6 | 2 | 25 |
| | Naturwissenschaftliche Arbeitsweise | 6 | 5 | 4 | 4 | 3 | 22 |
| | Formalismus | 6 | 6 | 6 | 5 | 2 | 25 |
| Kognitive Aktivität der Aufgabe | erinnern | 12 | 12 | 11 | 8 | 7 | 50 |
| | strukturieren | 9 | 10 | 10 | 12 | 4 | 45 |
| | explorieren | 13 | 9 | 9 | 13 | 6 | 50 |

[…]

[...]

Fortsetzung Tab. A2. (2/2)

| | | | | | | | |
|---|---|---|---|---|---|---|---|
| Antwortformat der Aufgabe | Single Choice (eine richtige Antwort) | 5 | 7 | 5 | 8 | 7 | 32 |
| | Multiple Choice (mehrere richtige Antworten) | 9 | 9 | 6 | 14 | 0 | 38 |
| | Halboffen (einzelne Wörter oder Zahlen) | 7 | 4 | 6 | 2 | 5 | 24 |
| | Grafisch (Erstellung von Diagrammen, Skizzen oder Verbindungslinien) | 3 | 5 | 6 | 2 | 1 | 17 |
| | Offen (Stichwortartige oder vollständige Texte und Berechnungen) | 10 | 6 | 7 | 7 | 4 | 34 |
| Jahrgangsstufe | Klasse 6 | 5 | 5 | 7 | 8 | 6 | 31 |
| | Klasse 8 | 4 | 3 | 5 | 5 | 3 | 20 |
| | Klasse 9/10 | 16 | 17 | 14 | 14 | 4 | 65 |
| Position im Testheft (Sample1) | vorderes Drittel im Testheft | 8 | 10 | 9 | 12 | 4 | 43 |
| | mittleres Drittel im Testheft | 4 | 5 | 5 | 4 | 13 | 31 |
| | letztes Drittel im Testheft | 20 | 15 | 15 | 16 | 0 | 66 |
| Gesamt | | 32 | 30 | 29 | 32 | 17 | 140 |

**Tab. A3: Verteilung der Schülerinnen und Schüler auf die Testhefte und Samples.**

| Schule | | Testheft im Leistungstest | | | | | | |
|---|---|---|---|---|---|---|---|---|
| | | 1 | 2 | 3 | 4 | A | B | Gesamt |
| Sample1 | 1 | 26 | | | | | | 26 |
| | 2 | 23 | | | | | | 23 |
| | 3 | 34 | 7 | | | | | 41 |
| | 4 | | 20 | | | | | 20 |
| | 5 | | 26 | | | | | 26 |
| | 7 | | 6 | 22 | | | | 28 |
| | 8 | | | 28 | | | | 28 |
| | 9 | | | 18 | | | | 18 |
| | 10 | | 26 | | | | | 26 |
| | 11 | | | 10 | 16 | | | 26 |
| | 12 | | | | 37 | | | 37 |
| | 14 | | | | 18 | | | 18 |
| Sample2 | 17 | | | | | 10 | | 10 |
| | 20 | | | | | | 20 | 20 |
| | 22 | | | | | 23 | | 23 |
| | 25 | | | | | 26 | | 26 |
| | 29 | | | | | | 25 | 25 |
| | 62 | | | | | | 25 | 25 |
| | 80 | | | | | | 30 | 30 |
| | 81 | | | | | 23 | | 23 |
| | 82 | | | | | 18 | | 18 |
| | 83 | | | | | 18 | | 18 |
| Gesamt | | 83 | 85 | 78 | 71 | 118 | 100 | 535 |

**Tab. A4: Verteilung der Kategorien auf die Testhefte im zweiten Sample. (1/2)**

| | | Testheft bei der 2. Testdurchführung | | | |
|---|---|---|---|---|---|
| | | A | B | Ankeritems A und B | Gesamt |
| Komplexität der Aufgabe | Fakt | 15 | 8 | 7 | 30 |
| | Fakten | 25 | 25 | 7 | 57 |
| | Zusammenhang | 21 | 16 | 7 | 44 |
| | unverbundene Zusammenhänge | 24 | 16 | 11 | 51 |
| | verbundene Zusammenhänge | 3 | 7 | 14 | 24 |
| | übergeordnete Konzepte | 2 | 14 | 4 | 20 |
| Leitidee der Aufgabe | Energie | 20 | 11 | 11 | 42 |
| | Materie | 16 | 20 | 7 | 43 |
| | System | 11 | 20 | 7 | 38 |
| | Wechselwirkung | 17 | 7 | 3 | 27 |
| | Naturwissenschaftliche Arbeitsweise | 22 | 21 | 15 | 58 |
| | Formalismus | 4 | 7 | 7 | 18 |
| Kognitive Aktivität der Aufgabe | erinnern | 34 | 20 | 15 | 69 |
| | strukturieren | 29 | 35 | 12 | 76 |
| | explorieren | 27 | 31 | 23 | 81 |

[...]

[...]
**Fortsetzung Tab. 4 (2/2)**

| | | | | | |
|---|---|---|---|---|---|
| Antwortformat der Aufgabe | Single Choice (eine richtige Antwort) | 35 | 21 | 27 | 83 |
| | Multiple Choice (mehrere richtige Antworten) | 27 | 36 | 7 | 70 |
| | Halboffen (einzelne Wörter oder Zahlen) | 15 | 11 | 7 | 33 |
| | Grafisch (Erstellung von Diagrammen, Skizzen oder Verbindungslinien) | 8 | 4 | 4 | 16 |
| | Offen (Stichwortartige oder vollständige Texte und Berechnungen) | 5 | 14 | 5 | 24 |
| Jahrgangsstufe | Klasse 6 | 1 | 8 | 4 | 13 |
| | Klasse 8 | 4 | 2 | 2 | 8 |
| | Klasse 9/10 | 13 | 8 | 3 | 24 |
| Position im Testheft (Sample1) | vorderes Drittel im Testheft | 7 | 11 | 3 | 21 |
| | mittleres Drittel im Testheft | 3 | 2 | 2 | 7 |
| | letztes Drittel im Testheft | 7 | 4 | 4 | 15 |
| Gesamt | | 17 | 17 | 9 | 43 |

**Tab. A5: Verteilungskennwerte der TIMSS-Tests.**

| | N | Min | Max | Mittelwert | SD | Schiefe | | Kurtosis | |
|---|---|---|---|---|---|---|---|---|---|
| | | | | | | Statistik | Fehler | Statistik | Fehler |
| Personenparameter im TIMSS-Prä-Test (WLE) | 236 | -,21 | 3,45 | 1,43 | ,77 | ,307 | ,158 | ,018 | ,316 |
| Personenparameter im TIMSS-Post-Test (WLE) | 195 | -,94 | 3,99 | 1,62 | ,86 | -,110 | ,174 | ,270 | ,346 |
| Unstandardisierte Residuen TIMSS-Post | 186 | -1,86 | 2,21 | ,00 | ,71 | ,131 | ,178 | 1,016 | ,355 |
| Gültige Werte (Listenweise) | 186 | | | | | | | | |

**Tab. A6: Verteilungskennwerte des Itemparameter im ersten Sample.**

Itemparameter (Sample1) [Itemzentriert, Gauss-Hermite Quadrature mit 30 nodes]

| | | |
|---|---|---|
| N | Gültig | 108 |
| | Fehlend | 12 |
| Mittelwert | | ,0435 |
| Standardabweichung | | 1,68044 |
| Varianz | | 2,824 |
| Schiefe | | -,212 |
| Standardfehler der Schiefe | | ,233 |
| Kurtosis | | -,367 |
| Standardfehler der Kurtosis | | ,461 |
| Minimum | | -4,69 |
| Maximum | | 3,00 |

**Tab. A7: Verteilungskennwerte des Itemparameters auf den Komplexitätsniveaus. (1/2)**
Bezogen auf den Itemparameter aus Sample1&2 [Itemzentriert, Gauss-Hermite Quadrature mit 30 nodes].

| | | | |
|---|---|---|---|
| Fakt | N | Gültig | 19 |
| | | Fehlend | 0 |
| | Mittelwert | | -1,2295 |
| | Standardabweichung | | ,86628 |
| | Schiefe | | ,365 |
| | Standardfehler der Schiefe | | ,524 |
| | Kurtosis | | -,270 |
| | Standardfehler der Kurtosis | | 1,014 |
| | Minimum | | -2,74 |
| | Maximum | | ,63 |
| Fakten | N | Gültig | 20 |
| | | Fehlend | 2 |
| | Mittelwert | | ,2429 |
| | Standardabweichung | | 1,99275 |
| | Schiefe | | -1,021 |
| | Standardfehler der Schiefe | | ,512 |
| | Kurtosis | | ,366 |
| | Standardfehler der Kurtosis | | ,992 |
| | Minimum | | -4,66 |
| | Maximum | | 2,84 |
| Zusammenhang | N | Gültig | 22 |
| | | Fehlend | 0 |
| | Mittelwert | | -,4231 |
| | Standardabweichung | | 1,38795 |
| | Schiefe | | -,049 |
| | Standardfehler der Schiefe | | ,491 |
| | Kurtosis | | -1,133 |
| | Standardfehler der Kurtosis | | ,953 |
| | Minimum | | -2,62 |
| | Maximum | | 1,95 |

**[...]**

[...]
**Fortsetzung Tab. A7 (2/2)**

| | | | |
|---|---|---|---|
| unverbundene Zusammenhänge | N | Gültig | 16 |
| | | Fehlend | 4 |
| | Mittelwert | | ,9958 |
| | Standardabweichung | | 1,37599 |
| | Schiefe | | -,112 |
| | Standardfehler der Schiefe | | ,564 |
| | Kurtosis | | -1,582 |
| | Standardfehler der Kurtosis | | 1,091 |
| | Minimum | | -1,05 |
| | Maximum | | 2,85 |
| verbundene Zusammenhänge | N | Gültig | 16 |
| | | Fehlend | 3 |
| | Mittelwert | | ,4362 |
| | Standardabweichung | | 1,76520 |
| | Schiefe | | ,525 |
| | Standardfehler der Schiefe | | ,564 |
| | Kurtosis | | -1,036 |
| | Standardfehler der Kurtosis | | 1,091 |
| | Minimum | | -1,65 |
| | Maximum | | 3,71 |
| übergeordnete Konzepte | N | Gültig | 15 |
| | | Fehlend | 3 |
| | Mittelwert | | ,7907 |
| | Standardabweichung | | 1,15004 |
| | Schiefe | | -,210 |
| | Standardfehler der Schiefe | | ,580 |
| | Kurtosis | | -1,413 |
| | Standardfehler der Kurtosis | | 1,121 |
| | Minimum | | -1,01 |
| | Maximum | | 2,32 |

**Tab. A8: Probabilistische Itemkennwerte des Leistungstests.**

| | Itembezeichnung | Itemparameter (Sample1&2) [Item-zentriert, Gauss-Hermite Quadrature mit 30 nodes] | Fehler des Itemparameter (Sample1&2) [Quick standard errors] | Ungewichteter Fitparameter (Sample1&2) [unweighted MNSQ, Erwartungswert 1, akzeptierte Werte 0,9<MNSQ<1,1] | Ungewichteter T-Wert für die Signifikanzprüfung (Sample1&2) [unweighted T, Erwartungswert 0, akzeptierte Werte -2<T<+2] | Gewichteter Fitparameter (Sample1&2) [weighted MNSQ, Erwartungswert 1, akzeptierte Werte 0,9<MNSQ<1,1] | Gewichteter T-Wert für die Signifikanzprüfung (Sample1&2) [weighted T, Erwartungswert 0, akzeptierte Werte -2<T<+2] | Passung zum Raschmodell (Sample1&2) [Kriterium: 0,89<MNSQw1<1,11 und -2<T<+2] |
|---|---|---|---|---|---|---|---|---|
| 1 | Ee1_01 | -1,15 | ,12 | ,95 | -,60 | ,98 | -,50 | Item weist ausreichende Passung zum Modell auf |
| 2 | Ee2_01 | 2,00 | ,28 | 1,52 | 4,50 | 1,01 | ,20 | Item weist ausreichende Passung zum Modell auf |
| 3 | Ee2_01_red | -1,12 | ,14 | 1,21 | 2,00 | 1,14 | 2,60 | Item genügt nicht dem Modell |
| 4 | Ee2_02 | -,25 | ,23 | ,87 | -,80 | ,96 | -,20 | Item weist ausreichende Passung zum Modell auf |
| 5 | Ee3_01 | 1,57 | ,31 | ,65 | -2,40 | ,98 | ,10 | Item weist ausreichende Passung zum Modell auf |
| 6 | Ee4_01 | 1,21 | ,31 | ,91 | -,60 | ,99 | ,10 | Item weist ausreichende Passung zum Modell auf |
| 7 | Ee4_01_red | -1,35 | ,20 | ,90 | -,60 | ,93 | -,80 | Item weist ausreichende Passung zum Modell auf |
| 8 | Ee5_01 | 2,84 | ,36 | ,45 | -4,50 | ,91 | ,20 | Item weist ausreichende Passung zum Modell auf |
| 9 | Ee6_01 | ,30 | ,26 | ,75 | -1,60 | ,88 | -,50 | Item genügt nicht dem Modell |
| 10 | Fe1_01 | -1,86 | ,21 | ,96 | -,20 | ,97 | -,40 | Item weist ausreichende Passung zum Modell auf |
| 11 | Fe4_01 | 2,14 | ,34 | 1,96 | 4,90 | ,97 | ,20 | Item weist ausreichende Passung zum Modell auf |

| | | | | | | | | |
|---|---|---|---|---|---|---|---|---|
| 12 | Fe4_01_red | -,35 | ,22 | 1,33 | 2,00 | 1,14 | 1,00 | Item genügt nicht dem Modell |
| 13 | Fe4_02 | -1,05 | ,12 | ,92 | -,90 | ,93 | -1,60 | Item weist ausreichende Passung zum Modell auf |
| 14 | Fe4_02_red | -1,15 | ,12 | ,94 | -,70 | ,95 | -1,40 | Item weist ausreichende Passung zum Modell auf |
| 15 | Fe6_01 | 1,71 | ,32 | 1,20 | 1,30 | ,94 | ,10 | Item weist ausreichende Passung zum Modell auf |
| 16 | Me1_01 | -2,18 | ,20 | 1,13 | ,80 | 1,10 | 1,30 | Item weist ausreichende Passung zum Modell auf |
| 17 | Me2_01 | -4,66 | ,20 | ,87 | -1,70 | ,99 | ,00 | Item weist ausreichende Passung zum Modell auf |
| 18 | Me3_01 | -2,09 | ,12 | ,96 | -,50 | ,98 | -,50 | Item weist ausreichende Passung zum Modell auf |
| 19 | Me4_01 | 2,09 | ,23 | ,57 | -7,50 | ,95 | -,10 | Item weist ausreichende Passung zum Modell auf |
| 20 | Me4_01_red | ,39 | ,14 | ,90 | -1,50 | ,93 | -,70 | Item weist ausreichende Passung zum Modell auf |
| 21 | Me5_01 | 3,02 | ,36 | ,38 | -5,10 | ,99 | ,30 | Item weist ausreichende Passung zum Modell auf |
| 22 | Me6_02 | -,70 | ,21 | ,86 | -,90 | ,93 | -,60 | Item weist ausreichende Passung zum Modell auf |
| 23 | Ne1_01 | -1,65 | ,12 | ,95 | -,60 | ,95 | -1,50 | Item weist ausreichende Passung zum Modell auf |
| 24 | Ne2_01 | ,28 | ,19 | ,85 | -1,50 | ,93 | -,50 | Item weist ausreichende Passung zum Modell auf |
| 25 | Ne2_02 | 1,88 | ,32 | 1,46 | 2,60 | 1,06 | ,30 | Item weist ausreichende Passung zum Modell auf |

| | | | | | | | | |
|---|---|---|---|---|---|---|---|---|
| 26 | Ne3_01 | ,17 | ,19 | ,99 | -,10 | 1,04 | ,30 | Item weist ausreichende Passung zum Modell auf |
| 27 | Ne4_01 | -,37 | ,12 | ,94 | -,90 | ,97 | -,50 | Item weist ausreichende Passung zum Modell auf |
| 28 | Ne4_01_red | -1,26 | ,12 | ,94 | -,70 | ,95 | -1,10 | Item weist ausreichende Passung zum Modell auf |
| 29 | Ne5_01 | -,16 | ,23 | 1,14 | ,90 | 1,12 | ,80 | Item genügt nicht dem Modell |
| 30 | Se1_01 | -1,18 | ,20 | ,86 | -,90 | ,90 | -1,10 | Item weist ausreichende Passung zum Modell auf |
| 31 | Se2_01 | ,73 | ,22 | ,93 | -,60 | 1,02 | ,20 | Item weist ausreichende Passung zum Modell auf |
| 32 | Se2_01_red | ,17 | ,19 | 1,23 | 2,00 | 1,07 | ,50 | Item weist ausreichende Passung zum Modell auf |
| 33 | Se3_01 | ,71 | ,28 | 1,00 | ,00 | 1,03 | ,20 | Item weist ausreichende Passung zum Modell auf |
| 34 | Se4_01 | 2,55 | ,31 | 1,69 | 5,70 | 1,02 | ,20 | Item weist ausreichende Passung zum Modell auf |
| 35 | Se4_01_red | 1,69 | ,26 | 1,39 | 3,50 | 1,04 | ,20 | Item weist ausreichende Passung zum Modell auf |
| 36 | Se5_01 | ,96 | ,30 | ,93 | -,40 | ,99 | ,10 | Item weist ausreichende Passung zum Modell auf |
| 37 | Se6_01 | -1,01 | ,21 | 1,03 | ,20 | 1,08 | ,70 | Item weist ausreichende Passung zum Modell auf |
| 38 | We1_01 | -1,34 | ,11 | ,96 | -,50 | ,97 | -,90 | Item weist ausreichende Passung zum Modell auf |
| 39 | We2_01 | -1,51 | ,20 | ,95 | -,30 | ,98 | -,30 | Item weist ausreichende Passung zum Modell auf |

| | | | | | | | | |
|---|---|---|---|---|---|---|---|---|
| 40 | We2_01_red | -3,09 | ,21 | 1,05 | ,30 | ,96 | -,30 | Item weist ausreichende Passung zum Modell auf |
| 41 | We3_01 | ,70 | ,20 | 1,13 | 1,30 | 1,04 | ,30 | Item weist ausreichende Passung zum Modell auf |
| 42 | We3_02 | -,23 | ,24 | 1,05 | ,30 | 1,01 | ,10 | Item weist ausreichende Passung zum Modell auf |
| 43 | We4_01 | 2,85 | ,36 | 1,07 | ,50 | ,95 | ,30 | Item weist ausreichende Passung zum Modell auf |
| 44 | We4_01_red | -,70 | ,21 | ,90 | -,60 | ,93 | -,60 | Item weist ausreichende Passung zum Modell auf |
| 45 | We5_01 | -1,65 | ,14 | 1,01 | ,20 | 1,01 | ,30 | Item weist ausreichende Passung zum Modell auf |
| 46 | We6_01 | 1,58 | ,31 | ,48 | -4,00 | ,93 | ,00 | Item weist ausreichende Passung zum Modell auf |
| 47 | Es1_01 | -2,05 | ,21 | 1,18 | 1,00 | 1,14 | 1,80 | Item genügt nicht dem Modell |
| 48 | Es2_01 | 1,35 | ,25 | ,90 | -,90 | 1,03 | ,20 | Item weist ausreichende Passung zum Modell auf |
| 49 | Es2_02 | 1,28 | ,21 | 1,43 | 4,60 | 1,08 | ,50 | Item weist ausreichende Passung zum Modell auf |
| 50 | Es3_01 | -1,53 | ,14 | ,97 | -,30 | ,99 | -,30 | Item weist ausreichende Passung zum Modell auf |
| 51 | Es4_01 | 2,84 | ,31 | ,79 | -2,80 | ,98 | ,10 | Item weist ausreichende Passung zum Modell auf |
| 52 | Es4_01_red | 1,63 | ,28 | ,98 | -,20 | ,98 | ,10 | Item weist ausreichende Passung zum Modell auf |
| 53 | Es5_01 | 1,83 | ,32 | ,47 | -4,10 | ,95 | ,10 | Item weist ausreichende Passung zum Modell auf |

| | | | | | | | | |
|---|---|---|---|---|---|---|---|---|
| 54 | Es6_01 | ,65 | ,20 | ,97 | -,30 | ,99 | ,00 | Item weist ausreichende Passung zum Modell auf |
| 55 | Fs1_01 | -,54 | ,22 | 1,02 | ,20 | 1,01 | ,10 | Item weist ausreichende Passung zum Modell auf |
| 56 | Fs2_01 | ,87 | ,22 | 1,06 | ,60 | 1,04 | ,30 | Item weist ausreichende Passung zum Modell auf |
| 57 | Fs2_01_red | -1,10 | ,14 | ,95 | -,50 | ,97 | -,60 | Item weist ausreichende Passung zum Modell auf |
| 58 | Fs2_02 | -2,72 | ,22 | 1,04 | ,30 | 1,03 | ,30 | Item weist ausreichende Passung zum Modell auf |
| 59 | Fs3_01 | 1,95 | ,34 | ,92 | -,50 | 1,00 | ,20 | Item weist ausreichende Passung zum Modell auf |
| 60 | Fs4_01_red | 2,15 | ,34 | 1,77 | 4,10 | ,96 | ,20 | Item weist ausreichende Passung zum Modell auf |
| 61 | Fs5_01 | -,95 | ,12 | ,98 | -,20 | 1,01 | ,10 | Item weist ausreichende Passung zum Modell auf |
| 62 | Fs6_01 | 1,89 | ,32 | 1,97 | 4,80 | 1,10 | ,40 | Item weist ausreichende Passung zum Modell auf |
| 63 | Ms1_01 | -,38 | ,16 | 1,04 | ,40 | 1,05 | ,60 | Item weist ausreichende Passung zum Modell auf |
| 64 | Ms2_01 | 1,89 | ,32 | 1,43 | 2,40 | 1,08 | ,30 | Item weist ausreichende Passung zum Modell auf |
| 65 | Ms3_01 | -,72 | ,21 | ,93 | -,40 | ,96 | -,30 | Item weist ausreichende Passung zum Modell auf |
| 66 | Ms4_01 | ,58 | ,20 | 1,29 | 2,70 | 1,06 | ,40 | Item weist ausreichende Passung zum Modell auf |
| 67 | Ms5_01 | -1,07 | ,21 | 1,16 | 1,00 | 1,11 | 1,10 | Item genügt nicht dem Modell |

| | | | | | | | | |
|---|---|---|---|---|---|---|---|---|
| 68 | Ms6_01 | ,37 | ,20 | 1,02 | ,30 | 1,04 | ,30 | Item weist ausreichende Passung zum Modell auf |
| 69 | Ns1_01 | -2,74 | ,16 | ,94 | -,50 | ,95 | -,60 | Item weist ausreichende Passung zum Modell auf |
| 70 | Ns2_01 | -2,58 | ,22 | 1,10 | ,60 | 1,09 | ,70 | Item weist ausreichende Passung zum Modell auf |
| 71 | Ns3_01 | -2,62 | ,11 | 1,03 | ,40 | 1,04 | ,90 | Item weist ausreichende Passung zum Modell auf |
| 72 | Ns4_01 | -,65 | ,13 | ,94 | -,80 | ,98 | -,30 | Item weist ausreichende Passung zum Modell auf |
| 73 | Ns5_01 | -1,55 | ,20 | 1,27 | 1,60 | 1,22 | 3,00 | Item genügt nicht dem Modell |
| 74 | Ss1_01 | ,63 | ,20 | 1,06 | ,60 | 1,04 | ,30 | Item weist ausreichende Passung zum Modell auf |
| 75 | Ss2_02 | 1,56 | ,27 | 1,30 | 2,60 | 1,04 | ,20 | Item weist ausreichende Passung zum Modell auf |
| 76 | Ss2_02_red | ,73 | ,22 | 1,57 | 4,60 | 1,11 | ,60 | Item genügt nicht dem Modell |
| 77 | Ss3_01 | -,11 | ,23 | ,81 | -1,20 | ,91 | -,50 | Item weist ausreichende Passung zum Modell auf |
| 78 | Ss4_01 | -,29 | ,16 | 1,04 | ,40 | 1,02 | ,30 | Item weist ausreichende Passung zum Modell auf |
| 79 | Ss4_01_red | -1,05 | ,14 | 1,05 | ,50 | 1,05 | ,90 | Item weist ausreichende Passung zum Modell auf |
| 80 | Ss4_02 | -,77 | ,21 | 1,11 | ,70 | 1,09 | ,90 | Item weist ausreichende Passung zum Modell auf |
| 81 | Ss5_01 | 3,71 | ,36 | ,45 | -6,40 | 1,05 | ,40 | Item weist ausreichende Passung zum Modell auf |

| | | | | | | | | |
|---|---|---|---|---|---|---|---|---|
| 82 | Ss6_01 | -,63 | ,22 | 1,02 | ,20 | 1,02 | ,20 | Item weist ausreichende Passung zum Modell auf |
| 83 | Ws1_01 | -1,42 | ,15 | ,98 | -,20 | 1,00 | ,00 | Item weist ausreichende Passung zum Modell auf |
| 84 | Ws3_01 | ,16 | ,25 | ,94 | -,30 | ,95 | -,20 | Item weist ausreichende Passung zum Modell auf |
| 85 | Ws4_01_red | ,32 | ,20 | ,94 | -,60 | 1,00 | ,00 | Item weist ausreichende Passung zum Modell auf |
| 86 | Ws5_01 | 1,65 | ,32 | ,84 | -1,00 | ,99 | ,20 | Item weist ausreichende Passung zum Modell auf |
| 87 | Ex1_01 | -2,05 | ,21 | ,98 | -,10 | ,97 | -,40 | Item weist ausreichende Passung zum Modell auf |
| 88 | Ex2_01 | 1,44 | ,26 | ,87 | -1,30 | 1,02 | ,20 | Item weist ausreichende Passung zum Modell auf |
| 89 | Ex2_01_red | ,48 | ,20 | 1,10 | ,90 | 1,04 | ,30 | Item weist ausreichende Passung zum Modell auf |
| 90 | Ex3_01 | 1,58 | ,31 | ,93 | -,40 | ,98 | ,10 | Item weist ausreichende Passung zum Modell auf |
| 91 | Ex5_01 | -,21 | ,14 | ,99 | ,00 | ,96 | -,40 | Item weist ausreichende Passung zum Modell auf |
| 92 | Ex6_01 | 1,94 | ,34 | 3,01 | 8,70 | 1,04 | ,30 | Item weist ausreichende Passung zum Modell auf |
| 93 | Ex6_02 | 2,32 | ,34 | ,55 | -3,30 | 1,02 | ,20 | Item weist ausreichende Passung zum Modell auf |
| 94 | Fx1_01 | -,41 | ,22 | ,86 | -,80 | ,92 | -,60 | Item weist ausreichende Passung zum Modell auf |
| 95 | Fx2_01 | ,56 | ,27 | ,91 | -,50 | 1,00 | ,10 | Item weist ausreichende Passung zum Modell auf |

| | | | | | | | | |
|---|---|---|---|---|---|---|---|---|
| 96 | Fx3_01 | ,78 | ,29 | ,95 | -,30 | ,99 | ,10 | Item weist ausreichende Passung zum Modell auf |
| 97 | Fx3_02 | -2,08 | ,11 | ,89 | -1,30 | ,91 | -2,40 | Item genügt nicht dem Modell |
| 98 | Fx4_01 | 1,33 | ,30 | 1,07 | ,50 | 1,07 | ,30 | Item weist ausreichende Passung zum Modell auf |
| 99 | Fx4_01_red | -1,16 | ,21 | 1,08 | ,50 | 1,06 | ,80 | Item weist ausreichende Passung zum Modell auf |
| 100 | Fx5_02 | 1,22 | ,31 | ,86 | -,90 | 1,01 | ,20 | Item weist ausreichende Passung zum Modell auf |
| 101 | Fx6_01 | 1,22 | ,24 | 1,08 | ,70 | 1,05 | ,30 | Item weist ausreichende Passung zum Modell auf |
| 102 | Mx1_01 | -1,35 | ,20 | 1,05 | ,40 | 1,09 | 1,10 | Item weist ausreichende Passung zum Modell auf |
| 103 | Mx2_01 | 2,26 | ,29 | ,58 | -4,90 | ,91 | -,10 | Item weist ausreichende Passung zum Modell auf |
| 104 | Mx2_01_red | ,08 | ,17 | 1,21 | 2,00 | 1,03 | ,30 | Item weist ausreichende Passung zum Modell auf |
| 105 | Mx3_01 | -2,43 | ,12 | 1,03 | ,40 | 1,05 | ,90 | Item weist ausreichende Passung zum Modell auf |
| 106 | Mx3_02 | -1,39 | ,20 | 1,00 | ,00 | 1,02 | ,30 | Item weist ausreichende Passung zum Modell auf |
| 107 | Mx3_03 | ,17 | ,19 | ,93 | -,60 | 1,01 | ,10 | Item weist ausreichende Passung zum Modell auf |
| 108 | Mx4_01 | -,13 | ,18 | ,98 | -,20 | 1,03 | ,30 | Item weist ausreichende Passung zum Modell auf |
| 109 | Mx4_01_red | -1,06 | ,15 | ,96 | -,30 | ,98 | -,40 | Item weist ausreichende Passung zum Modell auf |

| | | | | | | | | |
|---|---|---|---|---|---|---|---|---|
| 110 | Mx5_01 | -1,49 | ,21 | 1,08 | ,50 | 1,08 | 1,20 | Item weist ausreichende Passung zum Modell auf |
| 111 | Mx6_01 | ,56 | ,27 | 1,05 | ,40 | 1,04 | ,20 | Item weist ausreichende Passung zum Modell auf |
| 112 | Nx1_01 | -2,16 | ,14 | 1,04 | ,40 | 1,04 | ,70 | Item weist ausreichende Passung zum Modell auf |
| 113 | Nx2_01 | -2,13 | ,20 | ,97 | -,10 | ,97 | -,40 | Item weist ausreichende Passung zum Modell auf |
| 114 | Nx3_01 | -,13 | ,18 | 1,10 | 1,00 | 1,08 | ,70 | Item weist ausreichende Passung zum Modell auf |
| 115 | Nx3_02 | ,12 | ,19 | 1,03 | ,30 | ,99 | ,00 | Item weist ausreichende Passung zum Modell auf |
| 116 | Nx4_01 | 2,14 | ,34 | ,65 | -2,60 | ,93 | ,10 | Item weist ausreichende Passung zum Modell auf |
| 117 | Nx4_01_red | -,35 | ,22 | ,69 | -2,20 | ,81 | -1,40 | Item genügt nicht dem Modell |
| 118 | Nx6_01 | -,58 | ,15 | ,85 | -1,50 | ,90 | -1,40 | Item weist ausreichende Passung zum Modell auf |
| 119 | Sx1_01 | -,60 | ,22 | ,93 | -,40 | ,97 | -,20 | Item weist ausreichende Passung zum Modell auf |
| 120 | Sx1_02 | ,08 | ,24 | 1,01 | ,10 | ,94 | -,30 | Item weist ausreichende Passung zum Modell auf |
| 121 | Sx2_02 | 2,84 | ,36 | 1,24 | 1,50 | ,94 | ,20 | Item weist ausreichende Passung zum Modell auf |
| 122 | Sx2_02_red | -,76 | ,21 | ,95 | -,30 | 1,00 | ,00 | Item weist ausreichende Passung zum Modell auf |
| 123 | Sx3_01 | -1,99 | ,11 | 1,04 | ,50 | 1,04 | 1,00 | Item weist ausreichende Passung zum Modell auf |

| | | | | | | | | |
|---|---|---|---|---|---|---|---|---|
| 124 | Sx4_01 | 1,46 | ,22 | ,89 | -1,40 | ,97 | ,00 | Item weist ausreichende Passung zum Modell auf |
| 125 | Sx4_01_red | ,62 | ,17 | 1,01 | ,20 | ,99 | ,00 | Item weist ausreichende Passung zum Modell auf |
| 126 | Sx5_01 | -,26 | ,14 | ,95 | -,50 | ,98 | -,20 | Item weist ausreichende Passung zum Modell auf |
| 127 | Wx1_01 | -1,00 | ,14 | ,91 | -,90 | ,93 | -1,30 | Item weist ausreichende Passung zum Modell auf |
| 128 | Wx2_02 | -,24 | ,14 | ,86 | -1,80 | ,93 | -,90 | Item weist ausreichende Passung zum Modell auf |
| 129 | Wx2_02_red | -,71 | ,12 | ,93 | -,80 | ,95 | -,80 | Item weist ausreichende Passung zum Modell auf |
| 130 | Wx3_01 | -1,93 | ,20 | ,95 | -,30 | ,97 | -,50 | Item weist ausreichende Passung zum Modell auf |
| 131 | Wx5_01 | -,92 | ,21 | 1,21 | 1,30 | 1,11 | 1,10 | Item genügt nicht dem Modell |
| 132 | Wx6_01 | 2,26 | . | 1,61 | 6,50 | 1,02 | ,20 | Item weist ausreichende Passung zum Modell auf |

**Tab. A 9: Probabilistische Itemkennwerte der TIMSS-Prä- und TIMSS-Post-Items.**

| | item | Itemparameter (TIMSS) [Itemzentriert, Gauss-Hermite Quadrature mit 30 nodes] | Fehler des Itemparameter [Quick standard errors] | Gewichteter Fitparameter (TIMSS) [weighted MNSQ, Erwartungswert 1, akzeptierte Werte 0,9<MNSQ<1,1] | Gewichteter T-Wert für die Signifikanzprüfung (TIMSS) [weighted T, Erwartungswert 0, akzeptierte Werte -2<T<+2] |
|---|---|---|---|---|---|
| 1 | B11 | -,51 | ,12 | ,89 | -,70 |
| 2 | bsmma02 | -1,17 | ,12 | 1,02 | ,20 |
| 3 | bsmmd11 | -1,17 | ,12 | 1,03 | ,20 |
| 4 | bsmme01 | -2,41 | ,13 | 1,01 | ,20 |
| 5 | bsmmg02 | -1,67 | ,13 | 1,03 | ,20 |
| 6 | bsmmo01 | -,95 | ,12 | 1,00 | ,10 |
| 7 | bsmmo04 | 1,05 | ,10 | ,96 | -,90 |
| 8 | bsmsa08 | -,13 | ,11 | 1,01 | ,20 |
| 9 | bsmsb02 | -,07 | ,11 | 1,02 | ,30 |
| 10 | bsmsb03 | ,92 | ,10 | ,90 | -2,00 |
| 11 | bsmsb06 | -2,60 | ,13 | 1,02 | ,20 |
| 12 | bsmsc09 | -,68 | ,11 | ,95 | -,30 |
| 13 | bsmsd02 | -1,29 | ,12 | ,95 | -,20 |
| 14 | bsmsd03 | ,27 | ,10 | ,95 | -,70 |
| 15 | bsmse07 | ,46 | ,10 | 1,03 | ,40 |
| 16 | bsmse09 | -1,17 | ,12 | 1,02 | ,20 |
| 17 | bsmse11 | -,01 | ,11 | 1,00 | ,00 |
| 18 | bsmsf05 | ,48 | ,10 | 1,06 | ,90 |
| 19 | bsmsf07 | 7,14 | ,14 | 1,01 | ,30 |
| 20 | bsmsf10 | -,72 | ,11 | 1,03 | ,20 |
| 21 | bsmsg07 | -1,43 | ,12 | 1,03 | ,20 |
| 22 | bsmsg10 | ,20 | ,10 | ,93 | -,80 |
| 23 | bsmsn01 | ,72 | ,10 | ,97 | -,60 |
| 24 | bsmsn03 | ,02 | ,11 | ,97 | -,30 |
| 25 | bsmsn08 | -,25 | ,11 | ,98 | -,20 |
| 26 | bsmso12 | 2,27 | ,10 | 1,03 | ,40 |
| 27 | bsmso13 | ,15 | ,10 | ,99 | -,10 |
| 28 | bsmso15 | -1,11 | ,12 | ,99 | ,00 |
| 29 | bsmsq11 | ,50 | ,10 | ,97 | -,50 |
| 30 | bsmsq16 | 2,02 | ,10 | 1,10 | 2,00 |
| 31 | bssmv01 | ,25 | ,10 | 1,00 | ,10 |
| 32 | bsssn10 | -,68 | ,11 | 1,01 | ,20 |

| | item | Itemparameter (TIMSS) [Itemzentriert, Gauss-Hermite Quadrature mit 30 nodes] | Fehler des Itemparameter [Quick standard errors] | Gewichteter Fitparameter (TIMSS) [weighted MNSQ, Erwartungswert 1, akzeptierte Werte 0,9<MNSQ<1,1] | Gewichteter T-Wert für die Signifikanzprüfung (TIMSS) [weighted T, Erwartungswert 0, akzeptierte Werte -2<T<+2] |
|---|---|---|---|---|---|
| 33 | bssso10 | ,15 | ,10 | 1,08 | 1,00 |
| 34 | bsssq12 | -,48 | ,11 | ,97 | -,20 |
| 35 | bsssq18 | 1,83 | ,10 | 1,10 | 2,20 |
| 36 | C08 | ,90 | ,10 | 1,11 | 1,80 |
| 37 | F02 | -3,17 | ,13 | ,98 | ,10 |
| 38 | G05 | 2,98 | ,11 | 1,03 | ,40 |
| 39 | G09 | 4,20 | ,12 | 1,09 | ,50 |
| 40 | H03 | -2,30 | ,13 | ,92 | -,10 |
| 41 | H04 | 3,33 | ,11 | 1,03 | ,30 |
| 42 | H06 | -,42 | ,12 | 1,01 | ,10 |
| 43 | H07 | -1,27 | ,12 | 1,00 | ,10 |
| 44 | I12 | ,35 | ,11 | 1,02 | ,30 |
| 45 | I13 | -1,04 | ,12 | ,94 | -,20 |
| 46 | I14 | -,12 | ,11 | 1,07 | ,60 |
| 47 | I15 | -1,56 | ,13 | ,99 | ,10 |
| 48 | I16 | -1,27 | ,12 | ,97 | ,00 |
| 49 | J03 | 1,28 | ,10 | ,98 | -,30 |
| 50 | J05 | -,82 | ,11 | ,97 | -,20 |
| 51 | J06 | 1,79 | ,10 | 1,12 | 2,60 |
| 52 | J16 | -1,80 | ,13 | 1,02 | ,20 |
| 53 | K10 | 2,77 | ,11 | 1,05 | ,60 |
| 54 | K13 | -,90 | ,12 | ,97 | -,10 |
| 55 | K14 | -1,67 | ,13 | ,94 | -,10 |
| 56 | K17 | ,41 | ,11 | 1,06 | ,70 |
| 57 | L01 | ,55 | ,11 | ,87 | -1,80 |
| 58 | L04 | -,90 | ,12 | ,86 | -,70 |
| 59 | L10 | -1,46 | ,13 | ,96 | -,10 |
| 60 | L11 | ,94 | ,08 | ,97 | -,70 |
| 61 | M01 | -2,82 | ,13 | ,94 | ,10 |
| 62 | M02 | -,33 | ,12 | ,96 | -,30 |
| 63 | M09 | 1,74 | ,08 | ,98 | -,50 |
| 64 | M12 | -,51 | ,12 | ,99 | ,00 |
| 65 | M13 | -,20 | ,11 | 1,03 | ,30 |

| | item | Itemparameter (TIMSS) [Itemzentriert, Gauss-Hermite Quadrature mit 30 nodes] | Fehler des Itemparameter [Quick standard errors] | Gewichteter Fitparameter (TIMSS) [weighted MNSQ, Erwartungswert 1, akzeptierte Werte 0,9<MNSQ<1,1] | Gewichteter T-Wert für die Signifikanzprüfung (TIMSS) [weighted T, Erwartungswert 0, akzeptierte Werte -2<T<+2] |
|---|---|---|---|---|---|
| 66 | M14 | -,24 | ,11 | ,89 | -,90 |
| 67 | P01 | -2,52 | ,13 | ,98 | ,10 |
| 68 | P02 | ,72 | ,11 | ,89 | -1,70 |
| 69 | P05 | ,41 | ,11 | ,89 | -1,40 |
| 70 | P07 | ,23 | ,11 | 1,10 | 1,10 |
| 71 | P11 | ,09 | ,11 | ,99 | -,10 |
| 72 | P17 | -1,57 | ,13 | ,95 | -,10 |
| 73 | pop3_a07 | ,65 | ,10 | ,90 | -1,80 |
| 74 | pop3_b05 | 1,52 | ,10 | 1,05 | 1,40 |
| 75 | pop3_b62 | 2,04 | ,10 | 1,07 | 1,30 |
| 76 | pop3_f02 | -1,23 | ,12 | 1,03 | ,20 |
| 77 | pop3_g02 | 1,22 | . | ,97 | -,80 |
| 78 | Q04 | -1,80 | ,13 | 1,00 | ,10 |
| 79 | R01 | -,61 | ,12 | 1,00 | ,10 |
| 80 | R02 | ,93 | ,10 | ,89 | -1,90 |
| 81 | R08 | -,67 | ,12 | 1,02 | ,20 |
| 82 | Y01 | 2,21 | ,08 | ,91 | -2,40 |

**Dok. A1: Übersicht der in der Konstruktionsanleitung verwendeten Aufgabenmerkmale.** Angegeben sind ihre Ausprägungen, ggf. Indikatoren ansonsten Beschreibungen, Leitlinien für die Aufgabenkonstruktion und Vorgaben für die Musterlösung. (4 Seiten)

| Aufgabenmerkmal | Ausprägung | Indikatoren oder Beschreibung |
|---|---|---|
| Leitidee | Energie | Transport<br>Speicherung<br>Erhaltung<br>Umwandlung |
| | System | Gleichgewicht<br>Störung<br>Periodische Entwicklung<br>Strömung |
| | Wechselwirkung | Feld<br>Kraft<br>Strahlung |
| | Materie | Struktur<br>Zustand<br>Eigenschaft<br>Veränderlichkeit |
| | Formalismus | Abhängigkeiten/Formeln<br>Darstellungen (Tabellen, Grafiken)<br>Numerische Beschreibung<br>Räumliche Beschreibung |
| | Naturwissenschaftliche Arbeitsweise | Modell<br>Überprüfung<br>Formalisierung<br>Schlussfolgerung |
| Abstand Lern-Test-Zeitpunkt | Jahrgangsstufe 6 | Temperatur und Energie<br>elektrischer Strom<br>Licht<br>Speicherung, Transport und Entwertung von Energie |
| | Jahrgangsstufe 8 | Elektrizität<br>Strahlenoptik |
| | Jahrgangsstufe 9/10 | Kraft<br>Druck<br>Energie, Arbeit, Leistung<br>Elektrische Energie<br>Schall, Schwingungen, Wellen<br>Radioaktivität, Kernenergie |
| Komplexität | Fakt | Bezeichnung<br>(Fach-)Begriff<br>Eigenschaft<br>Objekt |
| | Fakten | mehrere Begriffe, Bezeichnungen, Eigenschaften und Objekte, die in keiner explizit genannten Beziehung stehen oder in einer trivialen (im gegebenen Kontext offenkundigen oder vorgegebenen Abhängigkeiten stehen, z. B. zeitliche oder räumliche Gleichzeitigkeit: dem gleichen Objekt zugeordnete Eigenschaften) |

| Aufgabenmerkmal | Ausprägung | Indikatoren oder Beschreibung |
|---|---|---|
| | Zusammenhang | explizite Abhängigkeit, gegenseitige Bedingung oder erklärte Kausalität zwischen zwei Objekten (oder Klassen von Objekten), Eigenschaften oder Begriffen |
| | unverbundene Zusammenhänge | mehrere Abhängigkeiten, Bedingungen und Kausalitäten, die in keiner expliziten Beziehung zueinander stehen oder in einer trivialen (im gegebenen Kontext offenkundigen oder vorgegebenen Abhängigkeiten stehen, z. B. zeitliche oder räumliche Gleichzeitigkeit: dem gleichen Objekt zugeordnete Eigenschaften) |
| | verbundene Zusammenhänge | Abhängigkeit, Bedingung oder erklärte Kausalität, die über mehrere explizite Zwischenschritte begründet wird, die sich erklärtermaßen gegenseitig bedingen und kausal oder in anderer nichttrivialer (s.o. für „trivial") Abhängigkeit aufeinander aufbauen |
| | Übergeordnete Konzepte | Aspekte der (gewählten) Leitidee werden a) aus einem oder mehreren Spezialfällen dekontextualisiert, b) auf einen oder mehrere Spezialfälle angewandt |
| Kognitive Aktivität | Erinnern | Aufsagen<br>Wiedergeben<br>Aufgreifen<br>Reaktivieren |
| | Strukturieren | Einordnen<br>Beschriften<br>Kombinieren/Auswerten<br>Hervorheben<br>Identifizieren<br>Zusammenfassen |
| | Explorieren | Beispiel bringen<br>Begründen<br>Vermuten<br>Beobachten/Beschreiben<br>Nennen<br>Werten<br>Vergleichen<br>Schlussfolgern |
| Kontext | keinen | Es wird keine dem Aufgabeninhalt über die Aufgabe hinausgehende Relevanz zugeschrieben. |
| | Physikerinnen und Physiker | Aufgabe ist an historischer oder aktueller Forschung orientiert, physikinhaltliche Beziehungen motivieren die Fragestellung der Aufgabe, grundsätzliche Neugierde an der Natur |

| Aufgabenmerkmal | Ausprägung | Indikatoren oder Beschreibung |
|---|---|---|
| | Physikunterricht | Aufgabe bezieht sich auf Erfahrungen aus erlebtem Unterricht, auf zukünftige (Oberstufe) Inhalte des Unterrichts oder auf hypothetisch/exemplarisch geschilderte Unterrichtssituationen |
| | Schüler-Alltag | Außerhalb des Fachs Physik für die Mehrheit der Schüler aktuell erlebte oder erlebbare Situationen, die typische Interessen aufgreifen |
| | Allgemein Lebensweltlich | Den Schülern bekannte aber nicht unmittelbar und zeitnah für sie erfahrbare Situationen, die nicht im direkten Zusammenhang mit Unterricht oder physikalischer Forschung zu tun haben (z. B. Technik) |
| Antwortformat | Single Choice | eine richtige Auswahlantwort |
| | Multiple Choice | mehrere richtige Antwortmöglichkeiten, mehrfaches Ankreuzen für die korrekte Lösung notwendig |
| | halboffen | Wort oder Zeichenergänzung zur Lösung notwendig |
| | grafisch | Erstellen oder Vervollständigen eines Diagramms oder einer Skizze notwendig |
| | offen | Erstellen eines Textes ohne weitere Vorgaben |

**Leitlinien bei der Aufgabenkonstruktion**

- Allgemeine Leitlinien beim Formulieren:
  - formale
  - Schüler duzen,
  - Schüler um Bearbeitung höflich bitten
  - auf Geschlechtergerechtigkeit achten (männlich/ weiblich gleich verteilen)
  - Namen vermeiden
  - kurze Sätze,
  - inhaltliche
  - keine Fremd- oder Fachwörter, die nicht Teil der Aufgabenschwierigkeit sein sollen verwenden
  - klare und unzweideutige Anweisungen geben
  - auf Grafiken ausdrücklich verweisen
  - nur relevante Informationen oder gezielt überflüssige Informationen im Text (und Kontext) verwenden
- Leitlinien bei geschlossenen Antworten:
  - es muss angegeben sein, wie viele Alternativen richtig sind
  - alle Alternativen müssen von gleicher Komplexität, kognitive Aktivität und Leitidee sein
  - alle Alternativen müssen eindeutig richtig oder falsch sein
  - alle Alternativen müssen ungefähr gleich lang (vom selben Textumfang) sein
  - alle Alternativen müssen gleich „realistisch" erscheinen
  - möglichst verschiedene Alternativen verwenden
  - Alternativen sollten typische „Fehlkonzepte" enthalten
  - bei Rechnungen sind als Alternativen Ergebnisse vertauschter Rechenoperatoren anzugeben
  - bei Grafiken sind Alternativen möglichst jeweils separat in einer Grafik darzustellen

- Leitlinien bei grafischen Antwortformaten:
  - alle nicht zur Aufgabenlösung gehörenden Elemente der Grafik vorgeben
  - Beschriftungen und andere Vorgaben gut sichtbar platzieren
  - genügend große Grafiken verwenden
  - bei mehreren Grafiken diese nummerieren
  - auf kohärente Beschriftung zum Aufgabentext achten
  - Teilstrichbeschriftungen an die Teilstriche schreiben
- Leitlinien bei halboffenen Antwortformaten:
  - für jeden Begriff einen genügend großen Platzhalter verwenden (Kasten, Linie o. Ä.)
  - Größe des Platzhalters darf keinen Hinweis auf die Länge des gesuchten Begriffs bieten (gleich lange Platzhalter verwenden)

**Angabe der Musterlösung:**

| | |
|---|---|
| SC | Angabe der richtigen Auswahl |
| MC | Angabe der Anzahl der mindestens richtig gelösten und Angabe aller richtigen Lösungen. Sind diese nicht gleichwertig ist die Wertigkeit anzugeben |
| halboffen | Falls möglich ist die richtige Antwort vorzugeben sowie typische Fehler, ansonsten ist mindestens ein Kriterium zur richtigen Lösung anzugeben, optimaler Weise mehrere disjunkte* |
| offen | Es sind optimaler Weise mehrere disjunkte* Kriterien zu beschreiben, die die richtige Antwort charakterisieren, alternativ ist die richtige Lösung vorzugeben |
| grafisch | Es ist eine Mustergrafik und typische falsche Grafiken vorzugeben oder alternativ mehrere disjunkte* Kriterien, die die richtige Grafik zu erfüllen hat |

* disjunkt meint, dass die Kriterien einzeln und unabhängig von einander beschrieben und in der Antwort der Schüler zu beurteilen sind. Dadurch wird eine Diagnose möglicher Ursachen möglich.

**Dok. A2: Beispiel der SPSS-Auswerte-Syntax für die Rohdaten.** Gegeben seien die Kodiervariablen v1 bis v8, die zu einer Aufgabe gehören, z. B. 8 Antwortmöglichkeiten in einer Mehrfachauswahl-Aufgabe mit mehreren richtigen Antwortmöglichkeiten. Ziel ist es, daraus einen Wert für die gesamte Aufgabe zu ermitteln (0, 1, 8, 9).

```
*Falls in einer der Variablen v1 bis v8 die Eingabe fehlt, setze Wert für diese Variable auf
nicht beurteilbar (8).
DO REPEAT i=v1 v2 v3 v4 v5 v6 v7 v8 .
        IF (SYSMIS(i)) i=8 .
END REPEAT.

*c ist ein Marker, der 0 wird, sobald eine falsche Antwort als richtig ausgewählt wird .
Im Marker werden zudem auch nicht beurteilbar (8) und nicht bearbeitet (9) gespeichert.
COMPUTE c=1 .
IF ((v1=8) | (v2=8) | (v3=8) | (v4=8) | (v5=8) | (v6=8) | (v7=8) | (v8=8)) c = 8 .
IF ((v1=9) | (v2=9) | (v3=9) | (v4=9) | (v5=9) | (v6=9) | (v7=9) | (v8=9)) c = 9 .

*Es werden nun alle Variablen v1 bis v8 durchlaufen. Die Musterlösung ist in den Variablen
r1 bis r8 gespeichert, mit diesen werden jeweils v1 bis v8 verglichen, v1 muss dabei r1 ent-
sprechen usw. Wenn 0 richtig ist, dann muss auch 0 gewählt worden sein, sonst wird c=0.
Solange c=1 ist wird überprüft ob das Richtige gewählt wurde, wenn ja, dann gibt es einen
Punkt (vi = 1), sonst 0 Punkte (vi = 0). Wenn c bereits 0 ist, gibt es keinen Punkt mehr.
DO REPEAT i= v1 v2 v3 v4 v5 v6 v7 v8 /j= r1 r2 r3 r4 r5 r6 r7 r8 .
        DO IF ((j=0)&(c=1)) .
                DO IF (i=0).
                        COMPUTE i=0 .
                ELSE .
                        COMPUTE c=0 .
                        COMPUTE i=0 .
                END IF.
        ELSE IF (c=1).
                DO IF (i=j) .
                        COMPUTE i=1 .
                ELSE .
                        COMPUTE i=0 .
                END IF.
        ELSE IF (c=0) .
                COMPUTE i=0 .
        END IF.
END REPEAT .

*Wenn die Anzahl der richtigen Antworten der in "bedingung" definierten Anzahl genügt, wird
var auf 1 gesetzt, varred ebenfalls auf 1 (Analog für bedingung2 und varred). Falls c=8 oder
c=9 ist, so werden var und varred ebenfalls auf 8 bzw. 9 gesetzt.
DO IF ((SUM(v1, v2, v3, v4, v5, v6, v7, v8)>=bedingung) & (c=1)) .
        COMPUTE var=1 .
        COMPUTE varred=1 .
ELSE IF ((SUM(v1, v2, v3, v4, v5, v6, v7, v8)>=bedingung2) & (c=1)) .
        COMPUTE var=0 .
        COMPUTE varred=1 .
ELSE IF (c=8).
        COMPUTE var=8 .
        COMPUTE varred=8 .
ELSE IF (c=9).
        COMPUTE var=9 .
        COMPUTE varred=9 .
ELSE .
        COMPUTE var=0 .
        COMPUTE varred=0 .
END IF .

EXECUTE.
```

**Dok. A3: ConQuest-Syntax der eindimensionalen Skalierung.** Vgl. ACER (1998) bzw. Wu, Adams & Wilson (1998).

| | |
|---|---|
| `title LT_Physik Sample 1 ;` | *Überschrift des Outputs, Skalierung der Daten für das erste Sample* |
| `set warnings=no, constraints=items;` | *Festlegung des Itemparameter-Mittelwerts auf Null* |
| `datafile LT_syn_kogAkt_Sample1.dat;` | *ASCII-Datei-Name der Testdaten* |
| `format pid 1-7 responses 8-139;` | *Format der Testdaten (Spaltenangaben der PersonenID und der Antworten)* |
| `labels << LT_syn_kogAkt.nam;` | *Einlesen der Aufgaben-Bezeichnungen* |
| `codes 0, 1;` | *Angabe gültiger Aufgaben-Kodierungen (0 falsch, 1 richtig)* |
| `model item;` | *Modellspezifikation: Dichotomes Raschmodell* |
| `estimate ! iter=4000, nodes=30;` | *Angaben zur Schätzung (max. Anzahl an Iterationen)* |
| `show cases! estimates=wle>> LT_syn_Sample1.wle;` | *Dateiname der Output-Datei für die WLE-Personenparameter* |
| `show !estimates=latent >> LT_syn_Sample1.shw;` | *Dateiname der Output-Datei für die Itemparameter und weiteren Informationen* |
| `itanal >> LT_syn_Sample1.itn;` | *Informationen zu den einzelnen Items* |
| `reset;` | |

| | |
|---|---|
| `title LT_Physik Sample 1&2 ;` | *Skalierung des Gesamtsamples* |

```
set warnings=no, constraints=items;

datafile
LT_syn_kogAkt_Sample1&2.dat;

format pid 1-7 responses 8-139;

labels << LT_syn_kogAkt.nam;

codes 0, 1;

model item;

estimate ! iter=4000, nodes=30;

show cases! estimates=wle>>
LT_syn_Sample1&2.wle;

show !estimates=latent >>
LT_syn_Sample1&2.shw;

itanal >> LT_syn_Sample1&2.itn;

quit;
```

**Dok. A4: ConQuest-Syntax der mehrdimensionalen Skalierungen.** Vgl. ACER (1998) bzw. Wu, Adams & Wilson (1998).

*3-Dimensionale Skalierung des Gesamtsamples*

```
title LT_Physik kognitive Aktivitäten Sample 1&2;
set warnings=no, constraints=items;
datafile LT_syn_kogAkt_Sample1&2.dat;
format pid 1-7 responses 8-139;
labels << LT_syn_kogAkt.nam;
```

*Angabe der gültigen Aufgaben-Kodierungen für die erste Dimension und Spezifikation der Items, die zu dieser Dimension gehören durch Angabe der Zeilen in der ASCII-Datei*

```
score (0,1) (0,1) (   ) (   )    !items (1-46) ;
```

*Angaben für die zweite Dimension*

```
score (0,1) (   ) (0,1) (   )    !items (47-86) ;
score (0,1) (   ) (   ) (0,1)    !items (87-132) ;
model item;
estimate ! iter=10000, nodes=20;
show cases! estimates=wle>>
LT_syn_kogAkt_Sample1&2.wle;
show !estimates=latent >>
LT_syn_kogAkt_Sample1&2.shw;
itanal >> LT_syn_kogAkt_Sample1&2.itn;
reset;
```

---

*6-Dimensionale Skalierung des Gesamtsamples*

```
title LT_Physik Leitideen Sample 1&2;
set warnings=no, constraints=items;
datafile LT_syn_Leitideen_Sample1&2.dat;
format pid 1-7 responses 8-139;
codes 0,1;
labels << LT_syn_Leitideen.nam;
score (0,1) (0,1) ( ) ( ) ( ) ( ) ( )
!items (1-24);
score (0,1) ( )   (0,1) ( ) ( ) ( ) ( )
!items (25-47);
score (0,1) ( )   ( ) (0,1) ( ) ( ) ( )
!items (48-72);
score (0,1) ( ) ( ) ( ) (0,1) ( ) ( )
!items (73-91);
score (0,1) ( ) ( ) ( ) ( ) (0,1) ( )
!items (92-110);
score (0,1) ( ) ( ) ( ) ( ) ( ) (0,1)
!items (111-132);
model item;
```

*Festlegung des Monte-Calo-Schätzverfahrens*

```
estimate !method=montecarlo, iter=10000,
nodes=2000, converg=.005;
show cases! estimates=wle>>
LT_syn_Leitideen_Sample1&2.wle;
show !estimates=latent >>
LT_syn_Leitideen_Sample1&2.shw;
itanal >> LT_syn_Leitideen_Sample1&2.itn;
quit;
```

**Dok. A5: Beispielaufgaben.** Alle Aufgaben können auf der beigefügten CD-ROM der Datei *Aufgaben des Leistungstests - Testmanual zur Dissertation.pdf* entnommen werden.

**Beispielaufgabe 1.**

| Leitidee | kognitive Aktivität | Komplexität | Antwortformat | Fx1_01 |
|---|---|---|---|---|
| Formalismus | Explorieren | Fakt | Halboffen | |

| Indikatoren | |
|---|---|
| Leitidee | Räumliche Beschreibung |
| kognitive Aktivität | Schlussfolgern |
| Komplexität | Einzelnes Objekt, Eigenschaft |

**Aufgabenstellung**

Der Radius des Elektrons wird mit 1,7 * $10^{-18}$ m angegeben.

Welche Form unterstellen Physiker dem Elektron damit?

**Musterlösung**

Die Form eine Kugel.

| Kodiervariablen (Beschreibung) | Kategorien (Beschreibung) |
|---|---|
| Fx1_01<br>(Form eines Elektrons) | (0) falsch<br>(1) richtig<br>(7) mehrere angegeben<br>(8) nicht beurteilbar<br>(9) nicht bearbeitet |

**Auswertesyntax**

```
NUMERIC Fx1_01 (F1.0) .
FORMAT Fx1_01 (F1.0) .
VARIABLE LABEL Fx1_01 'Fx1_01 - halboffen - Form eines Elektrons' .
VALUE LABEL Fx1_01
0 'falsch'
1 'richtig'
8 'nicht beurteilbar'
9 'nicht bearbeitet' .
EXECUTE.

RECODE Fx1_01 (8=SYSMIS) (9=0) (ELSE=COPY) .
EXECUTE.
```

**Item-Kennwerte**

| Testheft | Position im Testheft | $N_{Bearbeiter}$ | $N_{richtige\ Lösung}$ | Itemparameter (MLE) | Fit-Parameter (weighted MNSQ) |
|---|---|---|---|---|---|
| 3 | 25 | 76 | 20 | -0,41 | 0,92 |

**Beispielaufgabe 2**

| Leitidee | kognitive Aktivität | Komplexität | Antwortformat | Ee2_02 |
|---|---|---|---|---|
| Energie | Erinnern | Mehrere Fakten | Halboffen | |

| Indikatoren | |
|---|---|
| Leitidee | Umwandlung von Energien |
| kognitive Aktivität | Reaktivieren |
| Komplexität | Mehrere Bezeichnungen |

| Aufgabenstellung |
|---|
| Wie du sicherlich weißt, geht Energie, entgegen dem allgemeinen Sprachgebrauch, nicht verloren. Sie wird lediglich in andere Energieformen umgewandelt. Solche Umwandlungen kann man am Beispiel von Kraftwerken beschreiben.<br>Erinnere dich bitte an die einzelnen Energien und in welcher Reihenfolge sie im Kraftwerk vorkommen! Trage sie bitte in die leeren Stellen ein!<br><br>Die Verbrennung von fossilen Stoffen liefert ____________________; diese wird genutzt, um Wasserdampf zu erzeugen, der einer Turbine die nötige ____________________ liefert. Diese erzeugt in einem Generator ____________________, die wiederum durch die Stromleitungen transportiert wird. Wird sie genutzt, um eine Lampe zu betreiben, dann wird die meiste Energie in ____________________ umgewandelt und nur ein relativ kleiner Anteil in Licht. |

| Musterlösung | |
|---|---|
| Wärme (innere) Energie, Rotationsenergie (Bewegungs/ Kinetische Energie), elektrische Energie, Wärmeenergie (innere Energie) | |
| **Kodiervariablen (Beschreibung)** | **Kategorien (Beschreibung)** |
| Ee2_02_1 bis _4<br>(Energien im Kraftwerk – 1 bis 4) | (0) falsch<br>(1) richtig<br>(8) nicht beurteilbar<br>(9) nicht bearbeitet |

**Auswertesyntax**

```
NUMERIC Ee2_02_1 Ee2_02_2 Ee2_02_3 Ee2_02_4 (F1.0) .
FORMAT Ee2_02_1 Ee2_02_2 Ee2_02_3 Ee2_02_4 (F1.0) .
VARIABLE LABEL Ee2_02_1 'Ee2_02 - halboffen - Energien im Kraftwerk - 1' .
VARIABLE LABEL Ee2_02_2 'Ee2_02 - halboffen - Energien im Kraftwerk - 2' .
```

```
VARIABLE LABEL Ee2_02_3 'Ee2_02 - halboffen - Energien im Kraftwerk - 3' .
VARIABLE LABEL Ee2_02_4 'Ee2_02 - halboffen - Energien im Kraftwerk - 4' .
VALUE LABEL Ee2_02_1 Ee2_02_2 Ee2_02_3 Ee2_02_4
0 'falsch'
1 'richtig'
8 'nicht beurteilbar'
9 'nicht bearbeitet' .
EXECUTE.

!altern04 Ee2_02_1 Ee2_02_2 Ee2_02_3 Ee2_02_4 Ee2_02 1 1 1 1 4 4 lösch .
VARIABLE LABEL Ee2_02 'Ee2_02 - halboffen - Energien im Kraftwerk' .
EXECUTE.

RECODE Ee2_02 (8=SYSMIS) (9=0) (ELSE=COPY) .
EXECUTE.
```

| **Item-Kennwerte** | | | | | |
|---|---|---|---|---|---|
| Testheft | Position im Testheft | $N_{Bearbeiter}$ | $N_{richtige\ Lösung}$ | Itemparameter (MLE) | Fit-Parameter (weighted MNSQ) |
| 3 | 37 | 77 | 18 | -0,26 | 0,96 |

Beispielaufgabe 3

| Leitidee | kognitive Aktivität | Komplexität | Antwortformat | Mx3_02 |
|---|---|---|---|---|
| Materie | Explorieren | Zusammenhang | Offen | |

| Indikatoren | |
|---|---|
| Leitidee | Zustand des Stoffes, Materie |
| kognitive Aktivität | Vermutung äußern |
| Komplexität | Kausalität, Vergleich |

| Aufgabenstellung |
|---|
| Ein Gasballon schwebt, da das Gas eine geringere Dichte besitzt als die ihn umgebende Luft. Warum aber schwebt ein Heißluftballon? Er ist doch mit der Luft gefüllt in der er schwebt. Die Luft im Inneren ist erhitzt.<br><br>Formuliere bitte eine Vermutung, warum der Heißluftballon schwebt. |

| Musterlösung | |
|---|---|
| Heiße Luft hat eine geringere Dichte als kalte Luft! | |
| **Kodiervariablen (Beschreibung)** | **Kategorien (Beschreibung)** |
| Mx3_02 (Heißluftballon) | (0) falsch<br>(1) richtig<br>(8) nicht beurteilbar<br>(9) nicht bearbeitet |

**Auswertesyntax**

```
NUMERIC Mx3_02 (F1.0) .
FORMAT Mx3_02 (F1.0) .
VARIABLE LABEL Mx3_02 'Mx3_02 - offen - Heißluftballon' .
VALUE LABEL Mx3_02
0 'falsch'
1 'richtig'
8 'nicht beurteilbar'
9 'nicht bearbeitet' .
EXECUTE.

RECODE Mx3_02 (8=SYSMIS) (9=0) (ELSE=COPY) .
EXECUTE.
```

**Item-Kennwerte**

| Testheft | Position im Testheft | $N_{Bearbeiter}$ | $N_{richtige\ Lösung}$ | Itemparameter (MLE) | Fit-Parameter (weighted MNSQ) |
|---|---|---|---|---|---|
| 3 | 9 | 78 | 36 | -1,38 | 1,02 |

**Beispielaufgabe 4**

| Leitidee | kognitive Aktivität | Komplexität | Antwortformat | Nx3_01 |
|---|---|---|---|---|
| Naturwissenschaftliche Arbeitsweise | Explorieren | Zusammenhang | Offen | |

| Indikatoren | |
|---|---|
| Leitidee | Hypothese |
| kognitive Aktivität | Begründen |
| Komplexität | Kausalität |

**Aufgabenstellung**

Eine früher weit verbreitete Auffassung besagt, dass vom Auge so genannte Sehstrahlen ausgehen, die die Umgebung abtasten und uns so sehen lassen.

Die physikalische Vorstellung besagt, dass Licht von Lichtquellen ausgeht und eventuell, von Objekten reflektiert, in unser Auge gelangt.

Wie kann man physikalisch begründen, dass es keine Sehstrahlen gibt?

**Musterlösung**

Mit Hilfe von Sehstrahlen könnte man auch in einem Raum ohne Lichtquellen sehen!

| Kodiervariablen (Beschreibung) | Kategorien (Beschreibung) |
|---|---|
| Nx3_02<br>(Warum keine Sehstrahlen) | (0) falsch<br>(1) richtig<br>(8) nicht beurteilbar<br>(9) nicht bearbeitet |

**Auswertesyntax**

```
NUMERIC Nx3_02 (F1.0) .
FORMAT Nx3_02 (F1.0) .
VARIABLE LABEL Nx3_02 'Nx3_02 - offen - Warum keine Sehstrahlen' .
VALUE LABEL Nx3_02
0 'falsch'
1 'richtig'
8 'nicht beurteilbar'
9 'nicht bearbeitet' .
EXECUTE.

RECODE  Nx3_02 (8=SYSMIS) (9=0) (ELSE=COPY) .
EXECUTE.
```

**Item-Kennwerte**

| Testheft | Position im Testheft | $N_{Bearbeiter}$ | $N_{richtige\ Lösung}$ | Itemparameter (MLE) | Fit-Parameter (weighted MNSQ) |
|---|---|---|---|---|---|
| 4<br>B | 26<br>25 | 171 | 28 | 0,13 | 0,99 |

Beispielaufgabe 5

| Leitidee | kognitive Aktivität | Komplexität | Antwortformat | Wx5_01 |
|---|---|---|---|---|
| Wechselwirkung | Explorieren | Verbundene Zusammenhänge | Offen | |

| Indikatoren | |
|---|---|
| Leitidee | Wechselwirkung zwischen E-Feldern |
| kognitive Aktivität | Experiment beschreiben |
| Komplexität | Experiment mit logisch aufeinander aufbauenden Einzelschritten (Vergleichen) |

**Aufgabenstellung**

Wie Du weißt, gibt es positive und negative elektrische Ladungen. Nimm einmal an, Du hättest eine große Anzahl unterschiedlich geladener Körper, die Du nach Ihrer Ladungsart (+ oder -) sortieren sollst.

Beschreibe bitte, wie Du vorgehen könntest, wenn Du das Prinzip der Wechselwirkung zwischen Ladungen berücksichtigst.

**Musterlösung**

Einen Probekörper mit bekannter Ladung auswählen. Solche Körper, die angezogen werden, werden auf den 2. Haufen gelegt, solche, die abgestoßen werden, werden zum Probekörper gelegt.

| Kodiervariablen (Beschreibung) | Kategorien (Beschreibung) |
|---|---|
| Wx5_01 (Ladungstrennung) | (0) falsche Lösung<br>(1) richtige Lösung<br>(8) nicht entscheidbar<br>(9) nicht bearbeitet |

**Auswertesyntax**

```
NUMERIC Wx5_01 (F1.0) .
FORMAT Wx5_01 (F1.0) .
VARIABLE LABEL Wx5_01 'Wx5_01  - Ladungstrennung' .
VALUE LABEL Wx5_01
0 'falsch'
1 'richtig'
8 'nicht beurteilbar'
9 'nicht beantwortet' .
EXECUTE.

RECODE Wx5_01 (8=SYSMIS) (9=0) (ELSE=COPY) .
EXECUTE.
```

**Item-Kennwerte**

| Testheft | Position im Testheft | $N_{Bearbeiter}$ | $N_{richtige\ Lösung}$ | Itemparameter (MLE) | Fit-Parameter (weighted MNSQ) |
|---|---|---|---|---|---|
| 1 | 6 | 76 | 24 | -0,91 | 1,11 |

**Beispielaufgabe 6**

| Leitidee | kognitive Aktivität | Komplexität | Antwortformat | Ss6_01 |
|---|---|---|---|---|
| System | Strukturieren | Konzept | Grafisch | |

| **Indikatoren** | |
|---|---|
| Leitidee | Stabiles System und Stabilität als dynamisches Gleichgewicht verstehen |
| kognitive Aktivität | Identifizieren, Einzeichnen, Kombinieren |
| Komplexität | Generalisieren und Dekontextualisieren |

**Aufgabenstellung**

Das so genannte „Bohrsche Atommodell" beschreibt den Aufbau eines Atoms mit einem positiven Kern aus Protonen und Neutronen, der von negativ geladenen Elektronen auf Kreisbahnen umrundet wird.

Vervollständige bitte die Skizze mit entsprechender Beschriftung und erkläre in der Skizze, warum ein Atom stabil ist, die Elektronen also nicht einfach weg fliegen oder auf den Kern stürzen.

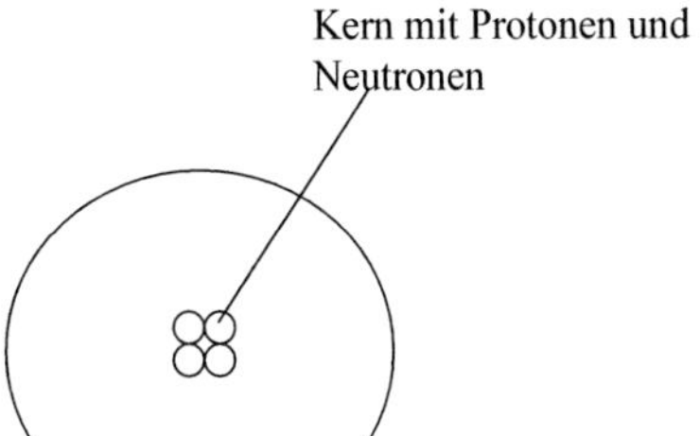

| **Musterlösung** |
|---|

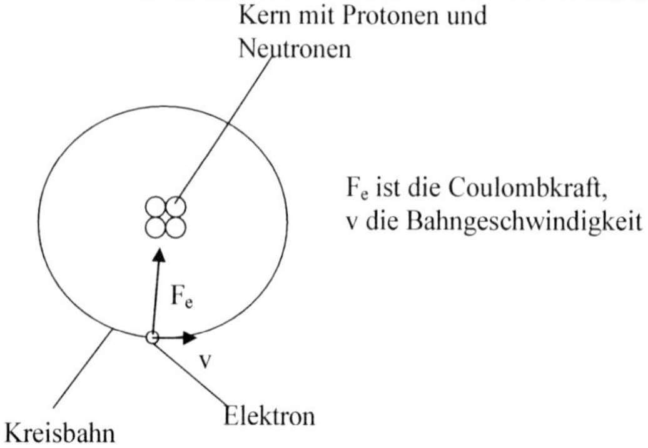


Das Elektron wird durch die wirkende Kraft auf eine Kreisbahn um den Kern gezwungen. Dadurch ist es auf einen Radius um den Kern festgelegt und kann das System nicht aus eigenem Antrieb verlassen. Die Geschwindigkeit des Elektrons ist auf der Kreisbahn vom Betrag her konstant, da keine Kräfte in Richtung der Geschwindigkeit wirken. Bei vorgegebener (konstanter) Energie behält das Elektron daher seine Kreisbahn im Abstand R um den Kern und stürzt folglich auch nicht auf den Kern.
[Dabei wird – wie beim Bohrschen Atommodell üblich – vernachlässigt, dass es sich bei dem System um einen Dipol handelt, der folglich aufgrund der Rotation des Elektrons Strahlung aussendet, weshalb die Energie des Systems nicht konstant ist]

| **Kodiervariablen (Beschreibung)** | **Kategorien (Beschreibung)** |
|---|---|
| Ss6_01 (Stabilität im Bohrschen Atommodell) | (0) falsch<br>(1) richtig<br>(8) nicht beurteilbar<br>(9) nicht bearbeitet |

**Auswertesyntax**

```
NUMERIC Ss6_01 (F1.0) .
FORMAT Ss6_01 (F1.0) .
VARIABLE LABEL Ss6_01 'Ss6_01 - grafisch - Stabilität im Bohrschen Atommodell' .
VALUE LABEL Ss6_01
0 'falsch'
1 'richtig'
8 'nicht beurteilbar'
9 'nicht beantwortet' .
EXECUTE.

RECODE  Ss6_01 (8=SYSMIS) (9=0) (ELSE=COPY) .
EXECUTE.
```

**Item-Kennwerte**

| Testheft | Position im Testheft | $N_{Bearbeiter}$ | $N_{richtige\ Lösung}$ | Itemparameter (MLE) | Fit-Parameter (weighted MNSQ) |
|---|---|---|---|---|---|
| 2 | 29 | 84 | 19 | -0,63 | 1,02 |

Bisher erschienene Bände der Reihe *„Studien zum Physik- und Chemielernen“*

ISSN 1614-8967 (vormals *Studien zum Physiklernen* ISSN 1435-5280)

| | | |
|---|---|---|
| 1 | Helmut Fischler, Jochen Peuckert (Hrsg.) | Concept Mapping in fachdidaktischen Forschungsprojekten der Physik und Chemie<br>ISBN 978-3-89722-256-4 40.50 EUR |
| 2 | Anja Schoster | Bedeutungsentwicklungsprozesse beim Lösen algorithmischer Physikaufgaben<br>*Eine Fallstudie zu Lernprozessen von Schülern im Physiknachhilfeunterricht während der Bearbeitung algorithmischer Physikaufgaben*<br>ISBN 978-3-89722-045-4 40.50 EUR |
| 3 | Claudia von Aufschnaiter | Bedeutungsentwicklungen, Interaktionen und situatives Erleben beim Bearbeiten physikalischer Aufgaben<br>ISBN 978-3-89722-143-7 40.50 EUR |
| 4 | Susanne Haeberlen | Lernprozesse im Unterricht mit Wasserstromkreisen<br>*- eine Fallstudie in der Sekundarstufe I*<br>ISBN 978-3-89722-172-7 40.50 EUR |
| 5 | Kerstin Haller | Über den Zusammenhang von Handlungen und Zielen<br>*Eine empirische Untersuchung zu Lernprozessen im physikalischen Praktikum*<br>ISBN 978-3-89722-242-7 40.50 EUR |
| 6 | Michaela Horstendahl | Motivationale Orientierungen im Physikunterricht<br>ISBN 978-3-89722-227-4 50.00 EUR |

| | | |
|---|---|---|
| 7 | Stefan Deylitz | Lernergebnisse in der Quanten-Atomphysik<br>*Evaluation des Bremer Unterrichtskonzepts*<br>ISBN 978-3-89722-291-5 40.50 EUR |
| 8 | Lorenz Hucke | Handlungsregulation und Wissenserwerb in traditionellen und computergestützten Experimenten des physikalischen Praktikums<br>ISBN 978-3-89722-316-5 50.00 EUR |
| 9 | Heike Theyßen | Ein Physikpraktikum für Studierende der Medizin<br>*Darstellung der Entwicklung und Evaluation eines adressatenspezifischen Praktikums nach dem Modell der Didaktischen Rekonstruktion*<br>ISBN 978-3-89722-334-9 40.50 EUR |
| 10 | Annette Schick | Der Einfluß von Interesse und anderen selbstbezogenen Kognitionen auf Handlungen im Physikunterricht<br>*Fallstudien zu Interessenhandlungen im Physikunterricht*<br>ISBN 978-3-89722-380-6 40.50 EUR |
| 11 | Roland Berger | Moderne bildgebende Verfahren der medizinischen Diagnostik - ein Weg zu interessanterem Physikunterricht<br>ISBN 978-3-89722-445-2 40.50 EUR |
| 12 | Johannes Werner | Vom Licht zum Atom - Ein Unterrichtskonzept zur Quantenphysik unter Nutzung des Zeigermodells<br>ISBN 978-3-89722-471-1 40.50 EUR |
| 13 | Florian Sander | Verbindung von Theorie und Experiment im physikalischen Praktikum<br>*Eine empirische Untersuchung zum handlungsbezogenen Vorverständnis und dem Einsatz grafikorientierter Modellbildung im Praktikum*<br>ISBN 978-3-89722-482-7 40.50 EUR |

| | | |
|---|---|---|
| 14 | Jörn Gerdes | Der Begriff der physikalischen Kompetenz -<br>Zur Validierung eines Konstruktes<br>ISBN 978-3-89722-510-7 40.50 EUR |
| 15 | Malte Meyer-Arndt | Interaktionen im Physikpraktikum zwischen Studierenden und Betreuern<br>*Feldstudie zu Bedeutungsentwicklungsprozessen im physikalischen Praktikum*<br>ISBN 978-3-89722-541-1 40.50 EUR |
| 16 | Dietmar Höttecke | Die Natur der Naturwissenschaften historisch verstehen<br>*Fachdidaktische und wissenschaftshistorische Untersuchungen*<br>ISBN 978-3-89722-607-4 40.50 EUR |
| 17 | Gil Gabriel Mavanga | Entwicklung und Evaluation eines experimentell- und phänomenorientierten Optikcurriculums<br>*Untersuchung zu Schülervorstellungen in der Sekundarstufe I in Mosambik und Deutschland*<br>ISBN 978-3-89722-721-7 40.50 EUR |
| 18 | Meike Ute Zastrow | Interaktive Experimentieranleitungen<br>*Entwicklung und Evaluation eines Konzeptes zur Vorbereitung auf das Experimentieren mit Messgeräten im Physikalischen Praktikum*<br>ISBN 978-3-89722-802-3 40.50 EUR |
| 19 | Gunnar Friege | Wissen und Problemlösen<br>*Eine empirische Untersuchung des wissenszentrierten Problemlösens im Gebiet der Elektrizitätslehre auf der Grundlage des Experten-Novizen-Vergleichs*<br>ISBN 978-3-89722-809-2 40.50 EUR |
| 20 | Erich Starauschek | Physikunterricht nach dem Karlsruher Physikkurs<br>*Ergebnisse einer Evaluationsstudie*<br>ISBN 978-3-89722-823-8 40.50 EUR |

| | | |
|---|---|---|
| 21 | Roland Paatz | Charakteristika analogiebasierten Denkens - Vergleich von Lernprozessen in Basis- und Zielbereich<br>ISBN 978-3-89722-944-0 40.50 EUR |
| 22 | Silke Mikelskis-Seifert | Die Entwicklung von Metakonzepten zur Teilchenvorstellung bei Schülern<br>*Untersuchung eines Unterrichts über Modelle mithilfe eines Systems multipler Repräsentationsebenen*<br>ISBN 978-3-8325-0013-9 40.50 EUR |
| 23 | Brunhild Landwehr | Distanzen von Lehrkräften und Studierenden des Sachunterrichts zur Physik<br>*Eine qualitativ-empirische Studie zu den Ursachen*<br>ISBN 978-3-8325-0044-3 40.50 EUR |
| 24 | Lydia Murmann | Physiklernen zu Licht, Schatten und Sehen<br>*Eine phänomenografische Untersuchung in der Primarstufe*<br>ISBN 978-3-8325-0060-3 40.50 EUR |
| 25 | Thorsten Bell | Strukturprinzipien der Selbstregulation<br>*Komplexe Systeme, Elementarisierungen und Lernprozessstudien für den Unterricht der Sekundarstufe II*<br>ISBN 978-3-8325-0134-1 40.50 EUR |
| 26 | Rainer Müller | Quantenphysik in der Schule<br>ISBN 978-3-8325-0186-0 40.50 EUR |
| 27 | Jutta Roth | Bedeutungsentwicklungsprozesse von Physikerinnen und Physikern in den Dimensionen Komplexität, Zeit und Inhalt<br>ISBN 978-3-8325-0183-9 40.50 EUR |
| 28 | Andreas Saniter | Spezifika der Verhaltensmuster fortgeschrittener Studierender der Physik<br>ISBN 978-3-8325-0292-8 40.50 EUR |

| | | |
|---|---|---|
| 29 | Thomas Weber | Kumulatives Lernen im Physikunterricht - Eine vergleichende Untersuchung in Unterrichtsgängen zur geometrischen Optik<br>ISBN 978-3-8325-0316-1 40.50 EUR |
| 30 | Markus Rehm | Über die Chancen und Grenzen moralischer Erziehung im naturwissenschaftlichen Unterricht<br>ISBN 978-3-8325-0368-0 40.50 EUR |
| 31 | Marion Budde | Lernwirkungen in der Quanten-Atom-Physik<br>*Fallstudien über Resonanzen zwischen Lernangeboten und SchülerInnen-Vorstellungen*<br>ISBN 978-3-8325-0483-0 40.50 EUR |
| 32 | Thomas Reyer | Oberflächenmerkmale und Tiefenstrukturen im Unterricht<br>*Exemplarische Analysen im Physikunterricht der gymnasialen Sekundarstufe*<br>ISBN 978-3-8325-0488-5 40.50 EUR |
| 33 | Christoph Thomas Müller | Subjektive Theorien und handlungsleitende Kognitionen von Lehrern als Determinanten schulischer Lehr-Lern-Prozesse im Physikunterricht<br>ISBN 978-3-8325-0543-1 40.50 EUR |
| 34 | Gabriela Jonas-Ahrend | Physiklehrervorstellungen zum Experiment im Physikunterricht<br>ISBN 978-3-8325-0576-9 40.50 EUR |
| 35 | Dimitrios Stavrou | Das Zusammenspiel von Zufall und Gesetzmäßigkeiten in der nichtlinearen Dynamik.<br>*Didaktische Analyse und Lernprozesse*<br>ISBN 978-3-8325-0609-4 40.50 EUR |

| | | |
|---|---|---|
| 36 | Katrin Engeln | Schülerlabors: authentische, aktivierende Lernumgebungen als Möglichkeit, Interesse an Naturwissenschaften und Technik zu wecken<br>ISBN 978-3-8325-0689-6 40.50 EUR |
| 37 | Susann Hartmann | Erklärungsvielfalt<br>ISBN 978-3-8325-0730-5 40.50 EUR |
| 38 | Knut Neumann | Didaktische Rekonstruktion eines physikalischen Praktikums für Physiker<br>ISBN 978-3-8325-0762-6 40.50 EUR |
| 39 | Michael Späth | Kontextbedingungen für Physikunterricht an der Hauptschule - Möglichkeiten und Ansatzpunkte für einen fachübergreifenden, handlungsorientierten und berufsorientierten Unterricht<br>ISBN 978-3-8325-0827-2 40.50 EUR |
| 40 | Jörg Hirsch | Interesse, Handlungen und situatives Erleben von Schülerinnen und Schülern beim Bearbeiten physikalischer Aufgaben<br>ISBN 978-3-8325-0875-3 40.50 EUR |
| 41 | Monika Hüther | Evaluation einer hypermedialen Lernumgebung zum Thema Gasgesetze - Eine Studie im Rahmen des Physikpraktikums für Studierende der Medizin<br>ISBN 978-3-8325-0911-8 40.50 EUR |
| 42 | Maike Tesch | Das Experiment im Physikunterricht - Didaktische Konzepte und Ergebnisse einer Videostudie<br>ISBN 978-3-8325-0975-0 40.50 EUR |
| 43 | Nina Nicolai | Skriptgeleitete Eltern-Kind-Interaktion bei Chemiehausaufgaben - Eine Evaluationsstudie im Themenbereich Säure-Base<br>ISBN 978-3-8325-1013-8 40.50 EUR |
| 44 | Antje Leisner | Entwicklung von Modellkompetenz im Physikunterricht<br>ISBN 978-3-8325-1020-6 40.50 EUR |

| | | |
|---|---|---|
| 45 | Stefan Rumann | Evaluation einer Interventionsstudie zur Säure-Base-Thematik<br>ISBN 978-3-8325-1027-5 40.50 EUR |
| 46 | Thomas Wilhelm | Konzeption und Evaluation eines Kinematik/Dynamik-Lehrgangs zur Veränderung von Schülervorstellungen mit Hilfe dynamisch ikonischer Repräsentationen und graphischer Modellbildung – mit CD-ROM<br>ISBN 978-3-8325-1046-6 45.50 EUR |
| 47 | Andrea Maier-Richter | Computerunterstütztes Lernen mit Lösungsbeispielen in der Chemie - Eine Evaluationsstudie im Themenbereich Löslichkeit<br>ISBN 978-3-8325-1046-6 40.50 EUR |
| 48 | Jochen Peuckert | Stabilität und Ausprägung kognitiver Strukturen zum Atombegriff<br>ISBN 978-3-8325-1104-3 40.50 EUR |
| 49 | Maik Walpuski | Optimierung von experimenteller Kleingruppenarbeit durch Strukturierungshilfen und Feedback<br>ISBN 978-3-8325-1184-5 40.50 EUR |
| 50 | Helmut Fischler, Christiane S. Reiners (Hrsg.) | Die Teilchenstruktur der Materie im Physik- und Chemieunterricht<br>ISBN 978-3-8325-1225-5 34.90 EUR |
| 51 | Claudia Eysel | Interdisziplinäres Lehren und Lernen in der Lehrerbildung – eine empirische Studie zum Kompetenzerwerb in einer komplexen Lernumgebung<br>ISBN 978-3-8325-1238-5 40.50 EUR |

| | | | |
|---|---|---|---|
| 52 | Johannes Günther | Lehrerfortbildung über die Natur der Naturwissenschaften – Studien über das Wissenschaftsverständnis von Grundschullehrkräften<br>ISBN 978-3-8325-1287-3 | 40.50 EUR |
| 53 | Christoph Neugebauer | Lernen mit Simulationen und der Einfluss auf das Problemlösen in der Physik<br>ISBN 978-3-8325-1300-9 | 40.50 EUR |
| 54 | Andreas Schnirch | Gendergerechte Interessen- und Motivationsförderung im Kontext naturwissenschaftlicher Grundbildung – Konzeption, Entwicklung und Evaluation einer multimedial unterstützten Lernumgebung<br>ISBN 978-3-8325-1334-4 | 40.50 EUR |
| 55 | Hilde Köster | Freies Explorieren und Experimentieren - eine Untersuchung zur selbstbestimmten Gewinnung von Erfahrungen mit physikalischen Phänomenen im Sachunterricht<br>ISBN 978-3-8325-1348-1 | 40.50 EUR |
| 56 | Eva Heran-Dörr | Entwicklung und Evaluation einer Lehrerfortbildung zur Förderung der physikdidaktischen Kompetenz von Sachunterrichtslehrkräften<br>ISBN 978-3-8325-1377-1 | 40.50 EUR |
| 57 | Agnes Szabone Varnai | Unterstützung des Problemlösens in Physik durch den Einsatz von Simulationen und die Vorgabe eines strukturierten Kooperationsformats<br>ISBN 978-3-8325-1403-7 | 40.50 EUR |

58 Johannes Rethfeld — Aufgabenbasierte Lernprozesse in selbstorganisationsoffenem Unterricht der Sekundarstufe I zum Themengebiet ELEKTROSTATIK
*Eine Feldstudie in vier 10. Klassen zu einer kartenbasierten Lernumgebung mit Aufgaben aus der Elektrostatik*
ISBN 978-3-8325-1416-7 40.50 EUR

59 Christian Henke — Experimentell-naturwissenschaftliche Arbeitsweisen in der Oberstufe
*Untersuchung am Beispiel des HIGHSEA-Projekts in Bremerhaven*
ISBN 978-3-8325-1515-7 40.50 EUR

60 Lutz Kasper — Diskursiv-narrative Elemente für den Physikunterricht
*Entwicklung und Evaluation einer multimedialen Lernumgebung zum Erdmagnetismus*
ISBN 978-3-8325-1537-9 40.50 EUR

61 Thorid Rabe — Textgestaltung und Aufforderung zu Selbsterklärungen beim Physiklernen mit Multimedia
ISBN 978-3-8325-1539-3 40.50 EUR

62 Ina Glemnitz — Vertikale Vernetzung im Chemieunterricht
Ein Vergleich von traditionellem Unterricht mit Unterricht nach *Chemie im Kontext*
ISBN 978-3-8325-1628-4 40.50 EUR

63 Erik Einhaus — Schülerkompetenzen im Bereich Wärmelehre – Entwicklung eines Testinstruments zur Überprüfung und Weiterentwicklung eines normativen Modells fachbezogener Kompetenzen
ISBN 978-3-8325-1630-7 40.50 EUR

| | | |
|---|---|---|
| 64 | Jasmin Neuroth | Concept Mapping als Lernstrategie. Eine Interventionsstudie zum Chemielernen aus Texten<br>ISBN 978-3-8325-1659-8 40.50 EUR |
| 65 | Hans Gerd Hegeler-Burkhart | Zur Kommunikation von Hauptschülerinnen und Hauptschülern in einem handlungsorientierten und fächerübergreifenden Unterricht mit physikalischen und technischen Inhalten<br>ISBN 978-3-8325-1667-3 40.50 EUR |
| 66 | Karsten Rincke | Sprachentwicklung und Fachlernen im Mechanikunterricht. Sprache und Kommunikation bei der Einführung in den Kraftbegriff<br>ISBN 978-3-8325-1699-4 40.50 EUR |
| 67 | Nina Strehle | Das Ion im Chemieunterricht - Alternative Schülervorstellungen und curriculare Konsequenzen<br>ISBN 978-3-8325-1710-6 40.50 EUR |
| 68 | Martin Hopf | Problemorientierte Schülerexperimente<br>ISBN 978-3-8325-1711-3 40.50 EUR |
| 69 | Anne Beerenwinkel | Fostering conceptual change in chemistry classes using expository texts<br>ISBN 978-3-8325-1721-2 40.50 EUR |
| 70 | Roland Berger | Das Gruppenpuzzle im Physikunterricht der Sekundarstufe II - eine empirische Untersuchung auf der Grundlage der Selbstbestimmungstheorie der Motivation<br>ISBN 978-3-8325-1732-8 40.50 EUR |

| | | |
|---|---|---|
| 71 | Giuseppe Colicchia | Physikunterricht im Kontext von Medizin und Biologie. Entwicklung und Erprobung von Unterrichtseinheiten<br>ISBN 978-3-8325-1746-5 40.50 EUR |
| 72 | Sandra Winheller | Geschlechtsspezifische Auswirkungen der Lehrer-Schüler-Interaktion im Chemieanfangsunterricht<br>ISBN 978-3-8325-1757-1 40.50 EUR |
| 73 | Isabel Wahser | Training von naturwissenschaftlichen Arbeitsweisen zur Unterstützung experimenteller Kleingruppenarbeit im Fach Chemie<br>ISBN 978-3-8325-1815-8 40.50 EUR |
| 74 | Claus Brell | Lernmedien und Lernerfolg - reale und virtuelle Materialien im Physikunterricht. Empirische Untersuchungen in achten Klassen an Gymnasien (Laborstudie) zum Computereinsatz mit Simulation und IBE<br>ISBN 978-3-8325-1829-5 40.50 EUR |
| 75 | Rainer Wackermann | Überprüfung der Wirksamkeit eines Basismodell-Trainings für Physiklehrer<br>ISBN 978-3-8325-1882-0 40.50 EUR |
| 76 | Oliver Tepner | Effektivität von Aufgaben im Chemieunterricht der Sekundarstufe I<br>ISBN 978-3-8325-1919-3 40.50 EUR |
| 77 | Claudia Geyer | Museums- und Science-Center-Besuche im naturwissenschaftlichen Unterricht aus einer motivationalen Perspektive. Die Sicht von Lehrkräften und Schülerinnen und Schülern<br>ISBN 978-3-8325-1922-3 40.50 EUR |

| | | |
|---|---|---|
| 78 | Tobias Leonhard | Professionalisierung in der Lehrerbildung. Eine explorative Studie zur Entwicklung professioneller Kompetenzen in der Lehrererstausbildung<br>ISBN 978-3-8325-1924-7  40.50 EUR |
| 79 | Alexander Kauertz | Schwierigkeitserzeugende Merkmale physikalischer Leistungstestaufgaben<br>ISBN 978-3-8325-1925-4  40.50 EUR |

*in Vorbereitung*

| | | |
|---|---|---|
| 80 | Regina Hübinger | Schüler auf Weltreise - Entwicklung und Evaluation von Lehr-/Lernmaterialien zur Förderung experimentell-naturwissenschaftlicher Kompetenzen für die Jahrgangsstufen 5 und 6<br>ISBN 978-3-8325-1932-2  40.50 EUR |